淺談超導之應用

【林嘉禎 編集】

封 面 照 片 說 明

　　封面的上段照片是本文第 7．7．3 節 (第 181 頁) 提到的 ALMA 用天文台，由日本負責製造的太 (兆) 赫茲天線，在智利高原搬運中的情況，該天線核心部分應用超導。封面第二段的照片是第 4 章 (第　頁) 所提到的大陸甘肅省白銀市國家高新科技產業開發區內白銀 10 kV 變電站相關的照片。下段照片，從左開始，超導儲磁能裝置、超導故障限流器、超導變壓器、超導電力電纜。

　　封底上段左照片是，本第 3 章 (第 14 頁) 所提到的美國 IEEE Coucil of Superconductivity (CSC, 超導委員會) 的會徽，象徵超導的零電阻、邁斯納效應、約瑟夫森結穿隧等特性。上段右照片是本文第 4．9．2 節 (第 80 頁) 所提到 ITER (國際熱核實驗反應爐) 構造圖，在該爐上採用大型超導線圈。第二段照片是本文 5．5．4 (1) 項 (第 99 頁) 所提到的日本將建設的超導磁浮列車在試驗線上行駛情形。第三段左照片是本文 5．4．2 (3) 項 (第 93 頁) 所提到的內可能裝超導電動機的船舶POD推進裝置。第三段右照片是本文 6．2．1 節 (第 145 頁) 所提到的日本所開發兩型心磁計及由心磁計量測結果所繪製的心臟電流三維分布圖。最下段照片是本文 5．13．2 (1) 項 (第 126 頁) 所提到的裝用超導元件的宇宙線檢測器在南極搭載於氣球昇空情形。

撰者簡歷 :

林嘉禎

出生：1926 年12月26日生於台北市。
學歷：1949 年 6 月台灣省立工學院 (現成功大學) 電機工程系畢業。
經歷：台灣電力公司　電源開發處電力系統課課長、
　　　台灣電力公司　電源開發處副處長、
　　　台灣電力公司　系統規劃處處長。
目前：1991 年 12 月　自台灣電力公司屆齡退休。

曾參加美國國際開發總署 (United States Agency for International Development, USAID) 赴美一次電力系統改善工程研修一年 (1960-1961)、GE (奇異) 公司 Power System Engineering Course (高級電力系統研修課程) (1970-1971) 修業。

參加台灣電力公司派遣駐越南電力團、駐沙烏地阿拉伯王國電力團各一年。

IEEE 資深終身會員、中國工程師學會永久會員、中國電機工程學會永久會員、電機技師。

淺 談 超 導 之 應 用 ～ 目 錄

淺 談 超 導 之 應 用～目 錄

淺談超導之應用～目錄

淺談超導之應用～目錄

淺談超導之應用～目錄

淺談超導之應用～目錄

淺談超導之應用～圖表目錄

淺談超導之應用～ 圖表目錄

淺談超導之應用～ 圖表目錄

第 1 章

前 言

第 1 章：前言

2011 年是荷蘭萊頓大學教授卡茂林-昂尼斯 (Heike Kamerlingh Onnes) 發現超導現象一百週年、又是 IBM 瑞士蘇黎世研究室兩位科學家，貝德諾爾茲 (J.Bednorz)、米勒 (K.Muller) 首次找到高溫超導 25 週年。在此期間超導相關物理原理、材料、應用各方面的發展，可說快亦可說慢，但現在已在各方面相當廣泛地被應用。

撰者並未專攻超導學，但對超導的發展，尤其在電力系統上的應用極有興趣與關心。撰者在從前的單位 (台灣電力公司) 服務時，曾與同事共同探討超導儲磁能裝置 (Superconducting Magnetic Energy Storage，SMES) 應用於如台灣單獨電力系統上的可行性 [12]。

超導所涉及的範圍，從構造的物理原理、材料、應用極為廣泛，且本人所知有限。此次利用本書簡單敘述：超導發現到現在的經過，超導的特性，與其分別在能源與電力工業、產業與運輸、醫療與診斷以及資訊與通信各領域上的被應用情形，國外 (美國、日本、韓國等) 開發進展概況。本文的目的是介紹目前的超導在各領域被應用情形，基以電工原理的基本知識記述，不提及學術理論，俾供有興趣人士參考。(2012 年歲末)

第2章

超導發展沿革回顧

第 2 章：超導發展沿革回顧

2011 年是超導被發現一百週年。荷蘭萊頓大學 (Universiteit Leiden) 於 2011 年 4 月 8 日舉行" CELEBRATION：100 YEARS OF SUPERCONDUCTIVITY"。在一百年前荷蘭科學家首次發現，在氦液化溫度附近的超導現象。2011 年 9 月 18 日至 23 日 EUCAS (European Conference on Applied Superconductivity)、ISEC (International Superconductive Electronics) 及 ICMC (International Cryogenic Materials Conference) 共同在荷蘭海牙的世界會議中心召開 SCC (Superconductivity Centennial Conference) 會議，參加人員 1105 人的盛會。會中與會人員前往參觀當年卡茂林-昂尼斯首次發現超導的實驗室。2011 年又是高溫超導被發現 25 週年，1986 年 IMB 的研究員發見在氮液化溫度附近的高溫超導物質。下面概述其間超導發展情況。

2．1　超導的首次發現

(1) 最後被發現的氣體 "氦" 及其液化特性

　　1868 年法國天文學家皮埃爾-詹遜 (Pierre Janssen) 從太陽光譜發現氦氣 (Helium) 的存在。1895 年拉姆賽 (William Ramsay) 在研究受熱的鈾礦樣本所釋放出來的氣體時，注意到實驗放射出來的輻射有與氦同樣的光譜。這次發現到不會與其他元素做化學變化的一種稀有氣體「氦 (Helium)」的存在。一旦氦可以分離出來以後，「氦」就變成液化的新目標。荷蘭的萊頓大學卡茂林-昂尼斯 (Heike Kamerlingh Onnes) 教授領導的實驗在 1906 年製造出大量的液態氦。液態氦在 1 氣壓下的沸點為 4.2 K。再利用真空泵浦降低壓力下，可執行低於 $1°K$ 的極低溫實驗。

(2) 低溫超導的發現

　　萊頓大學研究室有了足夠的液態氦後，開始研究物質在極低溫度下的性質，包括量測電流流通性，即電阻率或導電率。1911 年秋天他們利用純汞 (水銀) 作實驗時發現：在絕對溫度 (凱氏溫度) 4.19 度時，電阻率會急速降低到零；溫度上升超過絕對溫度 $4.19 °K$ 度時，電阻會突然恢復出現。即首次發現超導現象，這推翻了凱爾文卿 (Lord Kelvin) 的預測。低極限溫度、凱爾文溫度 $(0 °K = -273.15 °C)$ 的提唱者凱爾文卿曾預測：在接近絕對溫度零度時，物體變成靜態而成為電阻大的絕緣體。卡茂林 - 昂尼斯因為實現液態氦的產生，低溫下物質性質研究上的貢獻，而獲得 1913 年度諾貝爾物理獎。

2．2　低溫超導至高溫超導技術發展經過

目前為止，超導有約 100 年的技術開發歷史，下面分四期回顧一下超導技術發展經過。

(1) 第一期是 1900 年代初期超導電現象的發現期

上面第 2．1 節所述，1908 年荷蘭物理學家昂尼斯，將一直被認為永久氣体的氦予以液化，再藉之得絕對溫度 4°K 冷凍技術，於 1911 年發現汞的超導電現象。

(2) 第二期是至 1950 年代後半 ～ 1960 年代的理論、基本技術的形成期

超導現象被發現後約 50 年間，可謂依現象論的研究手法，經過了枯燥的研究摸索期間。1957 年由美國巴丁 (John Bardeen)、庫鉑 (LV. Cooper)、施里弗 (J. R. Schrieffer) 三人提出所謂 BCS Theory (理論)，可解釋電阻為零且完全反磁性的超導現象。在此期間，其後的超導應用不可缺少的第二類超導物質 (參閱第 3．2．2 節) 陸續被發現，出現使用 Nb (鈮) 或 Nb (鈮) Sn (錫) 化合物的超導電磁体，建立以利用合金超導電線為對象的安定的超導技術。

另一方面，屬於此時期之 1962 年，超導的量子效應理論所引導的約瑟夫森效應 (Josephson Effect) (參照第 3．3 節)被預言，第二年實證了約瑟夫森效應。1970 年 SQUID (超導量子干涉儀 (參照第 3．4．1 節)、心磁計 (參照 6．2．1 節) 應用於臨床試驗，打下超導應用領域之一的超導電子應用上的基礎。

(3) 第三期是 1970 年代至 1980 年代低溫超導体應用開發期

此時期之前 10 年期間對粒子加速器 (參照第 5．10 節) 與核子融合 (參照第 4．9 節) 的大型研究開發為發端，開始對下列多領域的研發：線型馬達車 (linear motor car)、超導發電機、超導儲磁能裝置 (SMES)、理化學研究機器。此時期之後半段的 1980 年代，前述的應用研究的成果成為具體機器被供應至實用上。其代表為超導技術實用化的先驅在醫療領域的 MRI (磁共振造影，參照第 6．1 節)。在醫療診斷手段上的 MRI 以及用於身体磁氣量測的 SQUID 的應用開發進展，再進一步發展至粒子加速器的技術開發。

另一方面在超導電子領域，1980 年代出現 Josephson 電腦的原型，被確認以低消費電力可實現高速演算。

液化氦的比熱值較低且蒸發損失較大。氦氣昂貴，其損失是經濟負擔。所以 1980 年代，為減低其蒸發損失所引起的營運費，將蒸發的氦氣以「凝縮型冷凍機」予以回收。

(4) 第四期是 1980 年代後半開始包括高溫超導體的應用開發期

1986 年 IBM 瑞士研究所研究人員貝德諾爾茨 (George Bednorz，德國人) 與瑞士物理學家米勒 (Karl Muller) 發現：一種以鑭 (lanthanum)、鋇 (barium)、銅、氧合成的陶瓷化合物，在 -243 ℃ 表現超導電性。(當時，科學家所發現的超導電體都是在接近液化氦的「低溫」(-269 ℃)下運作，所以 -243 ℃ 可算是「高溫」)。陶瓷材質超導體的發現，打開「高溫超導體」研發之門。目前，高溫超導體世界紀錄是一種以汞、鉈 (thalium)、鋇、鈣、銅氧合的陶瓷化合物，具有 -135 ℃ 的高溫超導電性。

在此時期超導技術領域急速發展，很多研發機構開發可實用且價格合適的可以液氮冷卻的高溫超導線材。這方面已有成就，高溫超導線材已產品化，推出到第二代產品。至於高溫超導的應用方面，尤其是近年來為緩減地球溫室效應、節省能源及減碳觀點，另一方面配合大規模太陽光及風力發電，電網本身需要引用超導機器設備的需要迫切，對高溫超導應用的開發更積極推行中。

在此期間，受到半導體產業旺盛的恩惠，長年停頓的冷凍技術顯著地進步。半導體元件及裝置的製造程序上很多需要高真空技術，為了得到此高真空，採用製造容器內成為低溫後將不要的氣體予以液化或固化後除去的手段。冷卻至氮氣液化溫度 (77 K) 尚可得到相當的真空，但要除去所殘留的氫氣時，要冷卻至接近液化氦溫度 (4 K)。因此，半導體產業上冷卻、冷凍技術的開發為不可缺的因素，而引發其發展。此冷凍機及冷凍技術的開發，不但對 MRI、SQUID 等低溫超導機器可配套，對低溫超導設備及高溫超導設備開發上有極大貢獻。

2.3　高溫超導的首次發現與發展

2.3.1　高溫超導的需要性

從前的超導體的臨界溫度都是接近絕對溫度零度附近，需以液化溫度為絕對溫度 2.18 K 的液氦為冷卻媒介。氦屬於稀有氣體獲得不易，來源有限，不但成本昂貴，有人預測將來會用盡。因此，需要開發臨界溫度較高的超導材，以不再依靠液態氦為冷卻媒介。例如氫、氮的液化溫度各為絕對溫度 104 °K 與 77 °K。倘若可用液氮為

冷卻媒介時，安全上、環保上以及成本上 (一般液氮的價格比液氦低一百倍以上) 比較合適。

依 IEC 60050-815 (2000) 及日本 JISh 7005 定義為「一般而言，臨界溫度 (Tc) 超過 25 K 之超導體屬於高溫超導體」。但臨界溫度超過 90 K 者極為普遍，現在多以臨界溫度超過液氮溫度 (-195.8 ˚C 77 ˚K) 的超導體稱為高溫超導體，臨界溫度為普通的室溫為者室溫超導體。超導體研發者以提高臨界溫度為目標，大家努力研發高溫超導體，甚至室溫超導體。

2 . 3 . 2　高溫超導的首次發現

(1) 低溫超導體的發展

汞之超導性被發現後，研究者尋覓超導物質。目前已知，常壓下 28 種元素具超導性，但其臨界溫度都低，接近絕對溫度零度。其中鈮 (Nb) 的臨界溫度最高為 9.25 K。電工相關元素中鉛 (Pb) 的臨界溫度為 7.201 K。

表 2 . 3 . 2 - 1：代表性超導金屬與其超導臨界溫度

元素	臨界溫度 T_c(K)	元素	臨界溫度 T_c(K)	元素	臨界溫度 T_c(K)
T_i(鈦)	0.4	R_e(錸)	1.7	I_n(銦)	3.41
Z_r(鋯)	0.54	R_u(釕)	0.49	T_l(鉈)	2.38
H_f(鉿)	0.16	O_s(鋨)	0.65	S_n(錫)	3.72
V(釩)	5.03	I_r(銥)	0.14	P_b(鉛)	7.2
N_b(鈮)	9.2	Z_n(鋅)	0.86	L_a(鑭)	4.9
R_h(銠)	4.4	C_d(鎘)	0.52	T_h(釷)	0.37
M_o(鉬)	0.92	H_g(汞)	4.15	P_a(鏷)	1.4
W(鎢)	0.01	A_l(鋁)	1.19	U(鈾)	2
T_c(鎝)	8.2	G_a(鎵)	1.09	來源：嘉義大學	

超導元素加入某些其他元素所製作合金成分，可使超導材料的性能提高。最先被應用的鈮鋯合金 Nb-75 Zr 的臨界溫度 (Tc) 為 10.8 K，臨界磁場強度 (Hc) 為 8.7 特斯拉。繼後發展的鈮鈦合金，雖然其臨界溫度低些，但臨界磁場強度較高。如 Nb-33 Ti 的 Tc 為 9.3 K，Hc 為 11 特斯拉；Nb-60 Ti 的 Tc 為 9.3 K，Hc 為 12 特斯拉 (4.2 K 下)。目前鈮鈦合金是用於 7 ~ 8 特斯拉的超導磁體材料。鈮鈦合金再加入鉭的三元合

表 2 . 3 . 2 - 2：代表性超導合金與其臨界溫度

合金	T_c(K)
$V_3 Si$	17.0
$V_3 Ga$	16.8
$Nb_3 Al$	18.8
$Nb_3 Sn$	18.1
$Nb_3 (Sl_{0.75} Cu_{0.25})$	21.0
$Mb_3 Ge$	23.2

來源：嘉義大學

金性能更提高，Nb-60 Ti-4 Ta的 Tc 為 9.9 K，Hc 為 12.4 特斯拉 (4.2 K下)；Nb-70 Ti-5 Ta 的 Tc 為 9.8 K，Hc 為 12.8 特斯拉。Nb_3Sn (錫化三鈮金屬化合物) 的臨界溫度為 18K。1973 年被發現鈮鍺 (Nb-Ge) 合金之臨界溫度為 23.2 K，此紀錄維持了近 13 年。表 2．3．2-1 與表 2．3．2-2各示代表性超導金屬與代表性超導合金的臨界溫度。

此金屬系鈮合金低溫超導材料，在高溫超導材料被開發以前，目前仍應用在下列的很多元件設備上：SQUID (參照第 3．4．1 章)，SFQ (參照第 3．4．2 節)，超導儲磁能裝置 (SMES，參照第 4．4 章)，NMR 與 MRI (參照第 6．1 節)，核融合 (參照第 4．9 節) 用磁鐵，加速器 (參照第 5．10 節) 用磁鐵，多種感測元件 (sensor)、檢測儀 (參照第 5．11 節、第 5．12 節、第 5．13 節、第 6．6 節) 等。

2001 年 1 月日本青山學院秋山教授的研究團隊發表相當普遍的物質二硼化鎂 (MgB_2) 在 39K 顯示超導性。此為目前臨界溫度最高的金屬化合物超導體。雖然其與下面將提的氧化銅系的高溫超導體的臨界溫度相比相當低，但尚可適用比較簡單可得的冷凍機的溫度 (20K)，與同屬於低溫超導體的鈮類相比，價格上較有利。與高溫超導體相比，超導特性較優，所以可提高應用設備的特性，另一方面，因為其結晶再造較簡單，比較容易使薄膜高品質化。若干研發機構認為此二硼化鎂 (MgB_2) 值得應用在 SMES、MRI 用磁鐵、加速器與核融合用磁鐵、磁浮列車、感測元件 (sensor)、資訊設備等上。

2006 年日本東京工業大學細野教授的團隊發現鐵為超導主體的化合物 LaFeOP，打破以往一般認為鐵元素不利於形成超導體，以及超導性與鐵磁性無法共存的看法。但其臨界溫度 6K 低，而不太被重視。2008 年 2 月該研究團隊再發表鐵基層材料 $La[O_{1-x}F_x]FeAs_{(x=0.05-0.12)}$ 存在超導性，而其臨界溫度為 26 K，加壓到 4 GPa 甚至可達到 43 K。此發表引起廣泛的注意，並引發大量的後續研究。大陸科學院電工研究所的馬衍偉團隊亦從事此鐵系超材的開發。

(2) 高溫超導的首次發現

1986 年瑞士蘇黎世的 IBM 實驗室的德國專家貝德諾爾茲 (J.Bednorz) 與瑞士物理學家米勒 (K.Muller)，找到一種陶磁性 K_2NiF_4 型結構的超導材料，鑭鋇銅氧 (Lanthanum Barjum Copper Oxide, $La_{4.25}Ba_{0.75}Cu_5O_{15-x}$ 鋇銅氧化物) 在 35 K 下呈顯超導性。其臨界溫度雖然提昇超過 30 K，但溫度仍不高，不過他們闢開創造了超導的新紀元，此為高溫超導帶來了很大的希望。

沒有經過多久，第二年 (1987 年)，朱經武博士 (Paul Chu 當時服務於 Houston University 休斯敦大學住德州超導中心主任，2000～2009 年曾任香港科技大學校長，其後回美國，2012年11月5日就任新由成功、中山、中興、中央大學聯合成立台灣綜合大學的首任校長)，與吳茂昆博士 (當時服務於阿拉巴馬州立大學，曾任國科會主委 (2004～2006 年)，中研院院士、物理研究所所長，2012 年1月任國立東華大學校長)，發現 YBCO、$YBa_2Cu_3O_{7-x}$ (Yitrium Barium Copper Oxide、Y123) 釔鋇銅氧化材在 93 K 下呈顯超導性。此臨界溫度超過液氮的溫度 77 K。

2012 年 11 月 19 日 The Texas Center for Superconductivity at the University of Huston (TcSUH) 主催該中心及 YBCO 發現 25 週年紀念演講集會。在台灣，國立東華大學與中央研究院物理研究所於 2012 年 4 月 10 日至 12 日在東華大學舉辦「紀念高溫超導 25 週年及海峽三方面物理研討會」。4 月 12 日舉辦高溫超導 25 週年研討會。朱經武、吳茂昆兩位博士都演講，同時為朱經武院士慶祝 70 歲壽慶。

2.3.3 高溫超導體的發展

1987 年法人 Michel 等人發現鉍-鍶-銅-氧化合物 $Bi_2Sr_2CuO_{6+x}$ (Bi-2201) 超導體，但其 Tc 僅為 20 K。1988 年元月日本前田等人上述的鉍銅氧化合物加入 Ca (鈣)，而得更高臨界溫度的鉍-鍶-鈣-銅-氧系超導材料。$Bi_2Sr_2CaCu_2O_7$ (Bi-2212) 的 Tc 為 85 K，$Bi_2Sr_2Ca_2Cu_3O_{10++x}$ (Bi-2223) 即達 110 K。

同 (1988) 年二月 Sheng 與 Hermann 發現鉈-鋇-鈣-銅-氧化合物超導性。$Tl_2Ba_2CuO_6$ (Tl -2201) 的 Tc 為 80 K，$Tl_2Ba_2CaCu_2O_8$ (Tl-2212) 的 Tc 為 108 K，$Tl_2Ba_2Ca_2Cu_3O_{10+y}$ (Tl2223) 的 Tc 到 125 K。

1993 年 4 月 Putilin 等人發現發現汞-鋇-銅-氧化合物超導體 $HgBa_2CuO_4$，其 Tc 為 94 K。此後，Schiling 等人發現將 Ca 加入到上述汞超導材料中所形成的 $HgBa_2Ca_2Cu_3O_{8+d}$ (Hg1223) 的 Tc 高達 135 K。此可謂在大氣壓下最高臨界溫度的超導材料。(另維基資料示 $Hg_{12}Tl_3Ba_{30}Ca_{20}Cu_{45}O_{127}$ 的 Tc 為 138 K)。1993 年 8 月朱經武博士所領導的德州高溫超導研究中心將 $HgBa_2Ca_2Cu_3O_8$ 加壓至 150 kbar，而在高壓力下 Tc 為 164 K。該溫度高於一般常用的冷凍劑 CF_4 (四氟化碳) 的沸點 (145 K)。

日本產業技術總 (綜) 合研究所 2013 年 1 月 30 日發表 Hg1223 在 15 萬氣壓下的

Tc 為 153 K (約 -120 ℃，據他們稱是最高超導臨界溫度記錄)。

2012 年 9 月德國萊比錫大學 P. Esquinazi 教授的研究團隊在 Advanced Materials 誌上發表：石墨顆粒能在室溫現出超導性。研究人員將純石墨粉浸在水中攪拌 22 小時，以後經一晚間乾燥。水處理前的石墨不顯示超導性，但水處理後在 300 K 的室溫觀察到粒狀超導現象。重行實驗仍再顯同樣現象。依該團隊的推算，試料中顯示超導性的比率僅為 100 ppm 以下，所以無法將現階段的成果引接至實用。需要其他研發單位重驗並且究明該超導現象產生的機制。如果像石墨粉這樣便宜且容易獲得的材料真能在室溫下實現超導，將引發新的工業革命。

表 2．3．3 - 1 示目前比較廣泛的被應用的超導物質的概況。

表 2．3．3 - 1：**目前主要超導物質**

高溫超導	Y(釔)系	1986 年我國留美物理學者朱、吳博士所發現，臨界溫度超過液氮溫度，可通過的大電流，臨界磁場 10T 等特性較優，但加工製造較難，開發費時。已開始被廣泛應用。
	Bi(鉍)系	1988 年日本發現，臨界溫度超過液氮溫度，已製造線、塊材應用於電力電纜、磁浮車、MRI、強磁場磁鐵等。
低溫超導	NbTi (鈮鈦合金)	臨界溫度 9K、臨界磁場 12T，已廣泛被應用 MRI、NMR 等醫療設備等。
	Nb₃Sn (錫化三鈮金屬化合物)	比 NbTi 臨界溫度等較高(臨界溫度 18K、臨界磁場 28T)，但價較高。
	MgB₂ (二硼化鎂)	2001 年日本發表的金屬間化合物。臨界溫度 39K，價廉加工製造程序簡單，開拓中。
	鐵系	2008 年日本發現的臨界溫度接近 30K，今後可能提升至 50K。

2．4　超導應用材料的發展

2．4．1　超導材料的形式與應用用途

超導材料的形式可分為 ① 線 (與帶) 材、② 薄膜、③ 塊材三種。

(1) 超導線材應用於：電力電纜 (以超導電纜用線材為例，列述超導線材的發展經過敘述於第 4．1．2 節)、超導變壓器線圈、超導儲磁能裝置線圈、強力磁場產生用磁鐵 (研究用、高分析性能 MNR)、中等磁場產生用磁鐵 (研究用、發電機、MNR、MRI、超導磁浮列車、晶圓提拉製造裝置、核融合、粒子加速器等) 等。

(2) 超導薄膜材應用於：約瑟夫森結、感測元件 (sensor) 用superconducting tunnel

junction (超導穿隧結)、SFQ、SQUID、超導濾波器、故障限流器、太(兆)赫茲發射器 (emitter)、兆赫茲混信器 (mixer) 等。

(3) 超導塊材應用於：強力磁鐵 (儲能飛輪等用非接觸磁性軸承、磁性分離器、超導磁浮列車等)。

２.４.２ 超導材料製造法

隨著各種超導體的發現與開發以及應用用途的開發，配合超導體本身的構成特性、應用用途的條件，有效且減低成本的各種材料製造法被開發，其概況如下：

(1) 超導線材的製造法有：拉線 (wire drawing)、表面擴散 (surface difussion)、化學氣相沉積 (chemical vapor deposition)、混合物理化學氣相沉積 (hybrid physical-chemical vapor deposion)、粉管 (powder-in-tube)等。

(2) 薄膜材的代表的製造法有：飛濺法 (supttering)、化學氣相沉積法 (chemical vapor deposition、CVD)、分子束磊晶法 (molecular beam epitaxy、MBE)、溶液冷卻法等。

(3) 製造超導塊材，採用結晶生成速度較快的從固態與液態製造的方式等。

２.５ 超導學術理論上發展情形

前述的超導現象首次發現震撼了學界，此後很多研究者對各金屬、合金的超導性加以探索。惟臨界溫度一直沒有多大突破，都在接近絕對溫度零度。但是在此期間，一方面對超導性之物理的探討，另一方面超導應用的可行性都進行研究。以下概述學術上的發展情形：

(1) 量子力學

想要了解超導或想知道為何某物質為電導體及另外物質為絕緣體，都需要一點量子力學的知識。設計超導應用元件時，需要利用量子力學理論，即低溫下現象是量子力學的精華所在，但若干問題仍處於尚待探討的境界。以古典物理學無法解釋的若干現象，可以用量子力學了解或分析。古典物理認為在接近絕對溫度零度時，物質內運動會有平滑的結果。然而在量子力學中，根本不可能有平滑的存在。當溫度下降時，從一個量子組態到另一個量子組態的跳變，意義會更大，不連續性更為顯著。超導相關量子力學研究方面接受諾貝爾獎學者略述如下：1900 年蒲郎克 (Plank) 提出能量量子的觀念，因為能量基本量子的發現對物理學

的促進有貢獻為由，他得了 1918 年諾貝爾物理獎。海森伯 (W.Heisenberg) 與薛定格 (E.Schrudinger) 在 1926 年提出理論的依據，奠定量子力學的基礎也可以說量子力學的誕生。前者以創立量子力學基本研究，特別提出波函數的統計解釋，由此導致發現氫的同素異形體，於 1932 年獲得諾貝爾物理獎。後者即以建立原子理論的新形式，於 1933 年與狄拉克 (P.Dirac) 一起得到諾貝爾物理獎。二十世紀後半量子力學繼續發展，以量子力學獲得諾貝爾物理獎的名單如下：1954 年波恩 (M.Born) 量子力學基本研究，特別提出波函數的統計解釋，1998 年勞克林 (Laughlin)、施特默 (H.Stormer)、崔琦 (Daniel C. Tsu) 發現帶分數電荷激發狀態的新量子流體形式，1999 年特霍夫特 (G. Hooft)、韋爾特曼 (M.J.G.Veltman) 解釋電磁互交作用與弱互交作用的量子結構，2005 年格勞伯 (R.J.Glauber) 提出量子理論與光現象之一致性。

　　最近傳統資訊理論結合量子力學的新興學科，量子通信技術 (參照第 7．8 節) 與量子計算機技術 (參照 7．2 節) 急速發展中。

(2) 超導相關物理特性研究

　　如前面所述，在 1911 年發現低溫超導至 1985 年發現高溫超導之中間期間，雖然超導體的臨界溫度方面沒有顯著的突破，但超導元材及應用方面，不少人員從事研發。超導相關方面諾貝爾物理獎得獎名單如下：1913 年卡茂林-昂尼斯 (H.Kamerkubgh-Onmes) 對低溫度下物質性質的研究，導致液體氦的生產 (因而後來方發現汞之超導現象)。1972 年巴丁(J. Bardeen)、庫鮑 (L. Cooper)、施里弗 (J. Schrieffer) 提出 BCS Theory (SCS 超導理論)。1973 年約瑟夫森 (B. Josephson) 理論預言超導電流能夠穿隧阻擋層，特別是預言約瑟夫森效應。1973 年賈埃弗 (I.Giaever) 與江崎玲於實驗上證明半導體與超導體的穿隧效應。1978 年卡皮查 (Kapitsa) 低溫物理學領域的基本發明和發現。1987 年貝德諾爾耶茨 (J.Bednorz)、米勒 (K.Miller) 在發現陶瓷材料的超導性中的重大突破。2003 年阿布里科索夫 (A.Abrikosov)、金茲堡 (V.L.Ginzburg)、萊格特 (A. Leggett) 對超導體及超導流體的理論開發有貢獻而獲獎，而前二位對第二類超導體 (參照第 3．2．2 章) 的特性做出理論的解釋。

　　上述的 BCS 理論尚可較圓滿的解釋低溫超導。高溫超導的理論研究仍在進行中。第 2．3．2．(1) 節所提到的鐵基超導體的發現以及第 2．3．3 節所提到的石墨顆粒在室溫下顯出超導性的報導，透過深入了解此等超導體物理機制，科學家或許可找出達成「室溫超導體」的夢想目標。

第 **3** 章

超導體的特性

第 3 章：超導體的特性

水在常溫是液體，到攝氏 100 ℃ 就成為水蒸氣，溫度降到 0 ℃ 就成為固體。在不同溫度狀態下的性質完全變相不同。在臨界溫度以下的超導體的性質與常溫的性質顯然不同，下面概說超導體的特性。

封底上段左照片是，美國國際電機電子工程師學會 (IEEE) 的超導委員會 (CSC，Council of Superconductivity) 的會徽 (symbols of logo)。圖上，圓圈右邊的 (紅色) 箭號表示超導體內第 3．1．1 節所提的零電阻所引起的永續電流。圓圈外面的四條橫 (金色) 線條表示由於第 3．2．1 節所提的邁斯納效應排出於超導體外的磁通。圓圈裡面的一對兩個 (黑色) 箭號，一個 (黃色) 小圓，一個有 (黃色) x 號，表示第 2．2．(2) 項裡所提的 BCS 理論的 Cooper pair (庫柏對)。圓圈左邊 (綠色)" X "號表第 3．3．1 節所提的約瑟夫森穿隧結。

3．1 零電阻

3．1．1 超導體零電阻特性說明

超導體在某些條件下呈現零電阻的特性，即溫度不超過臨界溫度 (Critical Temperature, Tc)、磁場強度不超過臨界磁場強度 (Critical Magnetic Field Strength, Hc)、通過電流不超過臨界電流 (Critical Current, Ic) 下，電阻為零。但上述任一條件無法滿足時，即喪失超導性而成為常導性，電阻無法再維持

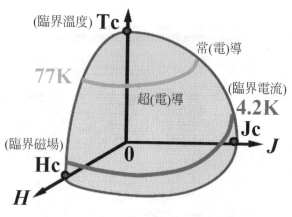

圖 3．1．1-1：超導三臨界條件值

零。在圖 3．1．1-1 所示以三條件曲線所包絡條件範圍內電阻為零，範圍外即變成常導性。

3．1．2 超導體零電阻特性應用

(1) 零電阻特性是超導體的主要特性，下面列出其代表的應用例：

零電阻特性是超導體的主要特性，下面列出其代表的應用例：電力電纜，減低損失、小型化等 (請參照第 4．1 節)；電力變壓器：減低損失、無油化、小型化等 (請參照第 4．2 節)；超導儲磁能裝置 (SMES，Superconducting Magnetic

Energy Storage)，利用超導線圈零電阻的儲存磁能裝置 (請參照第４．４節)；鐵心飽和型故障限流器的飽和鐵心繞組 (參照第４．３．２．２節)；金屬條材磁性加熱裝置 (參照第５．２節)；鐵路車輛用變壓器 (參照第５．７節)。超導與銅導體相比集膚效應低，可得急峻的 Q，應用於行動電話基地台的受信、發信用濾波器 (請參照第７．３節)。

　　超導體的零電阻特性與第３．２．２節所述的強磁性一併應用於下列的機器設備：發電機 (參照第４．５節)、同步調相機 (參照第４．６節)、核融合用磁鐵 (參閱４．９節)、船舶用發電動機 (參照第５．４節)、產業用超導電動機 (參照第５．３．２節)、汽車車輛用電動機 (參照第５．６節)、核磁共振光譜法與磁振造影 (參照第６．１節)、BSEE 計畫宇宙線檢測器 (參照第５．13．２節) 等。

(2) 超導、常導變化靈敏且快速性亦為超導體的主要特性之一，其應用例如下：

　　超導、常導極靈敏快速變化特性應用 S/N 型 (電阻型) 故障電流抑制器 (請參照第４．３．２．１節)。

3．2　超導體的抗磁性與磁性

3．2．1　邁斯納效應 (Meissner Effect)

此效應是 1933 年德國 W. Meissner 與 R. Ochsenfeld 所發現的現象，其現象是加磁場於超導體時，磁場強度小於臨界磁場強度，磁通進不得超導體內，即超導體具有完全的抗磁性。

如圖 3．2．1 – 1 (a) 所示，末到臨界溫度的常導狀

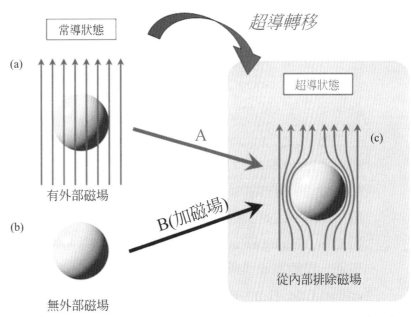

來源：日本名古屋大學

圖 3．2．1 - 1：邁斯納效應概況

態的超導體加磁場時，磁場會穿過超導體。如經該圖上箭號所示的過程，將超導體的溫度降低，使超導體變成超導狀態時，即如圖 (c) 所示超導體內的磁通被排除。圖 (b) 所示無磁場下，將超導體溫度降低使超導體為超導狀態後，從外部加磁場時，同樣磁通無法進入超導體內。

此現象稱為邁斯納效應，是加磁場於超導體時，在超導體極薄表面流通 Meissner 電流，此電流在超導體內部打消外部磁場而現出完全的抗磁性。將磁鐵靠近超導體時，因為 Meissner 效應磁鐵會受到很強的反撥力，現出磁鐵懸浮的現象。

但外界磁場強度超過臨界磁場強度 (critical field、Hc)，即無法維持抗磁性而外磁場會通過超導體。

3．2．2　第一類超導體與第二類超導體

超導體對磁場的反應可分為第一類超導體與第二類超導體兩類。

第一類超導體：(如錫及汞) 除去化學雜質及物理缺陷者，具有完全顯出第 3．2．1 節所述的邁斯納效應的抗磁性。此類之臨界磁場強度 (Hc) 並不高，最大 0.1 特斯拉。

第二類超導體：(如釩與鈮) 可與磁場共存。在低磁場領域內與第一類超導體一樣顯示 Meissner 效應，下臨界磁場 (lower critical field, Hc1) 為界，如圖 3．2．2 – 1 所示，外部磁場開始侵入超導體內部部分。所侵入的磁通被量子化，稱為量子化磁通 (fluxoid)。在磁通侵入領域的超導被破壞成為常導狀態，在導體表面產生渦漩電流 (vortex)，但其他的部分仍然維持超導狀態，即超導與常導共存。此狀態稱為混合狀態 (mixed state)。

如圖 3．2．2 – 2 (a) 所示，在此混合狀態下的第二類超導體通電流時，量子化磁通上產生勞倫茨力 (Lorenz force)，而開始運動，由此運動而產生電流方向的感應電場，外部磁場達到上臨界磁場 (higher critical field, Hc2) 以前超導狀態被破壞。此時，如圖 3．2．2 – 2 (b) 所示，在超導體內部有抑制量子化磁通的運動的釘扎點 (pinning points) 存在，即量子化磁通通過此等點產生局部環流釘扎量子化磁通，設使電流通過，量子化磁通不動，可維持超導狀況至上臨界磁場 (higher critical field. Hc2)。Hc2可達 10 特斯拉 (10萬高斯)。產生釘扎效應 (pinning effect) 的物質可為微細的常導物或結晶缺陷。圖 3．2．2 – 3 示第一類超導體與第二類超導體對外磁場反應的差異。

因為此量子化磁通釘扎效
應，侵入超導體內的磁通量子
被確實地固定，所以如圖 3 .
2 . 2 - 4 的照片所示，超導體
懸浮於永久磁鐵上，或超導體
與永久磁鐵保持一定的間隔而
排在水平情況仍不離的所謂的
fishing (釣掛效應) 情況。

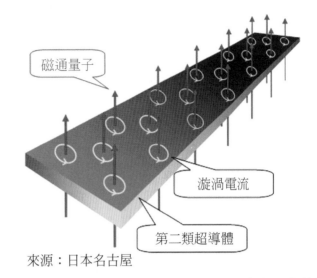

來源：日本名古屋

圖 3 . 2 . 2 - 1：第二類超導體，超導、常導混合狀態

從前超導現象被發現的當
時，多種純金屬超導體可被稱
為第 1 種超導體。這些，因為
在磁場下無法維持超導現象，
所以沒有利用用途。相對的，在磁場下尚可維持超導現象的 Nb$_3$Sn、NbTi 等金屬系
超導體及 Nb、V 等雖是純金屬但屬於遷移金屬者稱為第二類超導體，現在被利用的
超導材料都屬於此類。

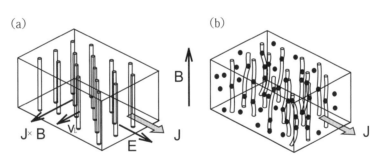

來源：日本東京大學

圖 3 . 2 . 2 - 2：第二類超導體，磁通釘扎點狀態概念圖

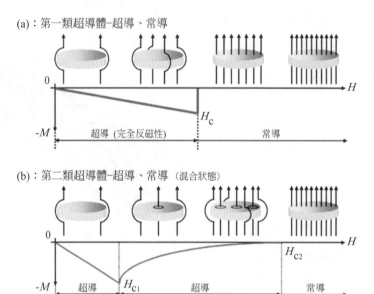

(a)：第一類超導體-超導、常導

(b)：第二類超導體-超導、常導 (混合狀態)

來源：日本青山大學

圖 3 . 2 . 2 - 3：第一類、第二類超導體，對外部磁場的反應情形

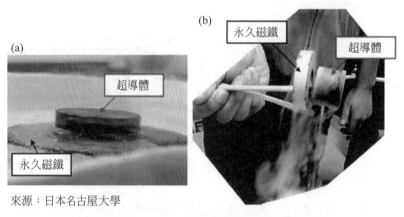

(b)

永久磁鐵

超導體

(a)

超導體

永久磁鐵

來源：日本名古屋大學

圖 3 . 2 . 2 - 4：超導體懸浮與釣掛照片

3 . 2 . 3　超導抗磁性及磁鐵的應用

3 . 2 . 3 . 1　磁遮蔽

　　遮磁目前主要利用鐵、銅或鋁等的常導金屬材料，而依要遮蔽的磁場的強度、頻率不同，採用遮蔽原理及材料種類有所不同。一定或比較低頻率磁場的場合，使用強磁性的鐵等，而對高頻率者，因為電磁感應所引起的集膚效應有效，使用高導電性的銅或鋁。

相對地，利用超導材料的遮磁，依磁場強度遮蔽原理不同。對弱磁場，利用邁斯納效應 (Meissner effect) 從超導體內部完全排除磁通的性質。相對強磁場，利用讓磁通侵入超導體內，但予以固定不移動的釘扎效應 (pinning effect)，在超導體內流通高密度的超導遮蔽電流使產生與外部磁場相反磁場，如此可得高效率的遮磁。鐵等之強磁性材約 2T 磁通密度就飽和，但是代表的實用超導材 NbTi 合金之上臨界磁場 H_{C2} 約 12 T (溫度 4.2 K)之高，所以在傳統強磁性材不可能的高磁場中尚能做到高效率的遮磁。另一方面，超導體通常不管頻率均能達成高效率的遮磁。

3．2．3．2　超導磁鐵的種類

超導磁鐵是經外部電源連續供電流至超導線圈，或給電後超導線圈以永久電流狀態使用的磁鐵。另有利用高溫超導材料的塊狀永久磁鐵技術。此塊狀永久磁鐵是將 Y 系或希土系氧化物超導性粉末體成形為盤狀或圓圈狀後，在適當的環境燒結、結晶化，冷卻後曝露於外面磁場，捕捉磁通於塊狀內 (稱為着磁)。此種塊狀永久磁鐵，在 77 K 溫度下，可產生 1～3 特斯拉的磁場，現在可以製造到直徑 100 mm。

3．2．3．3　複合型磁鐵

本東北大學與住友重機械公司合作開發所謂無冷卻 Hybrid (複合) 型磁鐵。此複合型磁鐵是超導磁鐵內側配置水冷卻銅磁鐵，引用兩者效應的磁鐵，無冷卻型是並不使用液氦的構造。此複合磁鐵是藉水冷銅磁鐵在磁鐵邊緣附近產生高梯度磁場，而可產生普通超導磁鐵無法達成的磁通密度 27.5 特斯拉 (據他們稱是世界紀錄)。普通的超導磁鐵，為產生超導需要大量的氦液而價昂，且易蒸發維持不易，長時間維持一定磁場上成為瓶頸。此型複合磁鐵，產生超導不用氦液，不拘時間上的限制，可活用強磁場。又因為不需氦液供給設備，整個裝置較緊湊。

3．2．3．4　超導磁鐵的應用

如圖 3．2．3-1 所示，超導可產生傳統磁鐵的數十倍以上而其他辦法不能得到的強磁場。現在利用超導線材與超導塊材所產生強磁場應用於下列等用途：

電力工業設備上：
發電機 (參照第 4．5 節)、同步調相機 (參照第 4．6 節)、風力發電機 (參照第 4．7 節)、飛輪蓄能裝置 (利用超導磁浮軸承，參照第 4．8 節)、核融合用磁鐵 (參閱 4．9 節)、液氫泵 (參照第 5．10．2 節) 等。

產業、運輸設備上：

粒子加速器 (參閱第 5 . 10 節)、產業用磁鐵線圈、單晶提拉裝置 (參照第 5 . 1 節)、金屬條材加熱裝置 (參照第 5 . 2 節)、超導磁浮列車 (參照第 5 . 5 節)、磁性分離裝置 (參照第 5 . 8 節)、磁性軸承 (參照第 5 . 17 節)、磁控管飛濺裝置 (加磁場，參照第 5 . 14 節)、電動機 (包括產業用電動機，參照第 5 . 3 節)、汽車用電動機 (參照 5 . 6 節)、船舶用發電動機 (參照第 5 . 4 節)、宇宙線檢測器 (BSEE 計劃，參照 5 . 13 . 2 節)、超導磁流體船艇裝置(參照第 5 . 19 節)等。另外，超導磁性的特殊應用例有，艦艇的消磁系統 (參照第 5 . 16 節)。日本東北大學團隊開發應用上面第 3 . 2 . 2 節所提的超導體磁通釘扎效應 (pinning effect) 的免震裝置 (參照第 5 . 18 節)。

醫療設備上：

NMR (Nuclear Magnetic Resonance Spectroscopy，核磁共振光譜) 與 MRI (Magnetic Resonance Imaging，核磁共振攝影) (參照第 6 . 1 節)、MDDS (Magnetic Drug Delivery System，磁性誘導型藥物傳輸系統) (參照第 6 . 3 節)、醫療用重粒子加速器 (參照第 6 . 4 節)、磁導航醫導管 (參照第 6 . 5 節)、放射光源 (參閱第 6 . 7 節) 等。

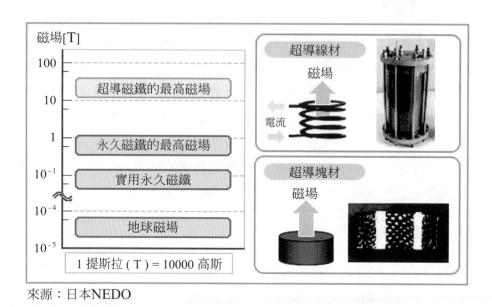

來源：日本NEDO

圖 3 . 2 . 3 - 1：示可利用超導材料產生強磁場的情形

3 . 3　約瑟夫森結的約瑟夫森效應、穿隧效應

3 . 3 . 1　約瑟夫森效應 (Josephson Effect)、穿隧效應 (Tunneling Effect) 概說

以薄絕緣層相連結的兩超導體，稱為約瑟夫森結 (Josephson Junction) (參照圖 3．3．1 - 1 斷面圖)，此兩超導體間會發生所謂的穿隧效應，又稱為約瑟夫森效應。1962 年劍橋大學研究生 B. D. Josephson 從理論上預言，當絕緣層幾 10 埃 (0.1 奈米) 時，電子對可穿越過絕緣層，不久貝爾研究所 P. W. Anderson 與 J. W. Rowell 以實驗驗證。1973 年約瑟夫森 (約瑟夫效應的理論預測上的貢獻)、江崎玲於奈 (Leo Esaki, 1957 年發現半導體穿隧效應上的貢獻) 與加埃沃 (Giaever)，1963 年發現超導體穿隧效應上的貢獻共同獲得諾貝爾獎。

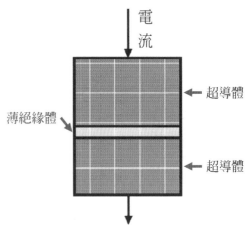

圖 3．3．1 - 1：約瑟夫森結構造圖

絕緣層太厚時，穿隧效應不明顯，太薄時，兩塊超導體實際上形成一塊。普通厚度約 2 奈米 (10^{-9}m) 的絕緣體、厚度約 10 奈米的常導體或半導體。兩塊超導體間會流通相應電子位相差的超導電流 (約瑟夫森電流)，約瑟夫森結上約瑟夫森效應有下列的兩個現象：

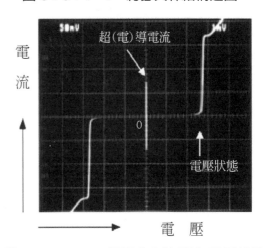

圖 3．3．1 - 2：約瑟夫森結電流-電壓特性

(1) 直流約瑟夫森效應

當直流電流通過超導穿隧結 (superconducting tunneling junction) 時，在電流不超過臨界電流 (又稱約瑟夫森電流) 時，結兩端不存在電壓，兩塊超導體似為一塊超導體。但一旦電流值超過臨界電流即變成常導體而約瑟夫森結兩端會發生電壓 (請參照圖 3．3．1 - 2)，此稱為直流約瑟夫森效應。臨界電流依超導體間絕緣層的厚度而定，愈厚電流值愈小，普通約為 0.1 ～ 0.5 mA。臨界電流值，對外加磁場極為敏感。

(2) 交流約瑟夫森效應

約瑟夫森結的兩端加直流電壓 V (與約瑟夫森結並接電阻，使通過結電流超過臨界電流) 時，在約瑟夫森結區出現高頻正弦波電流，此稱為交流約瑟夫森效應。所加直流電壓與所產生的正弦波之間有下列之關係：

$$Vn = (h/2e) \ nf = nf/K_1$$

Vn：所加電壓，f：微波頻率，h：普朗克常數，e：單位電荷，n：整數

K_1 值 1988 年國際度量衡委員會建議統一採用 $K_1 = 483597.9$ GHz/V。

輸出頻率與所加直流電壓成正比，所加直流電壓為 $V = 1 \mu V$ 即正弦波頻率為 483.5979 MHz，$V = 1$ mV 即 483.5979 GHz。

3．3．2　約瑟夫森結的應用

3．3．2．1　標準直流電壓發生器

向約瑟夫森結元件照射已知頻率的電磁波時，約瑟夫森結的兩端產生與其頻率成正比的電壓。此現象與上面第 3．3．1 (2) 項所述交流約瑟夫森效應相對，頻率 f 與電壓 V 間，有 $f = (2e/h)* \ V$ 的關係。其比例關係數值以物理常數 (量子力學上之 Plank's constanat (普朗克常數) h 與電子之電荷 e) 所定。頻率可由十位數以上的高精度來決定，所以將此等物理常數以適當的精度提供，即以此物理常數相當的精度可求到正確的電壓值。現在 2e/h 值定義為 483597.98 GHz/V。微波電磁波同時照射至約瑟夫森結元件多數為串接者，所有元件的電壓相加而可得較大的電壓。例如，照射 48.359798 GHz 的微波，即從上式一只約瑟夫森結產生 $100 \mu V$ 的電壓。10,000 只串接可產生 1 V 的標準直流電壓。美國 HYPRES 公司等出售此方式的 1 V 及 10 V 標準直流電壓產生裝置 (有關直流電壓標準，參照第 5．15．1 節)。如第 5．15．2 節所提到，若干國家標準機構延伸超導直流電壓標準技術開發交流電壓標準裝置。

3．3．2．2　超導電子工學領域上的應用

超導電子工學領域的定義是超導與資訊工學及弱電工學 (非電力工學) 相關的領域，而交流電力機器等電力工程或高磁場應用領域，即不屬於此超導電子領域。

在半導體回路使用電晶體 (Transistor) 為基本主動元件 (active element)，相對地在超導電子回路使用約瑟夫森結 (Josephson Junction) 為基本主動元件 (active element)。

1990 年代開始超導 SIS (superconductor-insulation-superconductor junction) 應用於各種靈敏的檢測器 (包括熱型、量子型檢測器)，被應用於粒子檢測裝置之檢測部 (參閱 5．11 節)、能量散射 X 線光譜儀 (參閱第 5．12 節)、質譜儀 (請參閱第 6．6 節) 及太 (兆) 赫茲波系統的 emitter (發信器)、mixer (混頻器) (參照第 7．7．3 節) 等。

以兩只約瑟夫森結併接可成超導環路，在下面第 3．4．1 節所述 SQUID (Superconducting Quantum Interference Device，超導量子干擾元件)，用以量測微少磁場；將於第 3．4．2 節所述之 SFQ (Single Flux Quantum 單一磁通量子) 回路亦是相似的環路元件，將形成計算機邏輯回路的基本元件。

3．4 磁通量子化 (Flux quantumization)

在前面第 3．2．2 節第二類超導體的特性裡提到，貫通超導體環路的磁通，並不會任意地通過，而以單一磁通量子 (Single Flux Quantum , SFQ，2*10^{-15} 韋伯) 的整數倍通過。此超導體的特性稱為磁通量子化。此現象於 1961 年 B. S. Deaver, M. Fairbank 及 M. Nahbauer 三位發現。他們將圓胴形超導體 (超導環) 吊於空中，量測貫穿環內的磁通量，發現磁通並不取連續值，而僅取某單位磁通 (Φ_0) 的整數倍。

以圖 3．4－1 說明磁通量子化特性。圖 (a) 示，對環狀超導體從外面加軸方向的不超過臨界磁場強度的磁場。然後將超導體溫度降至臨界溫度以下時，如圖 (b) 所示，由第 3．2．1 節所述的 Meissner 效應，環內的磁通密度為零，但中空部分的磁通，即藉通環表面的反磁性電流，仍存在。如圖 (c) 所示，將外部的磁場源拆除時，祇環狀維持超導情態，上述的流通環面的永久電流不消失，而中空部分的磁通被該超導體電流捕捉。此時超導狀態下的電子的波動函數須在長距離有秩序狀態，所以繞環路一周的波動函數的位相差須為 2π 的整數倍。因此，穿貫環中的磁通不能取任意值，而為磁通量子 Φ_0 的整數倍。 Φ_0 與普朗克常數 (h) 與單位電荷 (e) 間的關係如下：

$$\Phi_0 = h/2e = 2.07*10^{-15} \text{ [韋伯]}$$

此被量子化的超導體內的磁通稱為量子化磁通 (fluxoid)。看 3．4－2 示貫穿超導環路磁通量的實測例。

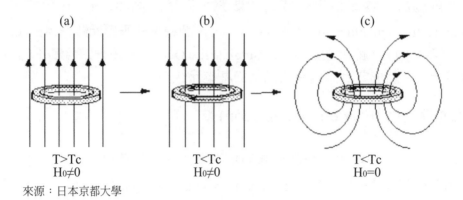

T>Tc
H₀≠0

T<Tc
H₀≠0

T<Tc
H₀=0

來源：日本京都大學

圖 3.4-1：貫穿超導環的被捕捉磁通

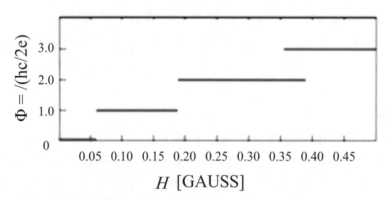

來源：日本青山大學

圖 3.4-2：貫穿超導環磁通量測例

　　下面將要提的將兩個約瑟夫森結 (Josephson Junction) 並接成為環狀電路，用於量測微弱磁界者稱為 SQUID (Superconducting Quantum Interference Device，超導量子干涉元件、磁量儀)，以及用於計算機邏輯回路等稱為 SFQ (Single Flux Quantum單一磁通量子) 回路上，通過超導環路上絕緣間隙的磁通都被量子化，即 SFQ 的整數倍。

3.4.1 SQUID

3.4.1.1 SQUID 構造與特性說明

　　SQUID (Superconducting Quantum Interference Device，超導量子干涉元件、超導量子干涉磁量儀) 是由兩只約瑟夫森結併接成為中間有絕緣間隙的超導環路，其斷面如圖 3.4.1-1 所示。在第 3.2.1 節所述超導環路上，因邁斯納效應磁通不能穿透。但因為在 SQUID 環路上有約瑟夫森結的絕緣間隙，磁通以 SFQ 磁通的

整數倍通過該絕緣間隙。SQUID 事先加上稍微大於超導臨界電流之偏移 (壓) 電流 (bias current)，加了磁場後，偏移直流對在絕緣間隙處的 SFQ 產生勞侖茲力 Lorentz Force)。約瑟夫森結間隙的電流與磁通是圖 3．4．2 - 2 所示之方向時，在左邊的約瑟夫森結，將 SQF 向右移動到超導環路中間。SFQ 穿過超導環路內，如圖 3．4．1 - 2 所示超導環路上產生遮蔽環路電流 (loop current)。此環路電流會由量子力學證明產生正絃波的變動。此時外面可加的偏移電流等於減少遮蔽環路電流分，而電壓-電流特性曲線如圖 3．4．1 - 3 上 ① 至 ② 之間來回變動。因而，在環路兩端電壓產生週期的變動。

以上是 SQUID 對磁場產生周期變動電壓的理由。但為了量測外加磁場強度，需要讓 SQUID 的輸出電壓與外加磁場成 1:1 比例的關係。因而，設法外加磁場一直保留一定強度，以電子回路產生與外加磁場相反的磁場 (稱為回饋 (feed back))。以電子回路將所產生的磁場變換為電壓，即可得與外加磁場成正比例的輸出電壓。

上述的回饋回路稱為磁通鎖定迴路 (Flux Locked Loop, FLL)，該迴路與 SQUID 一起示於圖 3．4．1 - 4。FLL 迴路將由外加磁場所變化的 SQUID 之輸出電壓以放大器予以放大，以積分器積分一定時間內的電壓。將其輸出電壓以回饋電阻 (feed back resistor) 變換為電流，經回饋線圈 (feed back coil) 產生與外加磁場相反的磁場，使 SQUID 磁場保持一定之強度。實際上，FFL 回路動作使回授磁場追蹤外加磁場，似可能產生若干時間差。但此時間差是發生在積分時間內的短時間發生，所以設定積分常數小於量測頻率，即不致成為問題。

高溫超導 SQUID 量測周邊回路加以設法後，具有至 pico-Tesla [10^{-12} Tesla] 的磁場程度的磁性分析能力。此值為地球磁場 (約50μT) 的約 1 億分之 1。低溫 SQUID 更成為高靈敏的磁場 sensor (感測元件)，甚至可量測數十 fento (10^{-15}) 特斯拉的腦波磁場。高溫、低溫 SQUID 可將從前無法量測到的微小磁場予以量測出來 (參照圖 3．4．1 - 5)。SQUID 即利用於 6．2 節所提的心磁計、腦磁計等很多用途。

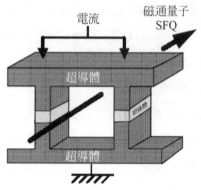

圖3.4.1-1：SQUID(超導環路)構造圖　　圖3.4.1-2：SQUID由磁場所產生的遮蔽電流

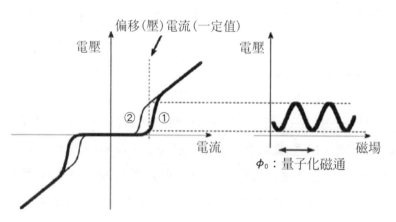

圖3.4.1-3：SQUID 因磁場電流-電壓變動特性

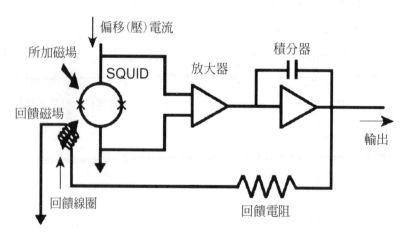

圖3.4.1-4：包括SQUID的FLL 回路圖

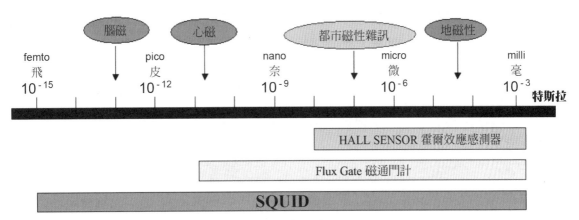

圖３．４．１-５：代表性磁性感測器的靈敏度

3.4.1.2 SQUID 的應用

1990 年代以後，在醫學方面 LTS (低溫超導) SQUID 相關市場的展開很顯著。利用鈮素材、液氦冷卻 (4.2K) 的心磁計、腦磁計在世界各地裝用。2000 年代以後，開發 HTS (高溫超導，利用釔素材，液氮 (77K) 冷卻) SQUID。低溫 SQUID 相對地靈敏度較高，而應用於需要高磁場解析度的如腦磁計等。高溫 SQUID 由於冷卻簡便，應用於搬動方便的量測設備，諸如非破壞檢查等。其應用例如下：心磁計 (MCG, Magnetocardiography)、腦磁計 (MEG, Magnetoencephalography) 與免疫檢查法 (參照第 6．2 節)，應用於金屬資源探查裝置、非破壞檢查、顯微鏡 (參閱第 5．9 節) 等。

3.4.2 SFQ 回路

3.4.2.1 SFQ 回路說明

SFQ (single flux quantum，單一磁通量子) 回路是 SFQ 作為資訊處理媒介的邏輯回路的總稱。在半導體回路的基本主動元件 (active element) 是電晶體，而在超導電子回路的基本元件是約瑟夫森結。SFQ 回路的基本構成與前面所述的 SQUID 相似，由兩只約瑟夫森結並接成中間有絕緣間隙的超導環路 (與圖 3．4．1－1相似)。圖 3．4．2－1 示 SFQ 回路的基本構成，外面磁場的磁通以 SFQ 的整數倍通過超導環路的絕緣間隙中。約瑟夫森結通上稍微低於其臨界電流的偏移 (壓) 電流 (bias current) (通常為臨界電流的 70 ~ 80 %)，此偏移超導電流對 SFQ 不發生作用。左側的約瑟夫森結接到輸入信號電壓，通過左側約瑟夫森結電流超過臨界電流，成為常導狀態。此直流電流與 SFQ 間產生勞侖茲力 (Lorentz's force) 而將 SFQ 推到環路中間地方。

SFQ 存在於超導環路中間時，超導體環路內產生遮蔽環路電流。在環路左側，環路遮蔽電流相減偏移 (壓) 電流，而恢復超導狀態。另一方面在超導環路右側，遮蔽環路電流與偏移 (壓) 電流相加而超過臨界電流成為常導狀態。此時直流將環路中間部分的 SFQ 吸進右側絕緣空隙。環路右側成為常導期間，在超導環路兩端產生脈波輸出電壓 (SFQ pulse)。此 SFQ 脈波的寬度為數 ps (10^{-12} 秒) 而電壓幅度為數百 μv 至 1 mV 程度。

從上面所述，超導環路構成的二進位邏輯回路 (所謂的數位回路)。在超導環路中有一條 SFQ (單一磁通量子) 存在的狀態對應邏輯「1」，而 SFQ 不存在的狀態對應邏輯「0」。

(1) 為何需要 SFQ 邏輯回路

在半導體回路，電子群為資訊媒介，藉其移動電壓的變化而 Gate (邏輯閘) 會動作開關。相對地，在 SFQ 回路，藉 SFQ 的移動執行演算。圖 3 . 4 . 2 - 2 所示的 SFQ 等價回路多數個連接，即形成超導線路。此者稱為 Josephson Transission Line (JTL，約瑟夫森結傳輸線路)。在此 JTL 內通過偏移 (壓) 電流 (bias current) 就可轉送 SFQ，組合這些就可構成 SFQ 邏輯回路。

半導體使用矽的邏輯回路引進細微加工程序而促進其高速化。現在動作時脈頻率 (clock cycle) 為 3 ~ 4 GHz 的高速度。

採用 SFQ 回路邏輯回路的動機有二。其一為反應速度高速，另一為其消耗電力低特性。從狀態「1」至狀態「0」或從狀態「0」至狀態「1」之切換時間稱為邏輯開關時間 (logic switching time) 為數 ps (pico second、10^{-12} 秒)。另外，AND 或 OR 等邏輯回路的最小單位 (稱為閘、gate) 的各消耗電力為 1 μW 以下。可同時具備上述的雙特性者，除了 SFQ 以外，並無其他者。

(2) SFQ 邏輯回路的動作原理

圖 3 . 4 . 2 - 3 示 SFQ 邏輯回路之基本構成例，由約瑟夫森結元件兩只並接之超導環路為基本單位。超導環路中進入 SFQ 瞬間，約瑟夫森元件兩端產生電壓，此電壓為 SFQ 脈波 (pulse)。 SFQ 脈波之寬度數 ps，而電壓幅度約為 1 mV。此種超導環路排列如圖 3 . 4 . 2 - 3 所示，而輸入訊號 A 與 B 兩者都進來時，設計為可得輸出信號 C，即可動作為「AND (及)」gate (閘)。A 或 B 任一有輸入時，設計可得輸出脈波時，成為「OR (或)」gate (閘)。在某一瞬間停下

來看，即在超導環路中可能有 SFQ (磁通量子) 存在與不存在的情況。因而稱為 SFQ 邏輯回路。

SFQ 邏輯回路中，利用此種數 ps 的非常短脈波而執行邏輯動作，可以 20 ~ 100 GHz 程度的高速時脈頻率 (clock cycle) 動作。例如 100 GHz 之時脈頻率動作的回路，時脈之一週期時間為 10 ps，所以在此期間內執行邏輯演算。

SFQ 邏輯回路與半導體回路一樣，將「AND」或「OR」gate (閘) 等基本元件回路組合構成複雜回路。

(3) SFQ邏輯回路的具體例

使用 SFQ 邏輯回路，可構成具有與通常半導體所組成的相同功能回路。因而，半導體所成的邏輯回路，原則上全部可以 SFQ 邏輯回路實現。但是半導體邏輯積體可積成 1 億只以上的電晶體，相對地，目前 SFQ 邏輯回路上的約瑟夫森結元件數為 1 萬只程度，因而可實現的回路規模將有所限制。

下面簡述實際的 SFQ 回路的情形，以 4 K 程度低溫動作使用鈮系材料的積體回路及 30 ~ 50 K 較高溫度動作使用 YBCO 系材料的積體回路兩種。前者已製作約瑟夫森結元件數約 14000 只，而後者約 100 只，都以半導體無法實現的高速度系統為目標，但各回路目標不同。前者以如 network router (網路路由器) 或 network server (網路伺服器) 比較大規模者為目標，而後者以裝於手掌型冷卻機的系統為目標。後者為檢測超高速波形的信號處理回路等。

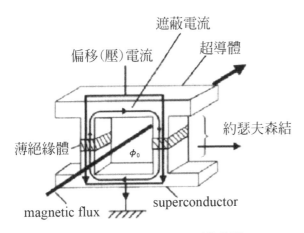

圖 3.4.2-1：SFQ 構成圖

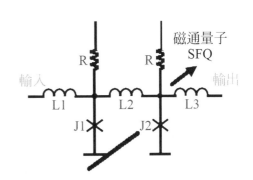

圖 3.4.2-2：SFQ 基本回路的等價回路

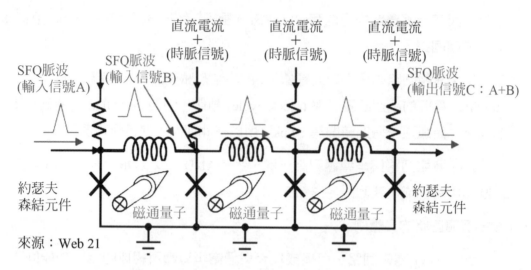

圖 3.4.2-3：SFQ 邏輯回路的基本構成例

3.4.2.2　SFQ 回路應用

　　SFQ 回路的應用例如下：高性能數位計算、數位回路上應用 SFQ 邏輯回路 (參照第 7.1 節)；網路路由器 (router)、網路伺服器 (server，利用 SFQ 回路的高速開關性能，參照第 7.4 節)；類比/數位轉換器，使用 SFQ 回路的 A/D 或 D/A 變換器，應用於無線機器、儀測、測試等 (參照第 7.5 節) 及超高頻域用取樣示波器 (參照第 7.6 節) 等。

第 4 章

能源、電力工業領域超導的應用

第 4 章：能源、電力工業領域超導的應用

　　導線材料使用最多可能是能源、電力工業領域，考慮超導的低電阻特性，應用於此領域是理所當然。

　　在日本，輸變配電損失近年來穩定而約為 5 %。依日本資源能源廳的概算，公元 2000 年度 1 年間約 458.07 億 kwh 的損失，約等於 100 萬 kW 級核能機組 6 台份 (100 萬 kW* 24小時* 365日* 12/13 (負載率)* 6 組 = 485.2 億 kWH) 的發電量。另外，在日本輸變配電損失大概分為輸電線 2.5 %、發變電所 1.9 %、桿上變壓器 0.8 %。他們認為減低此飽和狀態的損失，需期待靠革新超導技術的適用。超導線材的電阻所引起的焦耳損失(直流損失)可忽略，所以設法降低交流損失，即可大幅度降低包括冷卻損失的整體損失。

　　1911 年超導現象被發現後，幾種金屬系低溫超導材料被發現。1970 年代美國開始開發使用金屬系低溫超導 (Nb$_3$S$_n$) 線材的電力電纜。1986 年高溫超導材被發現後，1999 年開始至 2000 年代前半，美、日等國家以採用 Bi (鉍) 系線材開發電力電纜、變壓器、發電機上超導的應用。因為磁場下的特性較優且交流損失也較低等優點，2008 年以後，各國開始開發 Y (釔) 系線材的應用。應用超導的零電阻特性新開發的 SMES (Superconductivity Magnetic Energy Storage、超導儲磁能裝置) 及應用超導特性瞬間變化新開發的 FCL (Fault Currenent Limiter，故障電流抑制器)，是應用超導的非傳統電力設備。此等新型設備，配合再生能源的開發，在將來智慧型電網上可能扮演不可或缺的任務。

　　於此介紹大陸白銀變電站，是大陸於 2011 年 4 月 19 日併聯系統的世界上第一所全超導設備的配電變電站。該變電站及超導裝置 (參照封面下兩段照片)，由大陸科學院、國家科技部、國家自然科學基金委員會聯合資助，白銀市政府支持。變電站的興建由大陸中科院電工所主辦，聯合甘肅萬通電纜科技有限公司、中科院理化學技術研究所、特變電工有限公司等承辦，建設於甘肅省白銀市國家高新科技產業開發區內。變電站裝設採用 Bi (鉍) 高溫超導線材的超導電力設備。

　　白銀變電站額定電壓為 10.5 kV，封面下段照片最左邊是 1 MJ 0.5 MVA 超導儲磁能裝置 (SMES，參閱 4．4 節)，他們稱是世界上第一台併聯電力系統運轉的 SMES。左第二照片是 10.5 kV 1.5 kA 三相故障限流器 (FCL，參閱第 4．3 節)，他們稱是大陸第一台、世界第四台併聯系統的超導 FCL。左第三照片是 10.5 kV/0.4 kV 630 kVA 超導變壓器 (參閱第 4．2 節)，他們稱是大陸第一台、世界第二台併聯系統的高溫超導變壓器，也是世界最大的非晶合金 (armorphous) 鐵芯變壓器。最右照片是 10.5 kV 1.5 kA

75 m 三相超導電纜 (詳參閱 4．2 節)，他們所謂是規劃時世界最長的高溫超導三相電力電纜。此等照片來源是 A. M. Wolsky。上述的各超導設備，分別於 2004 ～ 2008 年間在其他系統上實證過，而共有 70 項專利。

　　另外介紹是，俄羅斯政府於 2010 年 12 月 21 日簽署：2011 年 1 月 13 日向俄羅斯國家原子能公司 (RosAtom) 援助 7.65 億盧布 (約 25.1 M 美金) 經費，將用於「創新能源」項目框架下的「超導產業」。預定開發項目如下：超導故障限流器 (Y 系 3.5 kV 650 A 級、電阻型)，超導變壓器 (10 kV/0.4 kV 10 MVA 級)、超導發電機 (1 ～ 10 MW)、能源儲存裝置 (使用超導軸承的飛輪 20 MJ)、超導電動機 (1 ～ 5 MW)。

4．1　電力電纜超導應用

　　利用超導電纜的零電阻特性，20 世紀後半段人們開始關心此無電阻輸電損失的輸電線纜，但利用氦液體的強制冷卻電力電纜的可靠度檢證、可供實用超導線材的價格、性能開發上確還有些問題，且對大容量低損失輸電線路的實際需求上當時並不太迫切，所以實用上的步調並不顯著。但近年來，京都議定書生效後，對降低輸電損失要求提高，另外超導線材的性能及減低交流損失上也有進展。美國大停電的影響以及配合大規模再生能源發電開發的智慧型電網的發展上，對大容量低損失輸電線的需求增加，對超導電纜的需要再度被提起，世界上已有不少超導電纜計畫加強步調進展中。

4．1．1　超導電力電纜的優點

　　利用超導電力電纜，將對經濟、環境、可靠度以及電力系統觀點上有下述的優點：

(1) 經濟上的優點

　　　　安裝費用低，因為超導電纜對旁邊的其他電纜或器材不會產生發熱影響。普通電纜，因為散熱需要，導體間需保持間隔且需相當的覆蓋，但超導電纜並不需這樣的導體間間隔與覆蓋。需要輸送大容量電力時，採用超導電纜將可大量減低電纜裝設費用，超導電纜與傳統電纜相比，可降低輸電損失，對節省能源與減碳效果都有利。大容量輸電時，應用超導電纜可大幅度地減低裝設電纜路權的建設費，同時容易實施管路的新設或增設工程，可在短時間內解決電網系統上的擁擠問題。

(2) 環境上的優點

　　　　超導電纜的絕緣材料不需使用絕緣油，所以屬於非可燃、非爆炸性電纜，

高溫超導電纜是無害且廢棄時無需虞慮的符合環保的電纜。超導電纜導體本身與遮蔽體都採用超導導線，由於感應幾乎與導體電流相同的電流以逆相地通過蔽遮體，因而可達成完全的遮蔽磁場。另外超導電纜因為尺寸緊湊，較容易製造三相同軸 (coaxial) 的構造，三相同軸電纜不產生電磁場。因而超導電纜為 ElectroMagnetic Interference Free (無電磁干擾) 的電纜。

(3) 可靠度上的觀點

超導電纜實際用於系統上時，與過去的傳統電力電纜一樣，被要求的可靠度高。即

　　＊需具有 30 年以上電氣的、熱機械的壽命。

　　＊需滿足電力系統所要求的性能 (短路電流強度等)。

　　＊需具備高運轉可靠度的冷卻系統。

　　過去的電纜劣化，主因為加壓與通電所引起的絕緣性能的降低及負載變動的影響。雖然由下列的檢討，超導電纜可靠度似有相當的把握，但需要累積裝設實績方能確定將來不會發生事故而穩定的營運。

(a) 超導電纜的絕緣壽命評估

　　超導電纜的特徵，除了保養時所引起的溫昇外，斷熱管內的溫度保持一定，所以與過去傳統電纜相比屬於非劣化性的電纜。

　　超導電纜絕緣具有長期壽命特性。超導電纜的運用溫度約為 -200 ℃，非常低，所以絕緣材料的熱劣化被認為不會發生。對加壓劣化 (V-t 特性) 曾加以檢討評估，經檢討認為超導電纜具有與 OF (充油) 電纜相同的絕緣特性。參照 OF 電纜的設計，曾實施 AC (交流電壓) 絕緣破壞、Imp (脈衝波) 破壞、V-t 試驗，其結果認為超導電纜具有非常安定的長期壽命性能。

(b) 機械的劣化

　　因為超導電纜在運轉中並不會有溫度變化，所以僅需要考慮到常溫冷卻至 -200 ℃ 或溫度上昇時的熱機械的問題就可以。經實際考察其變化歪度並不大，且電纜可設計具備熱收縮吸收功能，故認為原則上無問題存在。末端連接處需要考慮的熱機械的問題，仍需設計、評估與實證。

(c) 冷卻系統的可靠度

　　在超導電纜冷卻系統營運上需要保養的機器，是具有回轉、滑動部的泵及冷凍機。雖然超導相關冷卻機長時間連續運轉的事例少，但過去的實績

證明可連續穩定運轉、運用超過數千小時，1 年程度的連續運轉有充分可能性。

　　超導電纜運用上最多被質問的問題是「冷凍機與泵停止時的對策」，冷卻系統緊急停止時，超導電纜尚可繼續送電多少時間是重要的設計事項。冷卻系統停止狀態有冷凍機停止時循環泵尚可運轉或兩個裝置都停止兩種情況。曾做了此兩種情況的模擬試驗，該試驗結果認為在此兩種情況下，可繼續送電約 5 小時。送電容許繼續時間，依各線路的設計條件及營運條件而有所不同。溫度上昇的要因是「抑制超導電纜的 AC (交流) 損失」，這成為停用冷卻設備時延長送電繼續時間最重要的因素。因而相當於 AC 損失不存在的 DC (直流) 超導電纜，在此種事故時送電持續時間上較有利。

(4) 電力系統上的觀點

(a) 超導電纜與傳統電纜相比，阻抗小、送電容量較大。輸電級者可達 3 至 5 倍，配電級者可達 10 倍。例如 115 kV 超導電纜可輸送 345 kV 傳統電纜的容量，以 115/138/161 kV 超導電纜可解決潮流問題，不需要依靠超高壓系統。可利用既有的地下電纜路權，大量提高輸電容量。過去與架空輸電線連接的傳統地下電纜需採用複數電纜，採用超導電纜一條就可。

(b) 利用新或舊路權興建超導電纜時，審核時間及工程時間快，容易配合系統需要，尤其是可解決老舊人口稠密的城市地區供電問題。

　　圖 4．1．1－1 示 275 kV 送電容量 350 MVA 三回路，裝設慣常的 275 kV 電力電纜與採用高溫超導電纜間的比較。慣常 275 kV 電纜各回路的截面積約 460 cm^2，高溫超導電纜可採用較低電壓 66 kV 各回路的截面積約 150 cm^2，電纜本身的尺寸可以縮小 1/3。慣常電纜 275 kV 三回路電的裝設需 2～3 m 直徑的涵洞，而高溫超導電纜每回路可裝設於內徑 15 cm 的管路。明顯地，採用超導電纜具有大電流容量、低損失、可採用低電壓的優點，可達成簡化電壓階級、電纜設備小型化，適於高密度電力輸送。

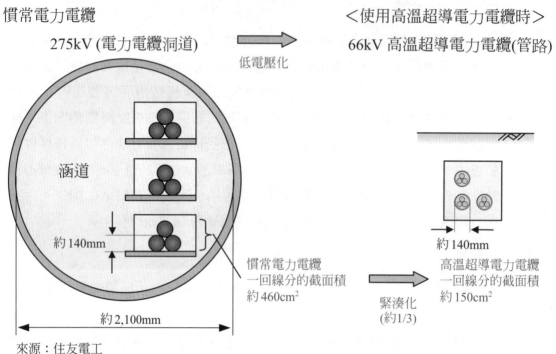

[一回線的送電容量(35 萬 kVA)*三回線]

慣常電力電纜　　　　　　　　　　　　　　＜使用高溫超導電力電纜時＞

275kV (電力電纜洞道)　　　　　　　　　66kV 高溫超導電力電纜(管路)

低電壓化

涵道

約 140mm

約 140mm

慣常電力電纜
一回線分的截面積
約 460cm²

高溫超導電力電纜
一回線分的截面積
約 150cm²

約 2,100mm

緊湊化
(約1/3)

來源：住友電工

圖 4.1.1-1：慣常電力電纜與超導電力電纜安裝所需面積比較

4.1.2　超導電力電纜線材的發展

1950 年代 NbTi (鈮鈦合金) 線材商業化，金屬系超導線材中最廣泛被使用是 NbTi 線材。該材料的 Tc (臨界溫度) 為 9 K，不高，但加工性優易，目前實用的超導機器大部分使用此線材。同屬於金屬系超導線材而被利用於較嚴格高磁場是 Nb_3Sn (錫化三鈮金屬化合物) 線材 (Tc 為 18 K，臨界磁場為 28 T，NbTi 為 10.5 T)。2001 年被發現的 MgB_2 (二硼化鎂) 同屬於金屬系線材 (Tc 為 39 K)。

上述金屬系超導材料，臨界溫度低而冷卻負載大，且比熱較低而熱不穩定。同時解決此等缺點可能是高溫超導線材。朱經武博士等所發現的 Y (釔) (YBCO) 系超導材料及日本前田博士所發現的 Bi (鉍) (BSCCO) 系為目前世界開發的主流，另外尚有臨界溫度更高的 Ti (鈦) 系及 Hg (汞) 系等超導材料，但從無毒性觀點，Y (釔) 系及 Bi (鉍) 系被選用，此兩系統材料都屬於臨界溫度超過液氮沸點溫度 (77 K) 的氧化物系超導材料。

高溫超導體被發現後，世界上眾多大學、研究所、製造廠等人員研發適合量產應用於電纜等高溫超導線材。臨界電流較高且加工較易的 Bi 系超導線材從 1990 年代被先行開發，目前由金屬管內填充超導粉末鉍系氧化物 (BSCCO) 而製成的第一代高溫超導線 (帶) 材，商品化已有一段時間。惟其成本較高，難以打入輸電市場。Y 系

超導線材，因為臨界電流較小且加工性較難，而開頭時並沒有被大規模的研發，但與 Bi 系線材相比，被認為具有多項優點，價格、磁場中的強度、機械強度、交流損失等。1998 年開始日本以國家研發計畫大規模的開發此線材，美國亦差不多同時候大規模的開發此線材，各國努力開發在金屬帶狀基底上鍍上超導層釔系氧化物 (YBCO) 而製成的第二代高溫超導線材。圖 4．1．2－1 示 Y (釔) 系超導線材的構造，圖 4．1．2－2 示 Y (釔) 系超導線的外觀。

　　超導線材的開發，可謂美日兩國領先世界而競爭，國際間以 Ic (臨界電流)* L (長度) 的乘積當為開發超導線材水準標竿。釔系氧化超導線材方面，2009 年 8 月美國 SuperPower Inc 報告 Ic* L = 300 kAm (Ic = 282 A/cm 寬、L = 1062 m) 的記綠，經一段時間後，2010 年秋日本藤倉以 Ic* L = 375 kAcm (609 A/cm 寬、615 m 長) 更新記錄，2011 年更刷新 Ic* L = 467 kAm (609 A/cm 寬、816 m 長)。

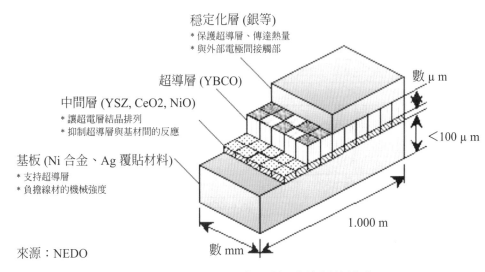

圖 4．1．2 - 1：Y(釔)系超導線材的構造

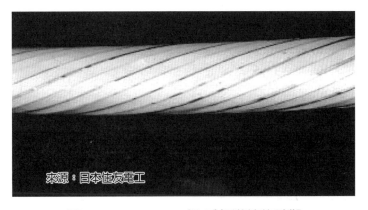

圖 4．1．2 - 2：Y(釔)系超導線的外觀

4.1.3 世界各國超導電力電纜的開發情形

(1) 目前為止，世界上超導電力電纜裝設概況如下表 4.1.3－1。

表 4.1.3-1：世界超導電力電纜裝設情況

國家	工程計畫名稱	主要參與機構	線路條件	相構成	線	與系統	試驗期間
美國	Detroid	Pirreli (AMSC)	24kV, 2400A,120m	1Cx3	Bi		失敗
	Southwire	Southwire	12.5kV,1250A,30m	1Cx3	Bi	○	2000
	Albany (ph1)	SuperPower,住友	34.5kV,800A,350m	3C	Bi	○	2006-2007
	Albany (ph2)	SuperPower,住友	34.5kV,800A,30m	3C	Y	○	2007-
	Ohio	AEP, Southwire	13.2kV,3000A,200m	Tri-axial		○	2006-
	LIPA (Long Island Power Authority) (ph1)	AMSC, NEXAS	138kV,2400A,600m	1Cx3	Bi	○	2007-
	LIPA (ph2)	AMSC, NEXAS	138kV,2400A,600m	1Cx3	Y	○	
	New Orlens	Southwire, NKT	13.8kV,2.5kA,1760m	Tri-axial		○	2011
	Hydra	Southwire,AMSC	13.8kV,4000A,	Tri-axial	Y	○	2010
	Tres Amigas SuperStation	AMSC, NEXAS, SL	HVDC, 5GW,		Y	○	計劃中
日本	實用性驗證計畫	東京電力、住友	66kV,1000A, 100m	3C	Bi	○	2001-2002
	Super-ACE	Super-GM(古河、電中研)	77kV,1000A,500m	1C	Bi		2004-2005
	高溫超電電纜實證	東京電力、住友	66kV,3000A,200~300m		Bi	○	2007-2011
	Y 系計畫	住友	66kV,5000A,15m	3C	Y		
	Y 系計畫	古河	275kV,3000A,30m	1Cx3	Y		
丹麥	Copenhagen	NKT	30kV, 2.4kA, 30m	1Cx3	Bi		2001
中國大陸	昆明普吉變電站	雲電、北京英納	35kV, 2kA, 23.5m		Bi	○	2004
	蘭州	中國科學院、長交電纜 (AMSC)	10.5Kv, 1500A,75m		Bi		2005
韓國	DAPAS	KEPRI,KERI,KBSI, (AMSC)	22.9kV, 30m		Bi		2006
	DAPAS	KERI, (AMSC)	22.9kV,1250A,100m	3C	Bi		2008-
	Gochang	KERI, (AMSC)	154kV, 100m				2011
	Icheon 變電所	韓電、LS. (AMSC)	22.9kV, 50MW, 500m		Y	○	2010
	濟州島	韓電、LS, (AMSC)	HVDC 約 1 公里		Y	○	2013

(2) 美國超導電纜開發情況

在美國許多大學、研究機構、製造廠等從事超導線材的研發，高溫超導線材的量產方面已有 American Superconductor Corp.及 SuperPower Inc.等推銷第二代釔氧化物線材。下面介紹美國超導電纜開發工程計畫中較特殊者。

(a) SPI (Superconductivity Partnership Initiative) 計畫

此計畫係布希政府時設立的 (參閱第 8．1．1 節)，美國能源部 (DOE) 主持之計畫下有 3 項超導電纜相關計畫，即 Albany, Ohio, LIPA (Long Island Power Authority) 等計畫，前兩項計畫為配電級電纜，而後項計畫為輸電級電纜。都相當順利進行，有的更追加第二階段計畫。

LIPA (ph1 第一期) 138 kV 超導電力電纜於 2008 年 4 月間併用系統上，是世界第一條併聯系統的超導輸電電纜。

(b) Project Hydra

為加強紐約曼哈坦的電力系統，美國國土安全部 (Department of Homeland Security) 於 2007 年 5 月 21 日發表此"Project HYDRA"計畫，並補助總預算美金 2 千 5 百萬元。該計畫委託地主 Con Edison 公司、超導線材供應廠 AMSC、超導電纜製造廠 Southwire、Air Liquid、Oak Ridge National Laboratory 等合作執行。

該計畫下提供可輸送極大量的電力，並可自動的抑制電力湧浪 (power surge，故障電流) 的新方法。美國國土安全部擬推廣在美國各地適用此"Secure Super Grid"(確保超大電力網) 技術，"Secure Super Grid"是確保危急的大都市中心供電網的新技術，以紐約市為例，簡單加以說明如下：

目前紐約市中心的供電系統是各 100 MW 至 300 MW 的負載群以 13 kV 從一地區變電所經多條地下電纜供電，代表性地區變電所由 5 台 65 MVA 138/13 kV 變壓器供給約 150 MW 負載。 Con Edison 公司連配電系統供電可靠度要求符合 N-2 異常條件準則，即兩台變電所變壓器停用時，尚不能產生供電障礙。目前的系統，各分區配電網路間並沒有電氣的連接。所以如在一地區變電所之一或更多 138/13 kV 變壓器或配電網路上一或更多條 13 kV 配電饋線停用時，所受到影響的配電網路無法依靠或利用鄰近配電網路的多餘供電容量。另外在紐約的主要挑戰問題是正在成長的負載及已開發且人口稠密

的市中心,難以增設電力電纜及變電所。

為解決上述的問題,Con Edison 公司提出地區變電所間以大容量 13 kV 地下饋線予以連接的次時代電力配電系統計畫。同時大配電電網分為較小的電網,而該小電網可由 13 kV 多電源或匯流排供電。此構想可讓地區變電所間在緊急時,分擔多餘的容量,而可減少各地區變電所所需的 138/13 kV 電力變壓器數量,同時亦提高電網的整體可靠度。此變電所至變電所間連絡線所需容量為 3000 至 5000 安培,即 68 MVA 至 113 MVA。

但此解決法有下列的困難或障礙,包括市區道路裝設配電所需增加容量的電力電纜,以及故障電流超過既有斷路器及網路構成要件的額定值。

此兩個問題可利用高溫超導電纜而解決,第一個障礙使用傳統的銅電纜可謂無法解決,而高溫超導電纜容易製造大電流容量者,且其安裝施工簡單,適合於人口稠密的地區。AMSC 提供其第二代高溫超導 Amperium 線材 (Y 線材),由 Southwire 製造高溫超導電纜。至於高溫超導電纜具有故障電流抑制效應,可解決第二個障礙,其詳細請參照第 4．3．4．2．(1) 項。

該工程原計畫於 2010 年告一段落,但因景氣衰減,負載並未依原預估增長,Con Edison 公司不得不將原預定引接超導電纜的變電所新建工程延緩,隨著整個 Project Hydra 亦延緩。據悉將開發 Y (釔) 系超導 13.8 kV 4 kA 170 m 三相同軸電纜引接至實際系統,25 m 長電纜的試驗已完成,170 m 電纜與故障限流器 (FCL) 預定 2014 年測試。

(c) Tres Amigas SuperStation 的 HVDC 超導電纜 [6]

在美國以 AMSC 為主的集團,配合在美國將有大規模太陽光及風力發電計畫,提出此 Tres Amigas SuperStation 計畫。在新墨西哥州東部興建此 Tres Amigas SuperStation,該所內設有三個 HVDC (高壓直流) 換流站,各換流站分別連接至美國東部互聯系統、西部互連系統與德州互聯系統。此三互聯系統迄今尚未同步併聯運轉,將藉著連接至各互聯系統 HVDC 換流站間的超導 HVDC 電纜予以互聯。HVDC 超導電纜上的融通電力以 5 GW 設計,此送電容量等於 765 kV 架空輸電線三回線。以超導電纜興建可避免氣候導致的故障及人員惡意攻擊。圖 4．1．3 – 1 與圖 4．1．3 – 2 各示 Tres Amigas SuperStation 位置圖與構成。

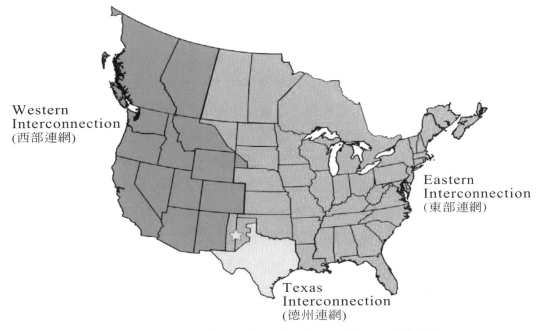

Tres Amigas SuperStation 位於新墨西哥州的東部
接近科羅拉多、俄克拉荷馬與德克薩斯三州際
來源：[6]　　　　可達成美國西部連網、東部連網與德州連網間三方向連繫

圖 4 . 1 . 3 - 1：Tres Amigas SuperStation 位置圖

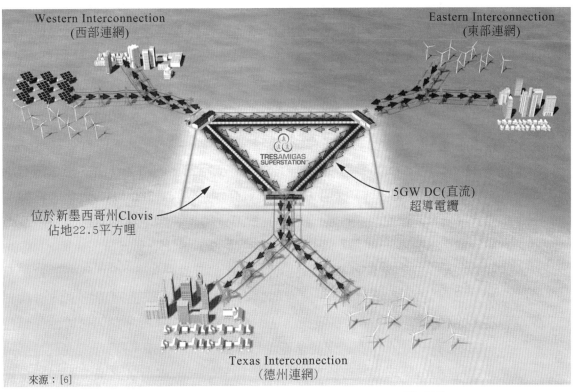

圖 4 . 1 . 3 - 2：Tres Amigas SuperStation 構成圖

(3) 日本超導電纜開發情形

(a) 高溫超導線材的目前開發情形

日本釔 (Y) 系超導線材的研發情形如下：從 1998 年開始連續 10 年期間在 NEDO (獨立行政法人新能源、產業技術總 (綜) 合開發機構) 支持的「超 (電) 導應用基盤 (礎) 技術開發」計畫下，以 ISTEC (財團法人國際超 (電) 導產業技術研究中心) 為中心，電力公司、線材製造廠、大學等共同從事研發。該計畫下，研發具有層構造的 Y 系超導線材的金屬基盤、氧化物中間層、超導層等各層的材料開發，同時研發以高速製造長條線材為目標的製造程序與大型裝置的開發。計畫開始時，僅能製造幾 m 程度的技術；到計畫結束時，在多條製造程序上，可製出長度 500 m 具有 300 A 以上的臨界電流的線材。

接著上述計畫成果，2008 年開始在 NEDO「釔 (Y) 系超 (電) 導電力機器技術開發計畫」下，執行「超 (電) 導電力機器用線材開發計畫」。預期 2020 年左右為超導電力機器設備普遍被應用時期，所要求的線材規範，規定有下列的五個指標：

＊把握線材的特性、＊開發磁場中高臨界電流線材的製造技術、＊開發低交流損失線材的製造技術、＊開發高強度線材製造技術、＊開發降低成本技術。

(b) 日本目前之超導電纜研發計畫如下：

日本經濟產業省、NEDO (獨立行政法人新能源、產業技術總 (綜) 合開發機) 主導下，刻正進行兩項超導電纜研發計畫：

(i) 一為「高溫超 (電) 導電纜實證計畫」(住友電工、前川製作所、東京電力承辦，2007 ~ 2013 年)，採用 Bi 鉍系線材開發 66 kV/200 MVA級超導電纜，預定 2011 年開始首次在實際系統上實證運轉。裝設地點為東京電力橫濱市旭變電所，三相一體型電纜由住友電工承製，開發低交流損失技術 (1W/m/ph@2kA)，短路電流對策 (31.5kA@2sec) 的元件技術。2009 年先於實際系統實證試驗，試製 30 公尺長超導電纜，在住友電工工廠實施事前檢驗試驗。2010 年變電所冷卻系統機器基本性能確認 (冷凍機、泵等複數台運轉控制的確認)，2010 年開始現場整理工作，2011 年開始設置超導電纜及冷卻系統工程，2011 年開始實施實證試驗運轉預定。該電纜裝於東京電力公司橫濱旭變電所變壓器與 66 kV 匯流排間，于 2012 年 10 月 29 日併聯系統開始

實證試驗，這是日本首先併聯至實際電力系統的超導設備。圖４．１．３－３
示高溫超導輸電電纜的截斷面構造例。

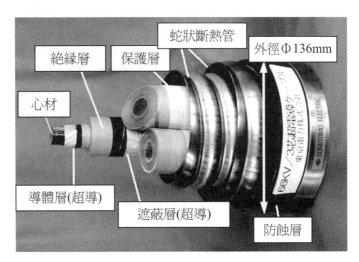

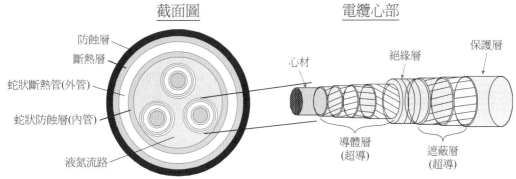

來源：住友電工

圖４．１．３-３：三心高溫超導高壓電纜構造圖

(ⅱ) 另一是「Y (釔) 系超 (電) 導電力機器技術開發(2008～2012) 計畫」，採用
釔系線材開發高電壓、大容量、低交流損失電纜為目標。

2010 年前完成有關電力電纜的大電流、低交流損失技術與高電壓絕緣、
低介質損失技術的元件技術，2012 年前完成檢證 66 kV 大電流電纜系統與
275 kV 高壓電纜系統的通電特性與輸電損失等的實用性。

其中一計畫，由住友公司為主的研發團體開發 66 kV/ 5 kA 三心一體超導電
纜，主要開發目標為：交流損失在 2 W/m/ph (相) @ 5 kA (減低至目前輸電
損失之 1/3)、 耐短路電流 31.5 kA、2 秒 (66 kV級斷路器規格)，可容納於
既有 150 mm 管路。

另一計畫，由古河公司為主的研發團體開發 275 kV 3 kA 單心電纜，交流

損失 0.235 W/m @ 3 kA rms，63 kA、0.6 秒短路保護，在計畫後半段期間實施 30 公尺長的雛型電纜試驗。該計畫下，275 kV 送電容量 1500 MVA 釔系高溫超導超高壓電纜 (電纜構造外觀圖如圖 4.1.3–4 所示，外徑 150 mm) 全長 30 公尺以及氣中終端接續部與中間接續部在瀋陽古河電纜公司的瀋陽市工廠製造完成後，2012 年 10 月中旬確認初步性能。2012 年 12 月末完成 1 個月加 200 kV 3 kA 通電

圖 4.1.3-4：日本古河公司所製造的 275kV 3kA 單心高溫超高壓超導電纜外觀

測試。此後，加 310 kV 電壓確認無產生部分放電，表示該電纜並未發生劣化，而確認該電纜、氣中終端接續部與中間接續部的健全性。依照日本 JEC 規格，對平常運轉電壓 (對地電壓，275 kV/($\sqrt{3}$) 160 kV 的該電纜，加上述 200 kV 3 kA 通電測試是，相等於 30 年的加速通電測試。目前為止，本超導電纜是開發中電壓最高級者。

(4) 歐洲

(a) 歐盟

(i) 歐盟在第六 FP (Framework Programme，期研發計畫)下，試製 Y (釔)系超導電纜及試驗功能。該計畫稱為 Super 3C (Superconducting Coated Conductor Cable) Project，從 2004 年 6 月開始，於 2008 年 12 月完成 30 公尺 單相 HTS 電纜 (-200℃) 的試驗。德國 Bruker HTS 公司製造廠製造約 4000 公尺的第二代 HTS 超導線材，法國 Nexan 公司製造 HTS 電纜。該計畫總費用 5.2 M 歐元中，歐盟支援 2.7 M 歐元。

(ii) 歐盟在 FP7 (第七期研發計畫)執行 EUROTAPES 研發計畫。此"European development of Superconducting Tapes：integrating novel materials and archtectures into cost effective processes for power applications and magnets" (2012 年 4 月 21 日至 2017 年 2 月 28 日 54 個月) 研發計畫，總費用 19,956,431 歐元中，歐盟支援 13,499,939 歐元，目標如下：

彙綜過去的發展，集中於一超導線結構降低價位，建立品質管理步驟，可

製造 500 m 以上，目標出廠價格為 100 歐元 / kA m。

採取漸進方法，改進品質性能，提高厚度、臨界電流、加強磁場下的性能、增加機械強度。

研發團隊由歐盟 8 國的 8 企業 (包括 Bruker, Nexans, Theva 等)、6 所大學、5 所研究機構、1 所技術中心，共 20 機構組成。

(b) 德國

(ⅰ) 2011 年 ~ 2015 年進行 AmpaCity 計畫，該計畫受德國 Federal Ministry of Economics and Technologies (BMWi、聯邦經濟及科技部)下 The Energy Research Department (能源研發局) 6.3 M 歐元援助 (總計畫費 13.5 M 歐元)，由 RWE 電力公司、Nexan 電纜公司、Karisruhe Institute of Technologiesao 等合作執行。該計畫下，2012 年向日本住友電工公司訂購 BSCCO (鉍系) 超導線材 80 km，預定 2013 年初以前全部交貨。由 Nexan 電纜公司製造 10 kV 2.3 kA (40 MVA) 1 km (完成時可能為世界上併聯系統最長的高壓超導電纜) 三相同軸電纜，裝設於 RWE 電力公司轄下 Ruhr Valley 的 Essen 市 Dellbrügge 變電所與 Herkules 變電所間高壓配電系統上。電纜預定於 2015 年在實系統上併聯運轉，以替代原市區高壓電纜。與上述超導電纜工程配合，將裝設 Y (釔) 系 1.0 kV 2.3 kA 級，最大故障電流 50 kA 與 100 ms 內限為 13 kA 以下的電阻型故障限流器 (參閱第 4．3 節)。

(ⅱ) 美國 American Superconductor Inc. 與 Nexans 電纜公司 (總公司在法，分公司、工廠跨多國) 合作，以自費由前者提供其第二代 Y (釔) 系超導素線，後者製造 138 kV 18 kA 長度 30 公尺的單心超導電纜。在 Nexans 電纜公司 Hannover 廠的試驗場於 2007 年五月順利完成一系列的試驗。據稱，這是世界第一條採用第二代超導線的輸電電纜。

(ⅲ) 美國 American Superconductor Inc. 與 Nexans 電纜公司再度合作，同樣以自費，採用該兩公司交給美國 Long Island Power Authority 的 138 kV 交流超導電纜類似的構造，製造高壓直流 (HVDC) 200 kV 用電纜。該電纜於 2010 年 7 月在 Nexans 電纜公司 Hannover 廠的試驗場通過加壓試驗。依照 CIGRE (International Council on Large Electric Systems 世界大電網協會) 需加額定電壓的 1.8 倍電壓，重覆加壓 360 kV (運轉電壓 200 kV 的 1.8 倍) 順利通過。該兩公司表示，此超導 HVDC 電纜技術可適用第 4．1．3．(2) (c) 項所提的 Tres Amigas SuperStation 計畫的地下高壓直流大電力輸電電纜。

(c) 西班牙 Nexas 電纜公司

西班牙最大的 Endesa 電力公司提出獎金 50 萬歐元執行 Endesa Supercable Project，由 Nexas 電纜公司、Endesa 電力公司、ICMAB-CSIC Institute for Materials Sciences Bacelona、the Universitat Autònoma de Bacelona (UAB) 合作辦理。採用第一代 (BSCCO) 超導素線，由 Nexas 電纜公司製造 20 kV 3.2 kA 超導電纜單相分 30 公尺。該電纜 2009 年末在 Nexas 電纜公司的德國 Hannover 試驗場圓滿完成測試，測試包括 10 天負載周期，電纜一直加 23 kV (2Uo)，每一周期(天)通過 3,200 A 8 小時。

3,200 A 續流額定是世界記錄，在 20 kV 三相可輸送 110 MVA。以後該電纜移裝至 Endesa 電力公司 Baleares 島上變電站中實際系統上實證，該系統配合裝設第 4．3．3．(1) 項所提歐盟 ECCOFLOW 計畫下所開發的超導故障限流器。

(5) 韓國

(a) 線材方面

韓國在第二代高溫超導線材的研究起步較晚，但近年來購置大量先進實驗設備並招募專家。2001 年訂定了應用超導技術發展先進電力系統計畫 DAPAS (參照第 8．3．1 節)，該計畫分為三階段：2001 年至 2004 年製出 20 A/cm 的 5 公尺長帶，2004 年至 2007 年製 250 A/cm 的 100 公尺長帶，2007 年至 2011 年產業化 750 A/cm 的 100 公尺長帶與 500 A/cm 的 1000 公尺長帶。

韓國 SuNAM 公司最近發表出售超導線材計畫，預定 2015 年以 \$ 80 /kAm，2023 年以 \$ 25 /kAm 的價碼出售。

(b) 電纜製造方面

韓國 LS 電纜公司於 2009 年 4 月向美國 AMSC 公司訂購該公司 Amperium 第二代 (Y系) 高溫超導線材 8 萬公尺，LS 公司將該筆線材利用於建造韓電 (KEPCO) 首爾近郊 Icheon 變電所用 22.9 kV 電纜。該電纜線路預定於 2010 年完成，送電容量為 50 MW，長度為 0.5 公里。此電纜係以韓國政府 DAPAS (Development of Advanced Power System by Superconductivity Technology) 及韓電 GENI (Green Superconductibity Electric Power Network at Icheon Substation) 計畫下執行，已于 2011 年 8 月併聯系統，繼續實證運轉中。

LS 電纜公司於 2009 年 9 月與 AMSC 公司訂定的策略業務聯盟 (strategic business alliance)，計劃在五年內至少製造 10 回路公里的超導電纜。2010 年

3 月在韓電副總經理 J. W. Chang 立會下，宣佈再擴大上述聯盟工作預定，預定至 2015 年底將製造 50 回線公里的超導電纜，此等超導電纜工程包括配電、輸電電壓，以及交流及直流系統。

2010 年 10 月 6 日美國 AMSC 公司接到韓國 LS 電纜公司採購該公司 Amperium 超導線材 3 百萬公尺的訂單，此訂單是該公司接到的最大訂單，將於 2012 年開始交貨。韓電以 68 M 美元預算，2011 年 7 月至 2016 年 7 月在濟州島示範智慧型電網上裝設 154 kV 1 公里及 HVDC 80 kV 500 公尺的超導電纜，該電纜將利用上述的美國 AMSC Amperium 超導線材。

2010 年 10 月 AMSC 公司宣佈：Tres Amigas SuperStation (參閱 4．1．3．(2) (c) 項) 相關高壓直流超導電纜選定委託韓國 LS 電纜公司及法國 Nexan 兩家公司承製。法國 Nexan 公司曾利用 AMSC 第一代超導線材於 2008 年 4 月完成 LIPA (Long Island Power Authority) 的 138 kV 超導電纜，目前利用 AMSC 的第二代 Amperium 超導線材，參與該 LIPA 超導輸電系統擴充第二期計畫 (參照 4．1．3．(2) (A) 項)。

(6) 中國大陸

(a) 中國大陸高溫超導電纜技術的研發工作早期主要在中科院電工研究所進行，但真正的產業化研發工作是從 2001 年初北京英納超導技術公司開始籌劃，2001 年 12 月該公司在北京市經濟技術開發區投資興建第一條「鉍系高溫超導線生產線」。

雲南電力集團在「科技興電」策略的指引下，為推動大陸超導電纜技術達到世界先進水準，決定在雲南昆明 220 kV 普吉變電站裝設第一條 3 相、35 kV/2 kA 高溫超導電纜。並於 2001 年 7 月與北京英納超導技術公司攜手合作，共同組成北京雲電英納超導電纜有限公司 (下面簡稱雲電英納)，2002 年 7 月雲電英納申報大陸國家「863(高技術研究發展計畫)項目」下「三相交流高溫超導電纜的研製及併網運行試驗」獲准。

2003 年 6 月製造完整的 4 公尺長高溫超導電纜系統，通過測試，各項指標均達到設計要求。2004 年 1 月研製完成 30 尺超導電纜本體、電纜終端、冷卻系統及監控保護系統，2 月 14 日高溫超導電纜本體由上海電纜廠運往雲南昆明普吉變電站，3 月 22 日電纜本體、電纜終端安裝工作完成，3 月 24 的開始系統預冷試驗，3 月 27 日開始超導電纜系統總體調試，4 月初整個高溫超導電纜系統安裝及整合工作完成，2004 年 4 月 19 日統網。他們號稱大陸是

世界第三個高溫超導電纜併網的國家。據他們所稱，世界第一條併網運行的高溫超導電纜是美國 Southwire (南線) 公司 1992 年開始研製的 30 公尺 3 相 12.5 kV 2 kA 高溫超導電纜，1992 年底開始 2000年初 (歷時 7 年多) 併網。第二條是 2001 年併網運行的高溫超導電纜，係丹麥 NKT 公司研製的 30 公尺 3 相 30 kV 2 kA 高溫超導電纜。第三條乃上述的昆明高溫超導電纜。

(b) 第 4 章開頭所提到，大陸于 2011 年 4 月 19 日併聯系統的世界上第一所配電級全超導設備的白銀變電站內裝有，以封面下段最右照片所示的，10.5 kV 1.5 kA 75 m 三相超導電纜。

(c) 由河南中孚實業股份有限公司、科學研究院電工研究所、鄭州中實賽爾科技有限公司等聯合同樣申報大陸國家「863 (高技術研究發展計畫) 項目」下「大電流高溫超導直流電纜的關鍵技術研究與工程示範」，獲得大陸科技部 1384 萬人民幣支援。該計畫下向日本住友電工公司訂購 BSCCO 線材 40000 公尺，製造 10kA 超導直流電纜 360m，裝設於中孚公司工廠內變電所至鋁電解爐間。2012 年 6 月試驗，9 月開始運轉。

(7) 俄羅斯

俄國 Russian Scientific R & D Cable Institute (VNIIKP) 向日本住友電工採購 BSCCO 高溫超導素線材約 20000 公尺，製成 20 kV 15kA 200 公尺 單心三相超導電纜。2009 年 9 月開始佈設於該國 R & D Cener for Power Engineering，2010 年 12 年施行接收試驗。全部測試完了以後，2011 年電纜裝設於莫斯科的 Moscow Energy Grid Company 的 Dinamo Substation，引接併聯至電力系統。

(8) 墨西哥

墨西哥政府支援三分一的工程款下，在墨西哥城內變電所裝設超導電纜。2005 年 5 月向美國 American Superconductor Inc. 訂購 10,000 公尺第一代 (BSCCO) 超導線，由墨西哥最大電纜製造廠 Condumex 承造 15 kV 1.8 kA 33 公尺單心三相超導電纜。

4.2　變壓器超導的應用

4.2.1　變壓器應用超導的好處

變壓器採用超導線材，可製造出小型、高效率 (減碳) 且不燃性者。至 2000 年代前半期在美國、歐州、日本、韓國開發使用 Bi 線材的超導變壓器，2000 年代後半轉

開發 Y 系變壓器。尤其是Y (釔)系線材在高磁場中的臨界電流大，並且可藉由素線細線化而減低交流損失，將來可期待減低成本。預估 Y 系超導變壓器與傳統油浸變壓器相比，重量為 1/2、體積為 2/3、損失為 1/6。尚可抑制事故時的電流。

變壓器除了電力事業的電力系統之外，在工場、大樓等設備上，亦可考慮應用超導變壓器。超導變壓器的引用，可改進電機設備的效率，可貢獻社會全體的省能。鐵路車輛用變壓器的超導應用，請參閱 5．7 節。

4．2．2　超導變壓器的開發情形

(1) 美國開發情形

(a) 美國布希政府時代 DOE (能源部) 支持的 SPI (The Superconductivity Partnership Initiative，參閱第 8．1．1 節) 計畫下，Waukesha 公司為主的研發團隊 (包括SuperPower, Energy East, ORNL (橡樹嶺國家實驗室)) 使用 Bi-2223 超導線材，開發 138/13.8 kV 30 MVA 為目標。2003 年至 2004 年試造 24.9/4.2 kV 10 MVA 單相變壓器並做特性試驗，採用氮氣自然對流冷卻，動作溫度為 30-77 K。結果在低於額定電壓相當低電壓就發生絕緣破壞，此事故可能由於氮氣絕緣耐力低，但他們認為交流損失大，產生相當大的熱而需要大的冷卻裝置。在美國有一段時間放棄超導變壓器的開發。

(b) 美國 DOE 於 2009 年 11 月 24 日發表以 10.7 百萬美元委託 Waukesha Electric 為主辦，以智慧型電網相關技術開發計畫的一環，開發適合智慧型電網的具有故障電流抑制功能的超導變壓器。休斯頓大學、SuperPower 開發釔系線材，Oak Ridge National Laboratory 提供超導應用、極低溫冷卻、高壓電介質方面的專門技術，南加州愛迪生電力公司提供設備裝設地點。 69/12.47 kV、28 MVA 變壓器將裝設於南加州愛迪生電力公司智慧型電網示範區 Irvine 的 MacArthur 變電所。預定 2012 年單相設備組立及試驗完成，2013 年三相設備組立及試驗完成，2013 年三相設備裝設併聯至系統。

(2) 日本開發情形

(a) 在日本以 Bi-2223 線材試作氮氣冷卻超導變壓器四組：

1996 年 6.6/3.3 kV -500 kVA，九州大學、富士電機承辦；1998 年 22/6.9 kV 1 MVA (NEDO) 計畫，福岡縣地域協會研究開發事業、九州電力承辦；

2003 年 66/6.9 kV 2 MVA，NEDO國家計畫，富士電機、九州大學承辦；2005 年新幹線車輛用 25/1.2/.4 kV 4 MVA，鐵道 (路) 總 (綜) 合研究所承辦。除了短路電流強度之外所有特性都確認到設計額定。

但以 Bi 線材可發揮高電流密度性，卻無法實現低交流損失，而不具備當為超導變壓器系統的魅力。

(b) 日本 NEDO (獨立行政法人新能源、產業技術總 (綜) 合開發機構) 資助下，以「釓系超 (電) 導電力機器技術開發計畫」(2008-2012)，九州電力公司為主的研發團隊 (包括九州大學、岩手大學、國際超 (電) 導產業技術研究中心、藤倉、昭和電線電纜等) 從 2008 年開始開發 66/6.9 kV 2 MVA 超導變壓器雛型。主要研發項目如下：

線圈技術的開發 (低損失 $\leq$ 1/3、2 kA 級大電流、66 kV 耐壓)、冷卻技術的開發 (2kW@65K)、附加故障電流抑制功能 (通過大電流抑制至額定電流之 3 倍以下，曾成功測試1200 A 的短路電流限制至 43 A)、配電用 66/6.9 kV 20 MVA 超導變壓器的設計檢討。2010 年九月曾辦研發中間報告。

2011 年 5 月日本電氣學會對九州電力與九州大學等共同開發的「使用釓系超導線材電力用超導變壓器」(他們認為世界首初使用釓系線材開發 400 kVA 變壓器，該變壓器係短絡試驗用模型變壓器) 給與「電氣學術振興進步賞」。

(3) 歐州

(a) ABB 於 1993 年開發使用 Bi-2223 超導線材開發 6.6/3.3 kV 630 kVA @77k 單相變壓器。此可能為世界最早開發超導變壓器，但因為交流損失大，而不再繼續研發。

(b) Siemens 於 2001 年使用 Bi-2223 超導線材開發 5.5/1.1 kV 100 kVA 鐵路車輛用單相變壓器。Siemens 於 2005 年使用 Bi-2223 超導線材開發 25/1.4 kV 1 MVA 鐵路車輛用單相變壓器 (參照 5．7 (1) 項)。

(4) 中國大陸：

(a) 特變電工公司於 2004 年開發利用 Bi-2223 超導線材 10.5/0.4 kV、630 kVA @77K 三相變壓器。

(b) 第 4 章開頭所提到，大陸于 2011 年 4 月 19 日併聯系統的世界上第一所配電級全超導設備的白銀變電站內裝有，以封面下段左第三照片所示的，10.5 kV/0.4 kV 630 kVA 超導變壓器。

(5) 韓國：

2004 年在 DAPAS 計畫下，使用 Bi-2223 超導線材開發 22.9/6.6 kV 1 MVA @65K、單相變壓器。

(6) 俄羅斯

俄羅斯政府於 2010 年 12 月 21 日簽署，2011 年 1 月 13 日請俄羅斯國家原子能公司 (RosAtom) 開發超導變壓器 10 kV/0.4 kV、10 MVA 級超導變壓器。

4．3 超導故障限流器

4．3．1 故障限流器 (Fault Current Limiter, FCL, 限流器) 的必要性

隨著發變電設備的擴充，電力系統短路電流增大，故障限流器的必要性與研發早就被注意到。尤其爾來再生能源開發、電力事業自由化新電源引接到既有的電力系統的機會增加，世界各國都面臨此問題。另外，為增加供電容量與可靠度，將匯流排或變壓器二次側並聯時，短路容量問題為最大的瓶頸。所以各方面如下面所述，積極研發各種故障限流器，如圖４．３．１－１所示。藉故障限流器，新設電源時，可抑制故障電流並縮短故障時間，因而不需要換裝所有的相關斷路器等設備，即可輕減短路容量，減輕系統電壓驟降，並可提高系統穩定度。

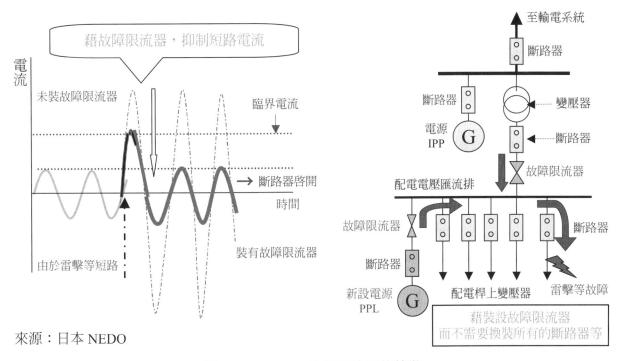

來源：日本 NEDO

圖４．３．１-１：故障限流器的特徵

　　歐盟在其第 7 期研發計畫 (7 thth Framework Programme，FP 2007-2013) 裡編列 ” HTS Device for Electricity Networks ” 研發計畫，他們認為超導故障限流器 (superconducting fault current limiters, SFCL) 是普通技術無法比較的，在多種高溫超導的電力應用中，從商業觀點來看是最有前途的。

4 . 3 . 2　故障限流器利用超導的原理

　　故障限流器有傳統技術的電弧驅動型、半導體開關型、LC共振型、整流器型等多種曾被考慮開發，但很少被採用。最近利用超導技術的故障限流器被開發，亦有幾種型式，於此介紹其中的兩主要型式，即電阻型 (超導/常導轉移型) 與鐵心飽和型限流器。

4 . 3 . 2 . 1　電阻型故障限流器

　　此型又稱為超導/常導 (S/N) 轉移型，圖 4 . 3 . 2 - 1 示其基本原理，由超導限流元件與旁路阻抗元件 (bypass impedance，通交流電流時會引起電壓降的元件 (由線圈或電阻等所形成的元件))所構成。

　　正常運轉時，負載電流通過超導狀態下超導元件，並不發生電壓降與電力損失，然而旁路阻抗 (bypass impedance) 不會通過電流。系統發生短路事故時，通過超導元件的故障電流超出超導元件的臨界電流，超導限流元件立即轉移為常導狀態而電流不太容易通過，使電流轉移到旁路阻抗。旁路阻抗通過電流時，引起電壓降而可抑制通過電流的大小。旁路阻抗似可免裝，但超導限流元件移轉為常導狀態後，繼續通過電流時，恐由發熱溫度上昇過度而毀損元件，為避免此狀況發生宜裝設旁路阻抗。

　　電阻型超導故障限流器的限流開始值由超導限流元件的臨界電流所定，因而並不需控制，可立即自行限流。並且具有平常時不引起電力損失的特點。

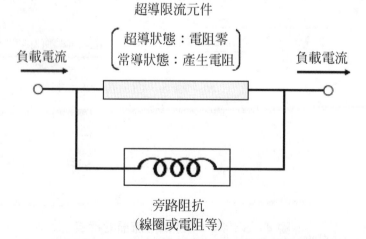

圖 4 . 3 . 2 - 1：電阻型超導故障限流器原理

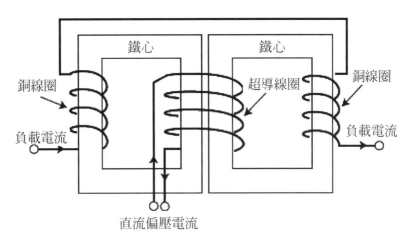

圖 4 . 3 . 2 - 2：鐵心飽和型超導故障限流器原理

4 . 3 . 2 . 2　鐵心飽和型故障限流器

　　鐵心飽和型故障限流器，與電阻型故障限流器相比，較重且體積大，但具有高耐壓特性，且可調整限流電流值。

　　其單相分的構造原理示於圖 4 . 3 . 2 - 2。先說明鐵心與線圈的作用。鐵心上的線圈通過電流時，在鐵心上產生磁通。在鐵心磁通未飽和時，鐵心上產生與安培匝 (ampere turn) 成比的磁通，線圈上感應與磁通的時間變化成比的感應電壓而阻礙電流的通過。鐵心上磁通飽和時，線圈通電流後磁通的增加突減，線圈上與磁通時間變化成比的感應電壓亦會激減，電流容易通過。

　　圖 4 . 3 . 2 - 2 上由兩組鐵心組成，中間兩組鐵心部分以超導線圈加直流偏壓電流 (D C bias current) 使鐵心在適當的飽和狀態，而左右兩傍鐵心各裝以銅線圈串接通負載電流。左右兩邊之銅線圈組繞方向相反。

　　平常情況下，負載電流通過兩外側線圈時，因為鐵心仍為飽和狀況，磁通並不發生太大變化而不產生大感應電壓，所以負載電流容易通過。系統發生短路事故時，通過負載線圈的電流大大地增加，在某一邊的鐵心減低原來的磁通而使磁通不飽和，磁通大變化產生大的感應電壓會限制故障電流通過。負載電流之方向相反時，在另一邊鐵心上產生同樣的現象，同樣會限制故障電流。負載電流超過某值時，自動且迅速地進入限流動作。與電阻型相比，正常時的損失特性較差，但高耐電壓化的適應性較優。

4 . 3 . 3　超導故障限流器的開發情形

(1) 歐盟

歐盟在其第 7 期研發計畫 (7th Framework Programme，FP7/2007-2013) 裡編列〝HTS Device for Electricity Networks〞研發計畫，歐盟認為超導故障限流器 (superconducting fault current limiters, SFCL) 是普通技術無法比較的，在多種高溫超導的電力應用中，從商業觀點來看是最有前途的。因此，提出〝Development and field test of an Efficient YBCO Coated Conductor based Fault Current Limiter for Operation in Electricity Networks (ECCOFLOW)〞計畫，總計畫費 4,637,451 歐元中支援 2,696,365 歐元。

在此計畫下 (2010-1-1 ~ 2013-12-31)，由 Nexan Corperated (總部在巴黎) 為總 coordinator，義大利 CESI 研究所、法國 CNRS 研究所、西班牙 Endesa 電力公司、德國 Nexas Superconductors GmbH (NSC) 等 15 機構組成 ECCOFLOW 研發團隊，試製並試驗利用塗布 YBCO 的超導材料的超導故障限流器 (16.5 kV 1 kA 級，24 kV 1 kA 級電阻型故障限流器)。歐盟認為：因為其具有高臨界電流密度，可顯著減低交流損失且具有改進的熱 - 機械強度而與過去材料相比，營運費用及可靠度方面可提供很多優點。不但可提供對故障電流增大及影響範圍擴大的解決辦法，並且可提供電網的革新的規劃辦法，從使用者觀點，超導故障限流器極有魅力。利用此新設備而得到顯著的改進，可減低再投資的需要，並且可將既有電網予以最佳利用而降低營運費用。超導故障限流器可將電網的功能、穩定、效率予以加強，而可貢獻供電的安全。

該超導故障限流器採用 module 型式，在德國 Nexas Deutchland GmbH 之子公司 Nexas Superconductors GmbH (NSC) 的 Hürth 廠製造，為可配合將來兩所裝用地點所需要，規格訂為 24 kV 1005 A。已製造完畢，運至義大利米蘭之 RSE (Ricerca sul Sistema Energetico，能源研究所試驗場)，預定 2013 年初開始測試。將裝於西班牙 Endesa 電力公司 Balearica 島 Palma 變電所以及 Slovakia (斯洛伐克) 東部電力流通企業 VSE 公司的 Košice 變電所，在實際配電系統上測試半年以上。

上述西班牙 Endesa 電力公司配合歐盟 EU Action Plan for Energy Efficiency (至 2020 年節約能源 20 % 為目標) 及 Spanish Smart Grid Technology Platform (FURRED)，對其他一般超導電力設備，諸如電力電纜、變壓器、磁性及機械式儲能設備的引進應用亦很積極。

(2) 德國

(a) CURL 10 計畫

本計畫受德國 Ministry for Education and Research (BMBF) 的援助，由 Nexans (電纜製造廠) 主辦，RWE (電業)、ACCEL 等共九機構參與，製造 10 kV 10 MVA 使用 BSCCO 線材的高溫超導電阻型故障限流器，裝設於 RWE Energy 的 Netphen 變電所 10 kV 電網上 (匯流排間)。本計畫的主要進度如下：1999 年開始計劃，20000 年完成短試線段測試，2002 年、2003 年各完成 0.4 MVA、1.2 MVA 元件測試，2003 年完成 10 MVA 示範元件測試，2004 年 4 月開始在 RWE 電力公司的 Netphen 變電所的現場測試，2005 年 4 月結束現場測試，開始併網運轉。

(b) Nexans 所製造的 12 kV 800 A 超導故障限流器裝設於 Vattenfall Europe Generation AG 公司，位於德國 Saxony 的 Boxberg 燃煤電廠的廠內碎煤機饋線上。該故障限流器可將 63 kA 的短路電流立即降至 30 kA，10 毫秒後降至 17 kA。該限流器 2009 年 9 月正式啟用，是世界第一具裝於發電廠的故障限流器。

(c) 德國 Statwerk Augsburg Energie GmbH 電力公司於 2009 年 10 月受德國聯邦政府經濟及科技部 (Bunfensministerrum für Wirtschaft und Technologie, BMWi, Federal Ministry of Economics and Technologies) 的計畫費一半援助，以總經費 7.7 百萬歐幣的計畫，向 Bruker Energy & Supercon Technologies (BEST) 與 AREVA Energietechninik Gmb 合作團隊訂購 10 kV 15 MVA 超導故障限流器。該型限流器的原型單相分 (6.4 kV 2000 A 13 MVA) 曾於 2009 年 11 月在 AREVA T&D Technology Center in Stafford, UK 測試成功。2012 年 4 月完成在德國 University of Brauschweig, Institute for High-Voltage Engineering and Electrical Energy Systems 的限流器次規模部分 (sub-scale) 測試。AREVA T&D 2010 年 10 月被 Schneider Electric/Alstom Grid 收併後，Bruker Energy & Supercon Technologies (BEST)、Schneider Electric/Alstom Grid 合作團隊預定於 2012 年完成該套設備單相分的全項測試，然後預定 2013 年在 Statwerk Augsburg 現場施行八個月的三相設備性能、可靠度測試。

(d) 第 4．1．3．(4) (b) 項提到的 AmpaCity 計畫下，與 10 kV 2.3 kA (40MVA) 1 km 超導電纜一齊，將裝設 Y (釔) 系 1.0 kV 2.3 kA 級，最大故障電流 50 kA 在 100 ms 內降為 13 kA 以下的電阻型故障限流器。

(3) 英國

英國因為系統擴大,尤其是分散型電源引接至高壓配電系,該國的 11 ~ 33 kV 高壓配電系統上的短路容量增大,全英約 270 所變電所的短路電流等於或超過高壓配電設備的額定短路容量。為確保電力系統安全、穩定,且配合再生能源的進一步引進,英國重視此問題,2000 年代就開始著手研討故障限流設備的開發。

(a) 經三年半時間,勞斯萊斯主辦,劍橋大學、蘇格蘭電力等合作研究,以 2.5 百萬英磅的經費,2007 年結束使用 MgB_2 (@25K) 線開發 125 A 電阻型故障限流器 (示範性質) 的研發。

2011 年 6 月英國 Applied Superconductor Ltd 為主的團隊接到 Energy Technologies Institute (ETI, 英國政府 Department of Business Innovation & Skills, Department of Energy & Climate Change, Engineering and Physical Sciences Research Council, Technology Strategy Board Innovation Agency 與世界的大企業 Britisch Petroleum, Caterpillar, EdF Energy, E. ON, Rolls-Royce, Shell 等所成立的基金會) 所資助的四百萬英磅,開發 11 kV 1.25 kA 24 MVA 使用 MgB_2 超導線材的電阻型故障限流器,該團隊成員尚有 Rolls-Royce, Hyper Tech, E. ON 及 Western Power Distribution 等。該限流器預定 2014 年裝設於 Western Power Distribution 的 Leicestershire 地區 Loughborough 變電所,限流器採用 MgB_2 超導線材,他們認為與採用其他超導材相比,價格較低且強壯,可符合限流器的使用條件。

(b) 由英國 Office of Gas and Electricity Markets (Ofgem,瓦斯、電力市場管理局) 的 Innovation Funding Incentive (IFI,革新鼓勵基金) 執行下列三個超導故限限流器示範計畫。

（i）第一示範工程:由 Nexans 製造 12 kV 100 A 超導故障限流器,裝在 Electricity North West 電網 Preston 附近 Bamber Bridge 變電所。2007 年 7 月單相分在柏林實施短路性能等測試,2009 年初裝設於電網上,實施約八個月的現場測試後,2009 年 9 月併網。

（ii）第二示範工程:亦由 Nexans 製造 12 kV 800 A 超導故障限流器,2011 年裝在 Scottish Power 之 Ainsworth Lane 電網上。2010 年 12 月單相分在柏林實施型式測試,2012 年 8 月併網。

(iii) 第三示範工程：由 Zenergy 製造 11 kV 1250 A 超導鐵心飽和型故障限流器，裝在 Northern Powergrid 公司 Scunthorpe 的 Station Road 變電所。於 2011 年 10 月在費城 Chalfont 的 KEMA 試驗場完成型式測試，2012 年 7 月併網。

(c) 與超導故障限流器製造廠 Zenergy 合作的英國 Applied Superconductor Ltd.，從 Northern Powergrid 公司接到訂單，將於 2013 年夏末裝設 33 kV 800 A 超導故障限流器。

(d) 上面 (a) 項後半段所提的英國 ETI 機構 (英國政府與大企業共同成立的機構，配合二至三十年後的電力、熱力、運輸需要的可行、可靠、清潔能源上執行計畫或尋覓合作對象)，資助四百萬英磅，於 2011 年 7 月與 GridON (以色列的公司) 訂約開發試驗 11 kV 800 A 15 MVA 超導故障限流器，將於 2013 年裝設於 UK Power Networks (UKPN，供電包括倫敦的全英四分一人口用電的電網經營公司) 的 East Sussex 地區 New Haven 變電所。

GridON 所開發的故障限流器屬於 Pre-Saturated Core 型，曾於 2010 年 11 月獲得 GE 公司" GE Ecomagination Challenge：Power Grid" Innovation Award (革新獎，美金 10 萬元)，並於2011 年 2 月 3 日被選為蘇黎世聯邦埋工學院所舉行的 Academic Enterprise Awards 的四家之一。故障限流器由其股東澳洲 Wilson Transformer Co. 製造，本計畫請英國 E. ON 為工程顧問。

(4) 義大利

(a) CESI RICERCA (2005 年，由 CESI (義國中央電力試驗機構) 分開成立的執行義國與國際贈與研究機構)，受義國 Ministry of Economic Development 從 Research Fund for the Italian Electrical System 支援，開發 3.2 kV 0.22 kA 1.2 MVA 三相超導故限流器，原型於 2006 年完成測試。

CESI RICERCA 2009 年改屬於義國 GSE (Gestore Servizi Electrici SPA 義政府國有再生能源促進公司)，開發三相 9.0 kV 0.22 kA 3.4 MVA故障限流器裝置。2011 年 12 月裝設於 A2A Reti Electtriche Spa. 電力公司在米蘭地區 Dionigi 變電所，經一系列的現場測試後，12 月 22 日併聯於配電系統。該機構繼續開發 9.0 kV 1 kA 15.6 MVA 三相故障限流器，2012 年裝設同一變電所的變壓器端。此等故障限流器都採用 Bi 2223 線材。

(b) University of Bologna 與義國 CNR (National Reserch Council) 的SPIN

(Superconductor, Oxides and Other Innovative Materials and Devices) 與 FIN (Institute for Photonics and Nanotechnologies) 研究院合作，對至 25 kV 1.5 kA 25 MVA 級 magnetic shield 型、DC resistive 型等應用超導故障限流器做元件實驗，但似尚未裝在電力系統上實驗。

(5) 瑞士

BBC 公司 Corporate Research Laboratories 受 Swiss Utilities Study Fund (PSEL) 所提供的對新設備開發與測試資助的經濟援助及 NOK (Nordostschweizerische Kratwerke AG) 電力公司的實務工作上的協助，開發 10.5 kV 1.2 MVA prototype 故障限流器，裝設於瑞士中部 Glanus 附近的 NOK 電力公司的 Kraftwerk am Loentsch Hdro Electric Power Plant，于 1996 年 11 月併用。

(6) 美國

2007 年 7 月美國能源部 (DOE) Office of Electricity Delivery and Energy Reliability 為加速迫切需要的美國電力網現代化，補助開發故障限流裝置計畫 (FCL Project)，分下列三個子計畫：

(a) American Superconductor Corp.主辦，Siemens AG、Nexans、The University of Houston、Los Alamos National Laboratory、Southern California Edison Co. 等協辦，開發 138 kV 級高溫超導故障限流器 SuperLimiter。該設備採用第二代 (Y 系) 超導線材，並採用 Siemens 開發的 low inductance coil，屬於電阻型故障限流器。起先 DOE 援助第一期計畫用美金 3.1 百萬美元，以後再由美國經濟復甦與再投資法案增加美金 9.7 百萬美元，計資助美金 12.8 百萬元。

本計畫開始以前，2007 年初成功完成 7.5 kV 2 MVA 基本單相元件 25 次的短路試驗。本計畫 2008 年開始，開發 138 kV 2000 A 級故障限流器，預定於 2011 年 4 月實施單相測試，2013 年 4 月開始裝在南加州愛迪生公司的加州 Riverside 附近 Devers Substation，實施三相測試。

2005 年 2 月 American Superconductor Corp. 與 Siemens AG 簽高溫超導故障限流器開發上的業務合作聯盟，2007 年初他們發表合作開發 SuperLimiter 為商標的配電級故障限流器商業產品，可製作 115 kV 900 A 63 kA 限制至 40 kA 者。

(b) Zenergy Power, Inc. 主辦，DOE's Los Alamos National Laboratory, American Electric Power, Southern California Edison Inc., Zenegy Power gmbH, Zenergy

Power Pty Ltd. 等協辦，對為期四年的本計畫美國能源部援助美金 11 百萬元。

本計畫之前，Zenergy Power, Inc. 2004 年就開始開發配電級故障限流器，在加州能源委員會 (California Energy Comission) 援助下，該公司原預定開發配電級故障限流器，裝設在位於洛杉磯市附近的南加州愛迪遜公司配電系統上試用。

在美國能源部援助計畫下，完成開發該配電級故障限流器，並裝設在實際系統上測試，同時開發 138 kV 輸電級飽和鐵心型高溫超導故障限流器。

對 12kV 1200A 配電故障限流器，曾在加拿大溫哥華 BC Hydro 電力公司的 Powertech 電力研究所實施嚴格的電力測試，證明該設備的原型在穩態情況下可在 15 kV 4000 A 下繼續運轉，並將 59 kA 的故障電流抑制至 46 %。根據該試驗結果，裝置上加以少些改善。以上述 DOE 的援助計畫第一階段目標，2009 年 3 月將該配電限流器裝設於南加州愛迪遜公司洛杉磯郊區 San Bermardino 的 Shandin 變電所的 Avanti 配電饋線上。Avanti 配電饋線又稱為 "Circuit of the Future"，是 Smart Grid 的示範饋線。經一串列的現場測試後，2009 年 9 月併用於系統，據稱這是全美第一具裝在實際系統上的超導故障限流器。2010 年元月該限流器遭遇暴風雨時，成功地限制 Avanti 饋線上的多次單相與三相接地及相對相短路事故電流。

以 DOE 計畫的第二段目標，Zenergy Power, Inc. 開發 138 kV 1.3 kA 310 MVA 緊湊型飽和鐵心型故障限流器，原預定 2011 年底裝設於 AEP 公司 (美國最大電力公司) 俄亥俄州 Steubenville Tidd 345 kV 變電所 138 kV 系統上。

上述兩具超導故障限流器都採用 Bi2223 超導線材。

(c) SuperPower, Inc. 主辦，Nexans, University of Houston, Florida State University, Oak Ridge National Laboratory, Rensselaer Polytechnic Institute 等協辦，DOE 補助美金 5.8 百萬元，開發 138 kV 級電阻型故障限流器，計劃採用 Module (模組) 設計，可適用於輸電及配電系統。

該公司 2004 年就開始研發故障限流器，在本計畫第一階段完成單相設備基本性能測試。在本計畫第二階段，本來預定開發單相 α prototype (原型) 後，再開發預定裝設於 AEP 系統的三相 β 原型。但是，進行第二階段工作

時，他們發現 BSCCO 超導材並非他們所預期的可靠，他們從頭檢討採用第二代超導帶狀材替代的可行性，結果發現其更可靠。他們於 2009 年完成替代第一代 rod 狀導体材而使用第二代帶狀超導材的限流器模組的設計。他們結束了本 DOE 計畫而不再進行故障限流設備的建造與裝設。

該公司利用從本計畫所獲的心得，與 Wauksha Electric Systems 合作，從事在第 4．2．2．(1) (b) 項與第 4．3．4．1．(2) 項所提的 DOE 的具有抑制故障電流功能的變壓器開發計畫。

註：日本古河電工于 2011 年 10 月 17 日從 Phillips 公司收購 SuperPower, Inc.。

(7) 日本

(a) NEDO (獨立行政法人新能源、產業技術總 (綜) 合開發機構) 委託 Super-GM (超 (電) 導機器、材料技術研究開發組合 (協會)) 2000 年至 2004 年所實施的「交流超 (電) 導電力機器基盤 (礎) 技術研究開發計畫 (Superconducting AC Equipment，Super-ACE Project)」的四主題之一，超導故障限流器基礎技術研究開發下的成果如下：

（ｉ）三菱、東芝、電力中央研究所合同研發，使用 YBCO 薄膜的 S/N 轉移型故障限流器。三菱電機開發大電流技術而開發 1 kA 級故障限流器，東芝開發高電壓技術而開發 6.6 kV 級限流器。

（ｉｉ) 東芝研發使用 Bi-2223 線材的整流器型限流器，研發 6.6 kV 750 A 級限流器。

(b) NEDO 委託 2006 - 2007 年度的「超 (電) 導應用基盤 (礎) 技術研究開發」計畫下「超 (電) 導限流器要素 (件) 技術開發」項下，開發使用 Y (釔)系線材的超導故障限流器。由東芝主辦，ISTEC (國際超電導產業技術研究中心)、橫濱大學、藤倉電線協辦，本計畫使用 YBCO 線材開發 6.6 kV 三相限流器 72 Arms 線圈，在限流試驗上，1560 A 的事故電流在第一波抑制為 840 A。

(8) 中國大陸

大陸電力系統急速發展，電網上短路電流增大，電網各種輸變電設備，也因短路電流容量的增大而帶來威脅。據報，2015 年廣東與上海各有 63 所，共 126 所 220、500 kV 變電站，共計需要 50 億人民幣的超導故障限流器。另推算，全大陸 500 kV 與 220 kV 變電站各需人民幣 320 億與 640 億人民幣的超導故障限

流器。因此，上海市於 2010 年 5 月發布的「上海推進智能電網產業發展方案 (2010 ~ 2012)」中，明確提出超導故障限流器是上海市智能電網產業發展的重點。

(a) 大陸科學院理化技術研究所參加大陸國家「十五，863 (國家高技術研究發展) 計畫超導專項，高溫超導限流器的研製及併網試驗」項目，在大陸國家科學部、大陸中國科學院及北京市科學技術委員會的聯合資助與支持下，該所為主辦單位，與大陸中科院電工所聯合湖南省電力試驗研究院、湖南省電力局、四川亞西低溫設備有限公司、湖南省婁底市電業局等合作，2005 年初研製開發 10.5 kV 1.5 kA 超導限流器。2005 年 8 月 14 日在婁底電力局 110 kV 高溪變電站成功地完成三相接地短路試驗，並開始長期併網試驗運行。經三個月的試驗運行表現系統運行穩定，並經一次三相短路故障與一次單相接地短路故障，都成功抑制故障電流。2005 年 12 月 1 ~ 2 日在湖南長沙，大陸科技部高新司、中科院高技術局主管以及大陸國內超導技術、電力技術與低溫技術的專家參加交流討論後，通過驗收。該限流器係使用美國 AMSC 公司所製造的超導線材。

(b) 由天津百利機電控股集團與北京雲電英納超導電纜公司聯合承製 3 相 35 kV 90 MVA 飽和鐵心型超導限流器，于 2008 年元月 7 日在雲南昆明電網公司普吉變電站正式併網運轉。據稱，此是大陸第一組併網的超導故障限流器商業產品。該限流器成功經過 3 次人為短路故障檢驗，至 2012 年底，基本上未發生過事故。

雲電英納超導電纜有限公司、大陸國家電網天津市電力公司、天津百利機電三家聯合，再與天威特變電氣有限公司合作，研製 220 kV 800 A 300 MVA 高溫超導故障限流器。經一串列的測試，于 2012 年 1 月 7 日在天津電力公司所屬 220 kV 石各庄變電站併網運轉，這是一項世界紀錄。他們已著手開發 500 kV 級超導故障限流器。

(c) 上海交通大學參加大陸國家能源智能電網 (上海) 研發中心，在上海市政府的支持下，建造第二代超導線帶材生產線。該校與贛商聯合股份有限公司及南京亞派科技實業有限公司聯合開發 10 kV 0.4 kA 7 MVA 電阻型故障限流器。

(d) 第 4 章開頭所提到，大陸于 2011 年 4 月 19 日併聯系統的世界第一所配電級全超導設備的白銀變電站內裝有，以封面下段左第二照片所示的，10.5 kV

1.5 kA 三相故障限流器。

(9) 韓國

 (a) DAPAS 計畫

  在第 8 . 3 . 1 節所提的韓國政府 Ministry of Science and Technology 所成立 Center of Applied Superconductivity Technology 提出的 DAPAS (Development of Advanced Power System by Superconductivity Technology) 計畫中，超導應用故障限流器的發展計畫進行如下：

  (i) 第一階段(2001~2003 年)：原目標開發 6.6 kV 200 A 超導限流器。

   由 LG Industry Systems (現 LS Cable & System 的前身) 與 KEPRI (Korean Electric Power Research Institute) 等合作，使用 YBCO film 線材，完成單相 600 V 200 A 單相限流器。於 LG 公司比壓器、變壓器接收試驗場施行短路試驗，曾做三種短路試驗，一線接地、線對線及三相短路試驗，限流器成功地將 10 kA 抑制到 900 A 以下。

  (ii) 第二段階 (2004 ~ 2006 年)：原目標開發 22.9 kV 630 A 超導限流器

  (iii) 第三階段 (2007 ~ 2010 年)：原目標開發 154 kV 2 kA 超導限流器

  LS Cable & System 與 KEPRI 等合作，開發 22.9 kV 3 kA 超導限流器，裝在 KEPRI 的 Goachang 試驗場，同時開發 154 kV 4 kA 超導故障限流器核心部分。

 (b) GENI 計畫

  在韓國政府 KETEP (韓國能源技術評估與規劃機構) 之 R & D Funds Management Office (研發款管理局) 的資助下，韓電提出 GENI (Green Superconducting Electric Power Network at Icheon Substation) 計畫。依該計畫，KEPRI、KEPCO 合作使用 YBCO 薄膜材的三相 22.9 kV 630 A Hybrid 型故障限流器與 22.9 kV 1250 A 電力電纜一齊裝設於 Icheon 變電所系統，於 2011 年 8 月併聯系統。

 (c) KEPRI、HYUNDAI、KEPCO 合作研發使用 YBCO 線材的單相 154 kV 3 kA 電阻型故障限流器。

(10) 俄羅斯

 (a) Kurchatov Institute (庫爾恰托夫研究所，以俄國核能研究有名的國家研究中

心) 設有 Institute of Superconductivity and Solid State Physics (超導與固態物理研究所)，與 Russian Superconducting Corp. 合作，2000 年左右開發數百伏安，最近開發 10 MVA 級，使用 MgB_2 線材的三相飽和鐵心型故障限流器做實驗，但尚似未裝在實際電力系統上。

(b) Krzhizhannovsky Power Engineering Institute (ENIN, 俄國動力方面有名的技術學院) 與 Lebedev Physical Institute (列別傑夫物理研究所，目前屬於俄羅斯科學院 (Russian Academy of Science) 下俄國最老的物理研究所) 合作，使用 YBCO 線材研製所謂的 transformer 型故障限流器的 small scale prototype (小型原型)。

(c) 俄羅斯政府於 2010 年 12 月 21 日簽署，2011 年 1 月 13 日請俄羅斯國家原子能公司 (RosAtom) 開發電阻型超導故障限流器 (Y 系 3.5 kV 650 A 級)。

4.3.4　具有故障限流功能超導變壓器與超導電纜的開發

上面所提的超導故障限流器以及前面所述的超導電纜、超導變壓器均具單一功能，惟超導電力設備的實用化上，倘若超導設備具有複數的多功能，即整體電力系統的構成、運用的合理化、提高可靠度上可開拓新的優點。基此觀點，具有故障限流功能的變壓器與電力電纜被開發。

4.3.4.1　超導限流變壓器的開發

(1) 歐盟

歐盟在其第六期研發計畫 (6 th framework programme) 中，為使分散能源可引接並可靠的營運，編列 Multi-functional self-limiting superconducting transformer (簡稱 SLIM Former) 研發計畫，總計畫費 2,615,512 歐元中援助 1,500,000 歐元，自 2006 年 5 月 1 日至 2010 年 4 月 30 日委託 ALSTOM Grid Research And Technology 為主的研發團隊執行。該研發團隊尚有 Budapest University of Technology and Economics、Nexans Superconductors GmbH、Air Liquid、CG Electric Systems Hungary Zrt(GANZ Transelectro Electric Ltd.)、Bruker HTS GmbH。SLIM Former 計畫的目的是開發複功能設施，即具有超導變壓器、故障限流器、強壯冷凍設備引接超導電纜端末裝置。該超導限流變壓器高壓側線圈採用普通的銅導體，低壓側線圈採用 BSCCO2223 超導線材，另外鐵心上加設 BSCCO2212 超導線圈，使在平常時讓鐵心飽和，系統故障時不飽和。該計畫

曾製造單相 20 kVA 的 pre-pilot plant，在 Budapest University of Technology and Economics 的實驗室圓滿達成常態及突加短路電流測試。再試製 100 kVA (2.5 kV 20 A) 的 pilot-plant，同樣圓滿達成測試。

(2) 美國

在第 4．2．2．(1) (b) 項所提美國能源部以由美國經濟復甦與再投資法案 (參照第 8．1．2 節) 支援智慧型電網開發計畫中的一項，總計畫費 2,154,8821 美元中資助 1,077,4410 美元，委託 Waukesha Electric Systems Inc. 為主的團隊，執行 Fault Current Limiting Superconducting Transformer (69 kV 250 A/12.5 kV 1.3 kA 28 MVA) 研發計畫。主要哩程碑是 2012 年組成並測試單相設備，2013 年組成並測試三相設備，2013 年設備裝設實際電網。本超導限流變壓器的高壓側及低壓側線圈都採用 REBaCuO 帶材 (RE：希土類)，低壓側另接限流電阻。上面第 4．3．3．(6) (c) 項所提 SuperPower, Inc. 亦為本開發團隊成員之一。

(3) 日本

(a) 名古屋大學 2000 年開始受日本文部科學省的資助，開發 superconducting fault current limitimiting transformer (SFCLT)，在約 10 年的歲月分五階段進行。在第三階段試製採用 Bi2212/CuNi 複線圈的 6.25 kVA 275 V/105 V 變壓器，評證限流過程中的線圈電阻及溫昇。在第四階段採用 YBCO 超導兩種帶狀材試製 100 kVA 6600 V/210 V 桿上變壓器，驗證具有變壓器/限流器兩種功能。在第五階段研製 22 kV/6.6 kV 2 MVA 三相，一次側線圈線採用 Bi2223 帶狀材，二次側線圈採用 YBCO YBCO/Cu 複合構造 (hybrid structure) 的超導限流變壓器。曾驗證超導變壓器功能，對 786 A 的短路電流第一週波限至 267 A (34%)，5 週波後限至 145 A (18 %)。日本電氣學會對參與此計畫的名古屋大學教授及日本中部電力公司工程師頒給進步獎。

(b) 第 4．2．2．(2) (b) 項所提到，在日本 NEDO (獨立行政法人新能源、產業技術總 (綜) 合開發機構) 資助「釔系超 (電) 導電力機器技術開發計畫 (2008 - 2012)」下，九州電力公司為主的研發團隊從事開發 66/6.9 kV 20 MVA 超導限流變壓器，高壓側及低壓側線圈都採用 Y 系超導線材。因 Y 線材的臨界電流比 Bi 線高且交流損失較低，所以變壓器較緊湊，與慣常油浸變壓器相比重量為 1/2，裝設所需面積為 2/3，且不燃、高效率。曾試製 400 kVA 模型限流變壓器，2010 年 8 月 19 日驗證，大故障電流抑制至額定的 3 倍以下。再研製

66/6.9 kV 2 MVA 模型限流變壓器，施行各項性能測試。66/6.9 kV 20 MVA 型限流變壓器與油浸變壓器相比，損失為 16 %，重量為 56 %，效率慣常型為 99.4 %，超導限流壓器為 99.9 %。

4.3.4.2　超導限流電纜的開發

(1) 美國 Project Hydra

　　第 4.1.3.(2).(b) 項所提到，美國國土安全部主辦改善紐約市中心曼哈坦地區 Con Edison 公司配電系統的計畫，裝超導大送電容量配電電纜連接不同變電所的匯流排間，以加強供電的可靠性。但以超導電纜連接後，短路故障容量增加，超過既有配電設備的額定短路容量，因此美國國土安全部要求超導電纜系統具有故障限流功能。主辦承包商 American Superconductor Corp. 認為超導電纜的長度 (目前所計劃的長度為 450 呎) 不夠 (請參閱下面第 (2) 項)。25 公尺長原型電纜設在 Oak Ridge National Laboratory (美國橡樹嶺國家研究室)，試 60 kA 的短路電流 1 週波內限為 40 kA 以下。本來限流電纜預定於 2010 年裝設，但因景氣衰減，負載並未依原預估增長，Con Edison 公司不得不將原預定引接超導電纜的變電所新建工程緩延，隨著整個 Project Hydra 緩延，Con Edison 公司建議裝設單獨的故障限流器。

(2) 美國 American Superconductor Corp.

　　American Superconductor Corp. 利用其超導電纜以 FaultBlocker 商標推廣，可兼抑制故障電流，該公司推薦的 FaultBlocker 故障限流電纜的最短長度 (不需旁路阻抗) 如表 4.3.4－1 所示。

表 4.3.4-1：故障限流電纜的最短長度

電壓階級	11 kV	13.8 kV	20 kV	25 kV	69 kV	138 kV	220 kV
限流超導電纜長度(m)	640	800	1150	1440	3980	7970	12700

(來源：AMSC　FaultBlocker 案)

4.4　SMES (超導儲磁能裝置)

　　電力儲能裝置大略可分為兩大類，一為電能變換為另一形態能量而利用其再發電的儲存方式，例如變換為位能的揚水發電或變化物質而利用化學反應的電池等；另一類如電容器直接儲存電能的型式。前者具有儲存能容量及密度較大的特點，而後者具有儲存效率高的特點。

SMES (Superconducting Magnetic Energy Storage, 超導儲磁能裝置) 屬於後者的直接儲存電能的辦法，電阻為零的超導狀態下，線圈的視在電流不會衰減，所以可以儲能。不但儲存效率高，其充放電的反應速度快且反覆操作的耐久性高，其輸出容量比其他同類儲能裝置相比優越。

SMES 的基本的構想於 1960 年代末期被提起，其後世界上很多機構從事研發，爾來電力電子技術、超導材料的進步，加上下述的電力系統上需要，提高該設備實用的迫切性。近年來，為緩減地球溫室效應，世界各國提倡再生能

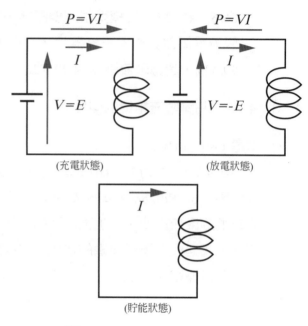

圖 4 . 4 . 1 – 1：SMES 原理

源的開發，在歐美等地方電業級風力與太陽光電發電大廠出現，但此類再生能源電廠的輸出易受氣候的影響，不如過去傳統型電廠的輸出穩定。在此等電源併聯系統上，SMES 可提供電力網路的多元化、彈性化上不可或缺的能源緩衝功能。

4 . 4 . 1　SMES 的原理、構造與特性

4 . 4 . 1 . 1　SMES 的原理

以超導線材所構成的線圈可謂僅有感抗的線圈，從外面加直流電壓後，線圈兩端旁通短路，即構成由線圈與開關所形成的閉回路。因為此回路的電阻為零，所以直流電流不會衰減而繼續環流。超導線圈所儲存的電能 (W_E) 以下式表示：$W_E = (1/2)*L*I^2$。

以 SMES 儲存電力，與交流電力系統的能源授與關係的等價回路示於圖 4 . 4 . 1 – 1。超導線圈的感抗為 L，從線圈所看過去的交直流換流器在該圖上以直流電壓電源表示。加在線圈上的電壓 V 與線圈電流 I 間有 $V = L*(dI/dt)$ 的關係。又由於 $dI/dt = V/L$，I 之增減由電壓 V 的極性及大小所決定。充電方式時，超導線圈的兩端加正電壓 (E)，而在放電方式時加負電壓 (-E)。充放電電力由 $P = V*I$ 所決定，因而交直流換流器的電壓的極性及大小，依流通超導線圈的直流電流 I 控制，而可在任意的電力 P 下充放電。另外，使用自勵式交直流換流器的 SMES，除了交流側有效電力之

外，無效電力 (或交流電壓) 亦可同時成為控制對象。加在超導線圈的電壓為零時，可停止與外面間能源授與。為了減少損失並可長時間儲存能源，以永久開關將超導線圈兩端予以短路維持永久電流狀態。如前面所述，超導線圈所儲存能源為 $W_E = (1/2)*L*I^2$，可視為將磁性能源保存於周圍空間。依儲存量，或許磁場會強大，所以需要把握使用超導材料的特性，確保所需周圍空間，考慮電磁力的問題。

4.4.1.2 SMES 的系統構成

SMES 除了超導線圈之外，尚需由低溫絕緣容器、交直流換流器、監控裝置、熄火 (無法維持超導狀態) 保護裝置、冷卻裝置等所構成。

4.4.1.3 SMES 的特性

從構造上，SMES 具有下列的特性：

(1) 電氣與磁性能源變換相關的電力損失小，所以蓄存效率高。

(2) 利用電力電子技術，可快速地變換換流器的直流電壓的極性及大小，所以可參與電力系統控制。

(3) 屬於靜止機器並且不利用化學反應，所以可應用在頻繁的能源授與上，並且使用年限長。

4.4.2 SMES 的應用

利用上述的 SMES 的特性，SMES 可應用於下列用途：

(1) 系統控制上

(a) 半導體工場、資訊資料中心的電壓驟降對策　　(b) 電源系統的系統穩定化用
(c) 特殊用戶的負載變動補償用　　　　　　　　　(d) 基幹系統的頻率調整用

(2) 電源、負載平滑用

近年來，大規模開發利用太陽能、風力等再生能源發電，此等能源發電與傳統發電不同，其輸出隨著氣候變化而不穩定。將來智慧型電網需電源、負載平滑用設備，因此 SMES 及超導飛輪 (參照第 4．8 節) 的應用被重視。

4.4.3 SMES 的開發情形

金屬系低溫超導體的 SMES 曾被利用於電壓驟降對策，例如在美國開發 1000 kW

至 3000 kW 級，在日本 10000 kW 級設於夏普公司龜山工廠。另外作為負載變動補償用裝置，在日本古河電工公司日光市附近金屬壓軋工廠，SMSE 對負載變動成功地做 4 萬次以上的反覆充放電。SMES 在美、日等若干國家已實際裝用一段時間，可謂唯一商業化的超導電力機器。

利用超導技術的電力機器中，SMES 與其他電力電纜、變壓器等不一樣，是活用超導的特性的機器，並且其功能與應用，以慣常電力機器設備無法替代。尤其配合再生能源發電大規模開發的電力網路上，在提高電力網路的多樣性、彈性方面，具有不可或缺的能源緩衝設備功能，成為智慧型網路關鍵技術之一。

SMES 與其他的超導機器設備一樣，因為需配套極低溫冷卻的特殊機器，價格之外，運轉、維護方面有所限制，推廣應用上需眾多的技術革新。近年來被開發商業化的釔 (Y) 系超導線材具有較優的磁場特性，使 SMES 的高磁場化為可行，並且因為線材本身可採用機械強度高的基材，可以實現可耐高磁場的高強度線圈，帶來對 SMES 線圈系統突破性的改善，可設計過去金屬系超導系統線圈的 2 倍以上的強度的線圈，對 SMES 之性能、功能、價格各方面都有利。1 特斯拉磁場下 SMES 線圈相當於在受 4 氣壓的電磁力。電磁力與磁場強度平方成正比，5 特斯拉磁場下，SMES 相當於在 100 氣壓的壓力容器內。

所以目前美、日、韓等積極開發利用釔 (Y) 系超導線材的電力系統用 SMES，其概略情形如下：

(1) 美國

美國能源部 (DOE) 以智慧型電網相關技術開發之一節，從 2010 年度開始為期三年補助研發使用 Y (釔) 系超導線材的 3.4 MJ SMES。

DOE Advanced Research Projects Agency-Energy (ARPA-E，美國能源部 能源 高級研究計劃局) 2010 年 7 月 12 日所發表委託研發項目，「Grid-Scale Rampable Intermittent Dispatchable Storage (GRIDS) (電網級躍立間歇性可調度儲能設備)」項目中總計畫費 5.25 M 美元中 DOE 支援 4.2 M 美元，以 ABB 為主導，SuperPower Inc.、Brookhaven National Lab.、休士頓大學等合作執行「Superconducting Magnetic Energy Storage System with Direct Power Electronics Interface (具有電力電子界面的超導儲磁能系統)」計畫，將開發 20 kW 之 ultra-high field (UHF, 超高磁場) SMES 系統，容量 3.4 (2.5) MJ、磁場在 4.2 K 下高至 30 (25) T (特斯拉)、綜合效率 85 %以上。

(2) 日本研發情形

日本 NEDO (獨立行政法人新能源、產業技術總 (綜) 合開發機構) 曾支持「超 (電) 導電力貯藏系統技術開發」第 I 期 (～ 1998)、第II期 (1999 ～ 2003)、第 III 期 (2004 ～ 2007)。

第 I 期建立線圈為主體的元件技術。第 II 期系統穩定化用、負載變動補償用、頻率調整用途為對象，以價格比重較大的線圈為主體的減低價格元件技術的開發。

第 III 期計畫名稱為「超 (電) 導電力網路控制技術開發」。計畫費總額為 63.9 億日圓，主持機構為中部電力與東海旅客鐵路。計畫的目標為，利用超導電力儲磁能 (SMES) 技術與超導飛輪系統技術的電力網路控制技術的開發、檢證，以期貢獻電力網路的穩定。

目前，日本 NEDO 以 2015 年可展開實用 SMES 為目標，在「Y (釔) 系超導電力機器技術開發基本計畫」下，委託中部電力等機構進行研發。其研發目標如下：前半段 2008 ～ 2010 年，三年期間研發 2GJ 級 (相當大) SMES 用高磁場且緊湊的線圈的設計技術及容易維護的線圈傳熱冷卻技術。後半段，以 2012 年為目標，研發 SMES 用線材的穩定製造技術，實施裝用 2MJ 級雛型線圈的 SMES 動作測試，俾訂定將來高磁場 SMES 實用目標，並把握使用釔系超導線材的線圈的性能限界 (耐久性、可靠度等)。

(3) 韓國

2008 年 8 月 17 ~ 22 日在芝加哥召開 Applied Superconductivity Conference, ASC 2008 會議上，韓國代表金氏介紹從該年度開始利用氧化物線材的 2.5 MJ 級 SMES 計畫。該計畫係在連接風力發電的小島小規模電力系統上，檢証抑制風力發電輸出變動與系統穩定效應為目的。在該階段正檢討線材應採用 Y 系或釔系，據聞決定採用 Y 系材。

(4) ABB 開發 20 kW 級 SMES，3.4 MJ 磁場 30T@4.2K。

(5) 中國大陸

第 4 章開頭所提到，大陸于 2011 年 4 月 19 日併聯系統的世界第一所配電級全超導設備的白銀變電站內裝有，以封面下段最左邊照片所示的，1 MJ 0.5 MVA 超導儲磁能裝置。

4．5 超導發電機

發電機是利用電磁感應 (變化磁場即產生電場的現象)，將回轉機械能變成電能的機

器。固定的磁場 (永久磁鐵等) 回轉導體，或固定的導體 (電樞繞組) 回轉磁鐵 (永久磁鐵或磁場繞組所成的磁鐵等)，即可產生電力，後者較普遍。

　　大家所知，發電機有直流電機與交流發電機，而交流發電機有同步發電機 (大部分都屬於此型) 與感應發電機。驅動發電機的動力源 (原動機) 有：蒸汽透平 (火力發電、核能發電、地熱發電)、內燃機 (火力發電及自家發電用的氣渦輪、引擎、柴油機)、水輪機 (水力發電)、風力機 (風力發電)等。

4.5.1　超導回轉機的特點

　　超導回轉機 (發電機與電動機) 的特點是，應用超導即不需使用鐵心，可以減低損失並得高磁通密度。超導回轉機與傳統回轉機相比，可達成大幅度的輕量、緊湊縮小化、效率化。尤其對高轉矩機，輕量化、緊湊化的效果愈大，在船舶推進用低回轉大轉矩電動機，以及風力發電機上應用可期。

　　另一方面，因為不需要鐵心而可實現轉子輕量化，所以耐離心力高而應用於高速回轉機，可實現燃氣輪機 (gas turbine) 直接驅動的發電機。

　　因為空心，空隙可採用較大，磁場分布的空間高諧波成分少，所以運轉噪音低，發電機輸出電壓的高諧波成分少，在電動機轉矩脈動少，優越轉矩的控制性。

4.5.2　超導發電機構造

　　普通超導發電機磁場繞組採用超導線材，另與傳統發電機主要不同的地方是具備冷卻超導線材的冷卻系統。

　　超導回轉機的構造，可分為使用超導線材繞組與使用超導塊 (bulk) 材兩種。一般電力系統發電機屬於大型者採用超導線材繞組，而小型者適用超導塊材。下面簡述應用超導繞組的同步發電機的構造。

　　轉子為保持激磁繞組在超導狀態，由真空斷熱的低溫容器形成。回轉軸從室溫部連接低溫部，並傳達轉子轉矩。經回轉軸熱可能傳進到低溫部，需施以種種辦法讓熱不傳到低溫部。超導激磁繞組固定於回轉軸上，從外面電源供給直流電流。從接機械負載的回轉軸的另一邊，以冷凍機所製的冷媒經輸送管供給到低溫容器內。加溫後的冷媒經併設於冷媒輸送管的回收管回收，以冷凍機再度冷卻後供至轉子。轉子外側裝設固定在發電機本體的電樞繞組，電樞繞組由隨著轉子回轉的回轉磁場感應產生交流電壓。對抗該電壓加電流就成為電動機，而電流通過負載就成為發電機。電樞會通過交流電流，其繞組由在室溫部的銅線圈所形成。電樞繞組亦可採用超導，但從交流損失觀點，目前尚未被考慮。超導回轉機電樞繞組與激磁繞組間不需裝鐵心，所以與傳統機組相比可輕量、小型化。

4．5．3　超導發電機的開發情形

(1) 1960 至 1990 年低溫超導同步發電機各國研發情形

從低溫超導導線被開發的 1960 年代開始超導回轉機的研發。因為低溫超導需要液氦溫度級的冷卻而冷卻，所需費用高，以開發大容量的電力用發電機為目標，歐、美、日、蘇聯等競相研發，繼續到 1990 年代。1986 年高溫超導被發現。其間各國研發慨況如下表 4．5．3-1 所示。

表 4．5．3-1：世界上超導同步發電機研發情形

國　家	公司或地點	輸出或直徑/速度	運轉預定年度	備　註
中國大陸	上海 上海	400kVA 800kVA	1977 1985→	
法國	Paris Gronoble AA - EdF AA - EdF	1kVA 500kW 1.06m/3000rpm 250MW	1965 1977 1982 1986	 模型轉子 僅為提案
義大利	Ansaldo	1.25m/3000rpm	1982	模型轉子
日本	富士電機/三菱電機 富士電機/三菱電機 日立製作所 Super-GM	6.25MVA 30MVA 50MVA 70MVA	1977 1982 1984 1995→1997	 同步調相機 1998 開始
德國	KWU - Siemens KWU - Siemens TU of Muchen	1.17m/3000rpm 850MVA 850MVA	1983 1990→ 1990→	模型轉子 回轉電樞型
英國	IRD	200~600MW		僅為提案
蘇聯	Leningrad Leningrad Leningrad Leningrad	200kW 1.5MVA 20MVA 300MVA	1970 1973 1981 1985→1990	 1990 中止
美國	AVCO MIT WH MIT WH GE GE MIT WH - EPRI	8.25kW 80(40)kVA 5MVA 2MVA 1MVA/5MVA 20MVA 20MVA 10MVA 300MVA	1965 1969 1973 1973 1974 1981 1983 1984→ 1985	 航空用 航空用 1996 中止 1983 中止
韓國	韓國電氣研究所 韓國電氣研究所	30kVA 1MVA	2000 2000	 1999 中止

(2) 日本

第一階段，以日本通產省工業技術院之 New Sunshine Project 下「超 (電) 導電力應用技術開發計畫」，從 1988 年至 1999 年間由 Super-GM (超導發電關連機器、材料技術研究團隊) 承辦，開發 200 MW 機組的 1/3 縮小模組的 70 MW 級超導發電機並做實證試驗，其結果可期待發展至 200 MW 級機的設計製作技術。第二階段，2000 年至 2003 年，4 年期間在「超 (電) 導發電機基盤 (礎) 技術研究開發」計畫下，由關西電力、電力中央研究所、日立製作所、三菱電機、古河電工、日立電線、石川島播磨工業、前川工業組成團隊承辦，辦理高密度化、高容量化機器所需基礎技術開發。高密度基礎技術方面磁場繞組電流密度從以前的 60 A/mm^2 提高約 1.5 倍的 80 A/mm^2，大容量基礎技術方面以 600 MW 級機組為目標，並實施各種模型的驗證試驗。依照原計畫尚有第三、四階段開發計畫，但受當時電力自由化等影響，大容量發電機需求減低，超導大型同步發電機的開發不再進展。據稱，在世界上，最先成功地運轉 7 萬 MW 超導發電機的模型機組，並確認 20 萬 MW 級超導發電機實現的可能性。同時獲得低損失 NbTi 導線及氧化物超導線材的開發、冷凍系統研發等許多成果。

(3) 歐盟

歐盟在其 FP 6 第六期研發計畫，以「Development and field testing of a compact HTS hydro power generator with reduced investment costs, lowered environmental impacts and strongly improved performance to reduce the price per kWh (簡稱 HYDROGENIE)」由英國 CONVERTEAM 公司為主辦機構，尚有六個機構參加。總計畫 (2006 年 7 月 1 日至 2010 年 8 月 31 日) 預算 3,455,680 歐元中歐盟資援 1,851,635 歐元。該計畫製造世界第一座採用高溫超導商業運轉的水力發電機。該機組 5,250 V 容量 1.79 MW 1,789 kVA 5.25 kV 214 rpm 77.3 kN 28 極 32.7 ton 川流式水力電機由英國 CONVERTEAM 製造，於 2011 年 2 月 21 日完成靜態測驗，2011 年夏天開始裝設於德國 E. ON Wasserkraft GmbH 電力公司的 Bavaria 水力發電廠。

(4) 俄羅斯

俄羅斯政府於 2010 年 12 月 21 日簽署，2011 年 1 月 13 日請俄羅斯國家原子能公司 (RosAtom) 開發 (1 ～ 10 MW 級) 超導發電機。

4．6　超導同步調相機

美國 AMSC 公司以其第一代超導 (鉍) 線材向 TVA (Tennessee Valley Authority，田納西電力局) 提供下述同步調相機，以解決位於 Gallatin 的 Hoeganaes 鋼鐵廠對供電系統的 voltage sag (電壓驟降) 影響。2003 年 11 月先訂約交 prototype 8 MVA 機組兩台，然後 2006 年末及 2007 年初各交 12 MVA 一組。此等同步調相機在額定容量下包括補助電力的損失為 1.2 %。

AMSC 的同步調相機稱為 SuperVAR，可謂最初商品化的高溫超導回轉機。其開發曾受下列的獎勵：* 2003 年在第五屆 Annual Plants Global Energy Awards 中被認為" Most Promising Pre-commercial Technology"，*2005 年 10 月被美國 R & D Magazine 選入聞名的 R & D 100 Award (與 TVA 一齊)，* 2006 年 1 月被 IEEE Spectrum 選為" Winners and Losers in 2006"中五家可作為號召的 winner 之一，*2006 年 7 月 IEEE Spectrum 與 EE Times Magazine 合辦的第二屆 Annual Creativity in Electronics (ACE) Award Gala 會中受獎 (與 TVA 一起)。

4．7　超導風力發電機

4．7．1　風力發電機應用超導的理由

為減緩地球溫室效應與利用再生能源，各國積極開發風力發電。風力發電機單機輸出容量，在台電公司岸上風力發電機組過去採用 2MW 級為標準，世界目前最大機組容量約 6 MW。為了發揮大容量機組的優點，世界上很多國家檢討增大單機容量的可行性，但因為發電機加上變速設備的重量會顯著增大，所以根據過去技術的設計、製造、裝機都會遭遇很大困難。因而，進行研發應用超導技術，實現 10 MW 級的風力發電機組的可能。

風力發電機的回轉數低，一分十數回轉，轉子的永久磁鐵以超導線圈替代，即可得更強的磁場而減輕轉子及發電機全體尺寸重量與機艙尺寸、重量。離岸風力發電轉子磁鐵應用超導磁鐵，即可發揮提高效率、不需變速裝置、減輕重量等優點，在歐美被重視研發。

4．7．2　超導風力發電機的開發情形

(1) American Superconductor Corporation 的子公司 Windtec，曾以慣常 (非超導) 型機技術授與世界上十多家客戶成功的開發風力發電機組，總容量超過 10 GW，達世界風力機組的 10 %，其中主要公司如下：大陸華銳風能(世界第三大風力機組製造廠，曾製造 1.5、2 MW 及 3 MW 機離岸機組，目前開發 5 MW 機組)、東方

電氣 (世界第九大風力機組製造廠，正開發 5 MW 機組)、韓國現代、我國東元電機 (已開發 2 MW 機組)等。Windtec 公司從 2007 年開始研發 SeaTitan 風力發電機組技術[1]。SeaTitan 發電機採用 AMSC 的高溫超導線用於轉子繞組而靜子採用銅繞組。超導在一定電流及磁場下無損失，所以僅用於發電機的轉子。AMSC 在美國商業部 NIST (National Institute of Standards and Technology) 的 Advanced Technology Program (ATP) 的資助下，開發此轉子主要構造。轉子成真空絕緣構造，在約 30 K 溫度下運轉。此構造可使 SeaTitan 發電機不需齒輪 (gearless) 直接連結葉片機構 (direct drive)，減輕風力機的重量，與其他型式相比，可提高 power-to-weight ratio (輸出/重量比)，減低支持主結構、基礎、浮搬及建造費用，同時亦可減輕維護費。AMSC 謂，如圖 4．7．2－1所示 10 MW 級 SeaTitan 的外型尺寸與重量優於傳統主流設計 (帶齒輪) 的 5 MW 級及傳統直接驅動的 4.5 MW 級者。該公司期待可開發至 20 MW 級。

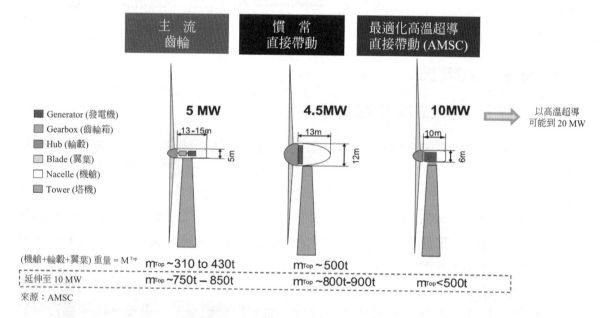

圖 4．7．2－1：應用超導技術風力發電機組與慣常風力發電機組外形重量比較

(2) 美國能源部最近注重離岸風力發電的研發，其所屬 Advanced Research Project Agency-Energy (AREA-E, 能源高級研究計劃局) 以 ”Low cost superconducting wires for Wind Generators” (2012 年 2 月 22 日 〜 2014 年 12 月 31 日) 研發計畫，援助美金 2,057,676 元委託 University of Houston (合作機構：NREL (National Renewable Energy Laaboratory 國家再生能源研究所)、SuperPower、東元西屋馬達)，將超導線性能增加至目前的四倍而節省 25 % 的材料可通過同樣電流，俾可利用於離岸風力發電機，減輕其重量。

ARPA-E，另於 2012 年 11 月 28 日發表初步決定將與 Grid Logic Incorporated 交涉以美金 3,800,000 元委託執行 "Low-cost, High Temperatue Superconducting Wires" 研發計畫。該計畫將以新製造技術，讓極微細的超導粒子塗布在金屬上而產生超導性，此線材可降低風力發電機、輸電線以及其他超導電機設備的價格。

能源部下面 Energy Efficiency and Renewable Energy (EERE，能源效率與再生能源局) 的 Wind and Water Power Technologies Office (WWPTO，風力及水力技術辦公室)，2006 年至 2012 年間共支出美金 308,703,626 元，推行 72 項項離岸風力研發計畫。其中以美金 449,183 元委託 GE Global Research (奇異全球研發中心) 執行 "Superconductivity for Large-Scale Wind Turbines" (FY2011) 研發計劃，應用高溫超導技術而，設計 10 MW 級的直結驅動 (direct-drive) 風力透平發電機，採用特殊的固定超導設施避免冷凍液洩漏。另以美金 1,896,850 元委託 Advanced Magnet Lab. Inc (AML) (合作機構：Argonne National Laboratory、Emerson Electric Company、BEW Engineering) 執行 "Lightweight Direct Drive, Fully Superconducting Generaor for Wind Turbines" (FY2011) 研發計畫，開發革新大型風力透平用超導直結驅動發電機，在轉動系統的線圈配置上採用新技術而可實現大轉矩電機的技術需要。

(3) 丹麥工業大學 (DTU) 亦進行 10 MW 級機組的設計，而其主要參數為發電機外徑 4.7 m、運轉溫度 20 K、16 極、最大試驗磁場 9.1 T (特斯拉)。

(4) 英國 Converteam 廠亦研發 8 MW 級風力超導發電機組。

(5) 日本最近以 10 MW 級風力發電機為目標，開始研發超導發電機的應用。東京大學與中部電力一組，新日鐵與東京大學一組及新潟大學、橫濱大學、中部電力一組，各就不同的方向研發。

4.8　超導飛輪儲能系統

過去利用機械式軸承的飛輪儲能系統 (Flywheel Energy Storage System, FESS)，小的應用於電腦的無停電電源裝置 (約 0.1 kWh)，大的應用於核融合試驗裝置用電源 (約 1000 kWh)。因為使用機械式軸承，其摩擦損失大，可取出能源的時間（發電時間）最多為幾分鐘程度。為了解決其缺點而開發超導飛輪儲能系統。

近年來電業級風力與太陽光電發電廠出現，此等再生能源電廠的輸出易受氣候的影響，不如過去慣常電廠的穩定輸出。與第 4.4 節所提的 SMES 一樣，飛輪儲能系統可考慮應用於此等電源併聯系統上，提高電力網路的多元化與彈性化。

4.8.1 超導飛輪儲能系統的原理

　　在超導飛輪儲能系統，電氣能源變為飛輪回轉能源貯存，電氣與機械能源互相變換，飛輪回轉軸直接連結電動/發電機，隨著電力的貯存/放出將飛輪加速/減速，此原理與過去的飛輪儲能系統相同。不同的地方是軸承部分，利用高溫超導塊狀磁鐵具有的強力磁通釘扎效應 (flux pinning effect, 參照第 3.2.2 節) 的超導磁性軸承 (Superconducting Magnetic Bearing, SMB)，免用機械式軸承，變成非接觸型，可達成在小時級能源貯存上獲得高能源儲存效率。圖 4.8.1-1 示非接觸型軸承超導飛輪貯能裝置基本構造。

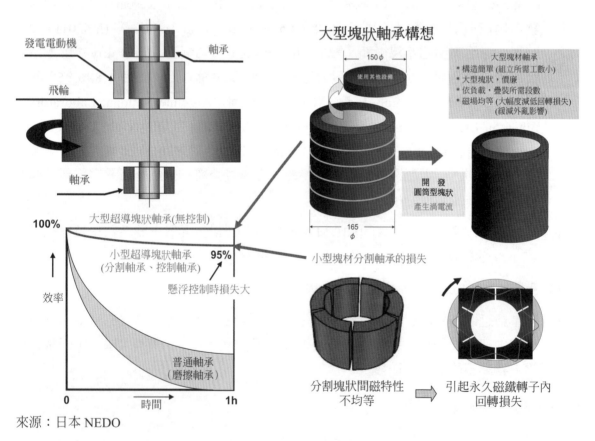

來源：日本 NEDO

圖 4.8.1-1：(非接觸型軸承)超導飛輪貯能裝置

　　超導飛輪儲能系統的特徵，軸承為非接觸型，可提高能源貯存效率，藉飛輪高速化可將能源密度提高。

　　超導飛輪儲能系統的基本構成元件如下列：貯存能源的飛輪本體 (包括飛輪的回轉部分以非接觸型支持的超導軸承)、將電氣能源與機械能源互相交換的發電電動機、飛輪在真空中高速運轉的真空容器。超導軸承基於冷卻方便，超導體配置在固

定側，永久磁鐵配置於回轉側。

超導軸承的方式有：超導體與永久磁鐵以平面相對的 axial type (軸方向型)、thrust type (推力型) 與兩者以圓筒狀相對的 radial type (放射型)。radial type 有回轉的永久磁鐵配置於超導體內側的 inner rotor type 及配置於超導體外側而加強永久磁鐵離心力耐度的 outer rotor type。

電力的需求在白天、深夜相差很大，為平衡此相差而研究可能的電力貯存技術，開發超導飛輪將電能變換為高速回轉體的動能貯存。過去的飛輪，因為支持回轉體的機械式軸承損失大，難行長時間穩定的電力貯存，為了解決此問題，研發利用將永久磁鐵與超導體組合成為非接觸磁性軸承適合長期貯存電力、快速反應、高能源密度的超導飛輪裝置。

4．8．2　超導飛輪儲能系統各國開發情形

(1) 美國

(a) 2000 年代初美國 Argonne National Laborator (ANL, 阿貢國家實驗所) 研發試驗 2.25 kWh 超導飛輪裝置。美國布希政府 DOE (能源部) 在 SPI (The Supercondudtivity Partnership Initiative，參閱第 8．1．1 節) 計畫下，波音公司試製 10 kWh 級者。

(b) 2010 年 8 月 9 日美國能源部發表 43 M 美元資助 Beacon Power Corporation 的飛輪儲能廠。該飛輪儲能廠建於紐約州 Stephentown，飛輪儲能裝置的主要規範如下：額定輸出：20 MW 連續 15 分鐘、電力輸出範圍：+/- 20 MW、額定輸出電能：5 MWh@20MW、反應時間：＜4秒 (至額定輸出)、飛輪設計壽命：20 年、廠址面積：約 3.5 英畝。Beacon Power Corporation 計劃裝設其第四代飛輪裝置 10 台 (1MW Module) * 20 組構成的所謂 Smart Grid Matrix，用於系統負載平衡、頻率調整。

該公司「Beacon's Smart Energy 25 flywheel」的轉子部分由碳纖合成輪圈 (rim)、金屬輪穀 (hub)、軸心 (shaft) 及馬達/發電機所構成。為減低摩擦，轉子封閉於高真空間並藉超導磁性懸浮於空中。轉子在 8000 及 16000 rpm 旋轉。吸收能量時，飛輪馬達成為負載而由系統吸收電力而轉子加速至高速度。放電時，馬達切換為發電機模式而轉子的慣性能量驅動發電機，產生電力回饋至電網，隨著轉子速度減低。16000 rpm 單一「Smart Energy 25 flywheel」可供 25 kWh 電力量，即 100 kW 電力 15 分鐘。多組飛輪機可並聯

供電所需電力階級，20 MW 儲能廠需要 200 台此種飛輪機組組成。

Beacon 公司 2008 年 8 月開始在美國 New England ISO 系統實際運轉其飛輪儲能調節設備。除上述在紐約州的 20 MW 機組外，賓州之 Hazle 另裝 20 MW 機組 (DOE 補助 24 M 美元、賓州預算 5 M 美元)，紐約州 Glenville 另裝 20 MW 機組，計執行 80 MW 機組裝設工程。

該公司另外受到 DOE ARPA-E (Advance Research Projects Agency-Energy) 的 2. 25 M 美元資助，研發飛輪儲能設備的其他應用。

(c) 依據美國 Pacific Northwest National Laboratory (PNNL) 的研究結果認為，在加州 1 MW 快速反應儲能調節設備可達成普通調節源平均兩倍的系統調節值。另外，快速反應飛輪調節設備的優點是二氧化碳的放出量遠比使用化石燃料調節設備低，且可減低對化石燃料的依靠度。義大利 KEMA (電力設備試驗中心) 發現：飛輪調整設備考慮損失後，其二氧化碳的排出量可比燃氣調節發電設備節省 50 %，比燃煤調節發電設備節省 85 %。

(d) 美國 PJM (Pennsylvania-New Jersey- Maryland) 聯網認為，倘若該系統上風力發電達 20 % 容量時，系統調節 (regulation) 所需容量由目前之 1000 MW 需增加為 2000 MW。

(2) 日本

在日本 NEDO (獨立行政法人新能源、產業技術總 (綜) 合開發機構) 主導下，「飛輪電力貯存超 (電) 導軸承技術研究開發」計畫，1995 ～ 1999 年第一階段，試作、運轉研究 0.5 kWh 級系統，以確定可行性及把握問題點。第二階段 (2000 ～ 2004 年) 由財團法人國際超 (電) 導產業技術研究中心主辦，四國電力綜合研究所、住友特殊金屬、石川島播磨重工業、IMRA 材料開發研究所、光洋精工等參與，並在四國電力綜合研究所現場做實驗。開發並試驗 100 kWh 級系統用直徑 300 mm 的 radial 型超導軸承，達成原來的目標。試作 10 kWh 運轉試驗機，在工場試驗達成 2.24 kWh (7500 rpm)，在四國電力公司系統上試驗達成 5.0 kWh (11250 rpm) (據稱是 2005 年當時的世界紀錄)。

與上述研發差不多同時，日本中部電力、三菱重工業及同和礦業共同研發 1 kWh 級 axial 型超導磁性軸承 (SMB) 的超導飛輪裝置。

(3) 韓國

韓國電力研究所曾開發評價完 5 kWh 級超導飛輪裝置，利用其成果將開發 100 kWh 級超導飛輪裝置。

(4) 俄羅斯

俄羅斯政府於 2010 年 12 月 21 日簽署，2011 年 1 月 13 日請俄羅斯國家原子能公司 (RosAtom) 開發，使用超導軸承的飛輪 20 MJ (1 ～ 10 MW 級) 能源儲存裝置。

4．9　核融合上超導的應用 [13]

目前的核能發電是利用核分裂，其所產生的核廢料是頭疼問題。與目前所知的所有能源相比，氘 (deuterium) 與氚 (triium) 核融合 (nuclear fusion) 產生的能源是最理想，不產生廢料，且原料的取得簡單。核融合需要強力的磁場，而此需應用超導技術。

4．9．1　核融合的原理

氫原子是最輕的原子，氫原子由帶正電的質子所成的原子核周圍帶負電的電子回轉。氫的同位素氘 (deuterium) 的原子核由質子 (proton) 與不帶電的一只中子 (neutron) 結合而成。氫的另一同位素氚 (tritium) 的原子核由質子與不帶電的兩只中子結合而成。最容易實現的核融合反應是利用氘及氚核融合，愈輕的原子核愈容易做核融合。

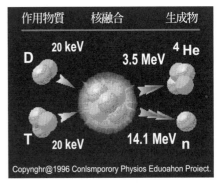

圖 4．9．1-1：第一代核融合原理

在核融合爐內氘與氚發生核融合後，變成質子兩只與中子兩只結合的氦 (herium) 原子核以及中子一只。在核融合前後，質子數合計兩只、中子數合計為三只，似沒什麼變化。但是在核融合前後，氘及氚質量合計與氦及中子質量合計並不相同。例如合計質量 1 公克之氘及氚核融合後所產生氦及中子的質量合計為 0.9962 公克，質量的變化為 0.0038 公克。

此質量的變化 0.0038 公克似極小，但此 0.0038 公克質量變化等於燒 8 噸石油的能源，即只用核融合爐以每一公克的燒料可得燒 8 公噸石油同樣的發電能力。有人稱「核融合爐」為「地上的太陽」。

另以圖 4．9．1－1 加以說明。氘 (20keV) 與氚 (20keV) 發生核融合後，兩個原子結合為一個 3.5 MeV 能量的氦原子核 (α 粒子)，並放出一個 14.1 MeV 能量的中子，所產生的能量為原來能量的 440 倍。

核融合是不排放二氧化碳的能源，且燃料資源容易取得。在海水中所含氫的 0.015 % 是氘，採用 D (氘) -T (氚) 反應的融合爐產生能源時，用海水 1 公升中所含氘反應所得的能源約等於石油 76 公升。氚不單獨存在，但可由鋰 (Li) 提煉，鋰在地球上豐富存在，海水中亦可得。使用海水 1 公升中所含鋰可產生約 1 公升石油的能

源。核融合所需資源可謂無盡藏存在，所以資源方面極有優點。

　　太陽及恒星的能源亦由核融合所供給。人類已以氫彈的方式實現在地球上的核融合，但氫彈的核融合是一瞬間，這樣不能利用其取出能源。為利用核融合的能源，需要將核融合反應予以發生、維持、控制而繼續取出熱量。為達此目的，需使這些物質成為電漿狀而封閉起來，再控制反應，此方式為核融合利用為能源上重要的技術。能封閉電漿狀的強磁場需以強力的線圈方能造出，以磁性封閉 (magnetic confinement，磁局限) 的核融合有托克馬克型及 herical (大型螺旋) 型等。

　　目前有兩種方式可望達成控制核融合發電的目標：磁場控制核融合與雷射核融合，兩種方式都還在實驗階段，但就現階段的研究結果顯示，前者的可行性較高。磁場控制核融合以托克馬克 (Tokamak) 的磁性封閉裝置較為先進。托克馬克在 1950 年代初蘇聯科學界率先提出磁局限的概念，並在 1954 年建成第一座「托克馬克」裝置。

　　核融合的研究從 1950 年代開始，1990 年代日本原子力開發研究機構執行 JT-60、美國的 TFTR、EU 的 JET 三大托克馬克裝置都已達成臨界電漿條件。日本另有核融合科學研究所執行「LHD」計畫 (helical 型) 融合裝置，其他尚有若干研究核融合爐。韓國政府於 1995 年批准斥資三億美元執行 KSTAR (Korea Superconducting Tokamak Advanced Research) 計畫，在 Daejon (大田) 的 National Fusion Research Institute 內興建核融合實驗爐，2007 年 11 月 4 日建設完工，2008 年 7 月 15 日第一次產生電漿反應。

4.9.2　ITER (國際熱核實驗反應爐)計畫

　　如上所述，磁控核融合的研究 1950 年代就開始，全世界的科學家為了核融合研究上能有突破，想合作設計一座能自行持續維持核融合反應運作的托克馬克反應爐，於是產生「國際熱核實驗反應爐 (International Thermonuclear Experimental Reactor, ITER)」計畫。1985 年美蘇首腦會議上談起合作興建 ITER 方案後，由七方 (歐盟、美國、日本、俄國、韓國、中國大陸及印度，佔全世界人口的 5 成以上) 於 2005 年 6 月 28 日達成協議，建設地點選定法國南部 Cadarache，2006 年開始實際建造。

　　以現階段技術的進展以及對核融合物理機制的了解，科學家已有足夠的信心能成功地興建與運轉 ITER。ITER 的技術目標是成功地達到維持核融合反應所需的輸入功率 (50MW)，以產生 500 MW 的功率 (Q = 產生的功率/輸入的功率 = 10)。為能了解發電廠環境中燃燒電漿的物理機制，核融合反應保持至少 500 秒或較長的運轉。ITER 本身並不發電，其主要目的是展示利用核融合能大規模商業發電的科學與技術可行性。

　　ITER 托克馬克實驗裝置剖面示意圖 (來源：日本原子力開發研究機構)，列於封

底上段右邊。該裝置與該圖上的一個兩公尺高人影相比極為龐大，建築物高約十層樓，融合電漿爐本體的大半徑超過 6 公尺、小半徑也達 2 公尺，體積 817 立方公尺的環狀容器，由超導電磁線圈環繞產生 10 Tesla 以上的磁場，以維持電漿溫度。在體積 800 多立方公尺的 ITER 內只有幾克氘與氚燃料，只是在超高溫度電漿下才發生核融合。一個形如甜甜圈 (donut) 的環狀容器，以強大的磁場束縛電漿粒子的運動。此裝置如圖 4．9．2－1 所示，於甜甜圈的環狀管外面，加上水平方向磁場線圈 (toroidal field coil)，並通過強大電流以產生水平面方向的磁場，帶著粒子沿著水平面磁場方向做迴旋運動，產生水平面電漿電流，水平面電漿電流進而造成垂直面上的感應磁場。垂直方向磁場線圈 (poloidal field coil) 所產生磁場與上述兩種磁場疊加，磁力線以螺旋方式環繞裝置內部。電漿粒子會沿磁力線快速地做螺旋式環繞運動，所以電漿就這樣被束縛在這環形的容器中央部，此現象稱為電漿束縛 (plasma confinement)。

要引起核融合需高溫，D (氘) -T(氚) 反應需約 1 億度 C，需靠電漿束縛不接觸到外面。如果發生故障，由於電漿的溫度下降，核融合反應即會自動停止，不需擔心會失控。

ITER 計畫，2010 年 7 月修正的總預算 (建設與試驗運轉) 150 億歐元，該融合爐開始運轉預定日期，2010 年 3 月開會後發表比原先的預定延後 10 月，改為 2019 年 10 月初產生電漿，預定 2027 年開始氘-氚融合運轉。

科學家認為利用核融合技術實現工業規模發電時期，最快為 2030 年代，最遲為 2050 年。

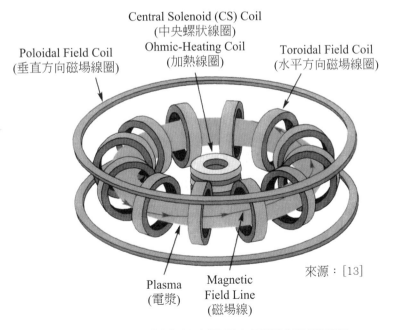

Poloidal Field Coil
(垂直方向磁場線圈)

Central Solenoid (CS) Coil
(中央螺狀線圈)
Ohmic-Heating Coil
(加熱線圈)

Toroidal Field Coil
(水平方向磁場線圈)

Plasma
(電漿)

Magnetic
Field Line
(磁場線)

來源：[13]

圖 4·9·2-1：托克馬克裝置中電漿被束縛原理

4.9.3 核融合爐上超導的應用

在 ITER，超導線圈為融合爐構造物上最重要的部分之一，超導線圈的製造費為全建設費之 26.6 %，本體部分之 50.2 %，所有線圈被所要求的磁場都相當的高。

以傳統的常導電磁鐵，提高性能需要以冷卻裝置將通電中所發生的熱予以除去。此時常導電磁鐵與冷卻裝置所需要的電力可能比核融合所得電力還多出很多，從經濟觀點超導磁鐵是不可或缺的，所以核融合研究與強力且消耗電力少的超導磁鐵的開發，需併行極積進行。

在 ITER，需要四種超導線圈：

(1) Central Solenoid (CS) Coil (中央螺狀線圈)：線圈外徑 4.2 m、高度 12.4 m、最大電流 41.5 kA、最大磁場 13 T、線圈總重量 1041 噸，以 Nb_3Sn(錫化三鈮金屬化合物)/銅複合線形成。CS 線圈的作用是藉電磁感應在融合爐內產生電漿加熱。其蓄積能量在最大磁場下達 6.9 GJ，而 6 組線圈分別以複雜的脈波電流加以激磁。

(2) Toroidal Field (TF) Coil (水平方向磁場線圈)：寬度 9 m、高度 13.6 m、線圈數 18、額定電流68 kA、最大磁場 11.8 T、線圈總重量 5362 噸，以 Nb_3Sn(錫化三鈮金屬化合物)/銅複合線形成。TF 線圈是產生水平方向磁場，控制電漿封閉於甜甜圈狀型的容器中央部。TF 線圈由 18 組 D 型單位線圈而成，此等線圈圍著電漿爐配置。18 組線圈串接，經常通直流。

(3) Poloidal Field (PF) Coil (垂直方向磁場線圈)：線圈最大直徑 24.6 m、線圈數 6、最大電流值 45 kA、線圈總重量 2595 噸，以 NbTi/銅複合線形成。PF 線圈是產生控制電漿位置所需磁場。與甜甜圈狀環狀容器同軸配置於 TF 線圈外面。6 組線圈分別接至不同電源而加不同波形的脈波電流。

(4) Correction Coil (CC) (校正線圈)：線圈數 18、線圈總重量 80 噸，以 NbTi/銅複合線形成。CC 線圈是校正 TF 等線圈製造與裝設誤差所產生的不整磁場。由 18 組線圈所成，裝設於 TF 線圈與 PF 線圈間。雖然 CC 線圈與 TF 線圈及 PF 線圈相比，較輕且較細，並且在較小電流 (10 kA) 運轉，但是，CC 線圈的尺寸較大 (至 8 m 寬)，且 CC 線圈的製造並不單純。其理由是，CC 線圈需裝於既定的狹窄間隙，最後尺寸需高準確度。第二是，其形狀較特殊。此 CC 線圈分配由中國大陸承造。ITER 採購部，該採購案另加 R & D 顧問契約，該 R & D 顧問契約由大陸科學院等離子體物理研究所 (Chinese Academy of Science, Institute of Plasma and

Physics, ASIPP) 執行。ITER 採購部人員曾於 2010 年 11 月到大陸合肥 ASIPP 勘查該線圈設計顧問的進行情形，後來 ASIPP 成為 CC 供應團隊的一成員。製造程序四控制點，ITER 都派員查勘。2012 年 7 月開始準備部分 CC 線圈的交接試驗，2012 年 8 月 23 日完成 Bottom (底部) CC 第一組 (44 m 長、15 m 寬、4 m 高) 的交接試驗，9 月完成第一組 Side (側面) CC 的交接試驗。CC 線圈將各分別由獨立電源供給電流。

日本原子力研究開發機構 (Japan Atomic Energy Agency, JAEA) 代表日方，於 2007 年 11 月與 ITER 機構間簽約負責下列該融合爐用超導線圈相關製造。日本負責 TF 線圈 19 組 (包括 1 組備用) 全 TF 導體約 25 ％ 的導體、TF 線圈構造物全部、TF 線圈繞組 9 組分、構造物與繞組組立 9 組分，CS 線圈 7 組分 (包括 1 組備用) 的 CS 超導體全部，CS 線圈繞組組立由美國負責。

核融合的發電成本是電漿密度愈高，成本愈低。以相同的磁場被束縛時，宜提高電漿壓力；而電漿壓力大致相同時，宜提高磁場。在 ITER，CS 線圈的最大磁場是 13 T，但此磁場強度，難以與既有核能電廠競爭。在發電實用爐的超導線圈有下列兩個方案，一方案為產生 16 T 磁場，可能採用 Nb_3Al 超導線材，以此磁場，要有競爭力，需電漿物理方面更進步使電漿壓力提高。另一方案是產生 20 T 磁場，需考慮採用高溫超導線材，尤其是 Y (釔) 系線材。

4．10　氫能社會上超導的應用

4．10．1　氫能社會

氫能為解決目前的能源問題與環境問題的新技術之一。嚴格而言，氫能並不是產生新能源，而是以氫作為能量儲存的載具 (energy carrier)，以再生能源或石化能源轉換為氫氣，再送到需要能源的地方，例如車輛或家庭。氫氣的使用可以直接燃燒或利用燃料電池，反應都一樣，就是氫與氧反應產生水。因為唯一的產物是水，不產生二氧化碳，故被視為潔淨的能源使用方法，氫能對人類社會使用能源的習慣將產生重大影響。美、歐、日等國爾來積極研發相關課題，美國 DOE 推動 Hydrogen and Fuel Cell Progrm，歐盟執行 Fuel Cell and Hydrogen (FCH) Joint Technologies Initiative (JTI)。氫氣的運用形態主要是常溫下的壓縮氣與極低溫下的液氣，藉燃料電池發電或以內燃引擎直接燃燒而利用其能源。日本的三大汽車公司計劃于 2015 年將搭載壓縮氫氣瓶的燃料電池車推出市場，日本各地也進行建設氫氣供應站。很多衛星火箭都利用氫氣為推進劑，德國 BMW 汽車公司已於 2007 年推出氫為主燃料的內燃式

(零排氣) 氫汽車 Hydrogen 7。目前許多汽車、化學、光纖、半導體、液晶玻璃等工廠以高純度的氫氣為環元劑而使用氫氣。

為將氫氣以繼續可能的形式利用，需建立將氫氣安全且穩定製造、輸送、貯存、轉移的社會系統。氫氣的利用形態主要為壓縮在高壓氣瓶的氫氣，以及以斷熱容器內比較低溫下保存的液化氣。

4．10．2　氫能社會上超導的應用

氫是最輕的元素，體積能量密度 (每單位體積的可利用能量) 本來就小，所以以液化氣形態輸送或貯藏較有利。例如，大氣壓下液氫的密度，比將來燃料電池汽車所暫定的常溫 700 氣壓下的氫氣密度大約兩倍。此液化氫，大氣壓下的沸點約 20 K，可利用第 2．2．3 節所提到具有 39 K 臨界溫度的 2001 年日本所發現的 MgB_2 (二硼化鎂) 超導體。

日本九州大學柁川副教授為主的團隊，受日本 NEDO「產業技術研究助成事業 (計畫)」下的資助，2008 年 6 月至 2012 年 5 月間研發利用 MgB_2 線材的氫能利用基盤 (礎) 技術。該研發團隊使用 MgB_2 線材製作超導電動機與超導式液面計，確認在氫液內的動作後，將此等組成為一 MgB_2 超導泵浦系統裝於金屬低溫恆溫裝置 (metal cryostat) 內，再以此系統，世界上初次成功地將裝置內的氫液移送至玻璃真空絕緣瓶 (glass dewar)。電動機採用第 5．6 節提到的研發團隊成員之一京都大學中村副教授所開發的高溫超導感應/同步機 (HTS-ISM)，其鼠籠轉子繞組採用 MgB_2 線材，靜子繞組採用普通的銅線。

將來使用氫供應站的液氫貯槽內部可裝設此種超導泵，向氫汽車等氫利用機器可手動或自動地移送氫氣。目前液氫是由油罐車壓送，但將來將超導泵裝於罐槽內，可以開關操作移送液氫。

第 5 章

產業、運輸領域超導的應用

第 5 章：產業、運輸領域超導的應用

本領域上已商業化的超導應用是：1990 年代後半期開始，矽單晶圓的精製過程中，磁場應用超導磁鐵；2000 年代中期開始，鋁與銅等非鐵金屬棒條壓擠成型時的加熱法上，採用在高磁場中用馬達將金屬坯予以回轉的 Magnetic Billet Heating 的 DC 磁性加熱法，高磁場應用超導產生。

輪船用大容量低速回轉機應用超導已在美國、德國等開發，其發電機亦考慮利用超導導體。磁浮線型電動機應用超導，在日本已圓滿地試運轉完畢，籌劃建設高速磁浮列車中央新幹線。配合電動汽車的發展，汽車用電動機應用超導亦研發中。通風機、泵等大容量電動機以及一般電動機，從省能源與減碳的觀點，將來可能研發應用超導。超導體的強磁鐵應用在淨水等的磁性分離器等。SQUID 在醫療診斷之外，工、礦業上亦有不少應用。

5 . 1 單晶晶圓製造上超導的應用

矽的單晶固體，即一般所謂的「晶圓 (wafer)」。目前最常使用的單晶晶圓製造方法為「CZ 法 (Czochralski method)」。CZ 法俗稱「提 (直) 拉單晶」法，製造成本較低，而且可以製造出大面積的晶圓，使用於矽晶圓 (Silicon wafer)、砷化鎵晶圓 (GaAs wafer) 等的製造。

以矽晶圓為例，其製造步驟如下：將矽固體放在石墨鉗鍋內加熱熔化 (熔化溫度 1410 ℃)，變成矽液體；以小塊之「單晶晶種 (seed)」與矽液體接觸，向上拉起並旋轉；拉出液面的矽原子隨著晶種排列成單晶結構，並且冷凝成固體晶棒；將矽固體晶棒橫向切成圓片，再將表面拋光即形成「矽晶圓」。

假使提拉時單晶熔融液發生對流，可能引起雜物混進或有時候產生成分差異，影響半導體積體回路的品質。導電性大的液體在磁場中移動中對流發生時，依佛來明 (Fleming) 右手定則，液體中通感應電流，感應電流流通後即依佛來明左手定則，產生消滅對流方向的洛倫茲電磁力 (Lorentz force)。矽溶液具有導電性，以超導磁鐵對矽液加強力的磁場，即可抑制對流。

在晶圓直徑大到 200 mm 至 300 mm 時，鉗鍋中的矽液體外加磁場，利用電磁抑制效果而控制熱對流，以使單結晶化穩定，並控制氧氣濃度。此方法稱為 MCZ (Magnetic field applied CZ) 法。然而加磁場有下列三種，如圖 5 . 1 - 1 所示：HMCZ (Horizontal MCZ) 加水平方向磁場，VMCZ (Vertical MCZ) 加垂直方向磁場，CMCZ (Cusp MCZ) 圍著單晶提拉機上下一對的電磁線圈，通上不同方向電流而加上放射狀不均的勾形磁

場。目前大部分採用 HMCZ 或 CMCZ 方法，在線圈上應用超導體。開始時採用 NbTi 線材，但為節省營運費用，2000 年代開始採用高溫超導磁鐵。目前拉提單晶晶圓製造程序上，外加磁場為必需的作法。

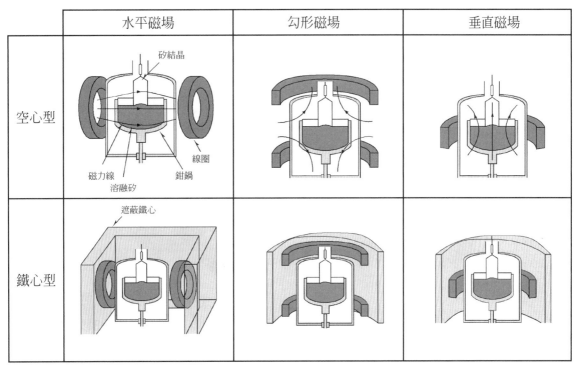

	水平磁場	勾形磁場	垂直磁場
空心型	矽結晶　線圈　磁力線　鉗鍋　溶融矽		
鐵心型	遮蔽鐵心		

來源：住友電工

圖 5．1-1：矽單晶提拉裝置 (CZ法) 及加磁場用電磁鐵

5．2　金屬條材磁性加熱裝置 (Magnetic Billet Heating) 上超導的應用

交流感應加熱法從 1920 年代開始被金屬業界採用。AC 感應加熱，以銅線所造的線圈圍繞壓搾金屬條材外面，加交流電壓至線圈，即做出方向變化的磁場，此磁場於金屬條材內產生渦流，由於焦耳法則，材料的電阻上產生熱量而材料被加熱。為防止線圈的熔損，線圈通常由水冷式銅管製成，此銅線圈本身的熱損失成為交流 (AC) 感應加熱裝置裡的最大能源損失，鋁 AC 感應加熱裝置的能源效率為 40 ～ 45 %。

使用一般 50-60 周波交流電源的 AC 感應加熱，渦流主要發生於金屬條坯表面，熱要均勻擴大到金屬條材中央部分需等待一段時間。並且變更金屬條材尺寸、合金成分，加熱電源時，在 AC 感應加熱源需常調整。

以 DC 電源加熱金屬條材的方案從 1950 年代就被檢討，然而至美國發明者於 1990 年發表使用強力磁鐵的 DC 感應加熱方法可供實用，其間經過了 30 多年。雖然知道其

概念與上述之 AC 感應加熱方式相比具有優點，但以當時的技術尚無法經濟地實現。近年來，超導線材製造上的進步及固態電動機控制 (solid-state motor control) 發達，使 DC 磁性加熱裝置商品化實現。DC 磁性加熱法是技術簡單，能源效率高的加熱方法，不使金屬條坯表面過熱而可以快速地加熱金屬條材全體達到均勻溫度。圖 5．2-1示高溫超導磁性加熱 (a) 與 AC 感應加熱 (b) 兩方式間能源損失比較。

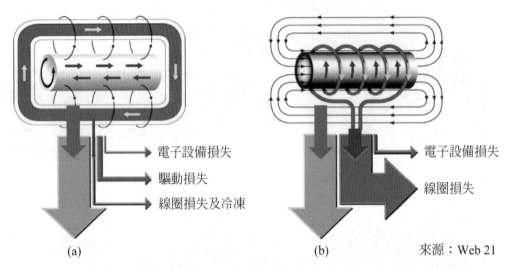

(a)　　　　　　　　　　　　　　　(b)

圖 5．2-1：高溫超導磁性加熱 (a) 與 AC 感應加熱 (b)，兩方式間能源損失比較

　　圖 5．2-2 示磁性金屬條坯加熱法原理。2008 年7月最先商業運轉的 DC 磁性加熱裝置，磁性加熱以電流通過無電阻的超導體，線圈僅以 10 W 的輸入電源就可產生感應加熱所需磁場。因為直流所產生的磁場不變化，所以需要在磁場內旋轉金屬條材，讓其感應渦電流。材料內的渦電流產生與回轉相反的作用，而產生相當強力的剎車轉矩，100 ～ 500 kW 的電動機方可克服此轉矩。DC 磁性加熱金屬條材的能源來源，並非為效率低的感應線圈，而為高效率的電動機，電動機所消費的能源變換為旋轉金屬條材內的熱，DC 磁性加熱裝置的總體能源效率為 80 ％ 以上。

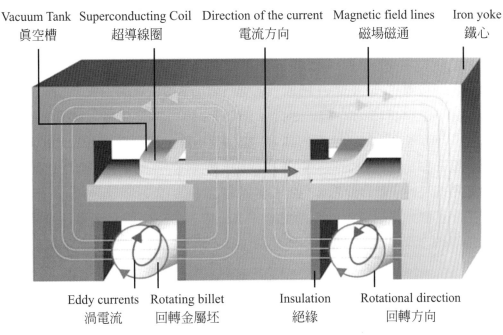

Vacuum Tank	Superconducting Coil	Direction of the current	Magnetic field lines	Iron yoke
真空槽	超導線圈	電流方向	磁場磁通	鐵心

Eddy currents	Rotating billet	Insulation	Rotational direction
渦電流	回轉金屬坯	絕緣	回轉方向

來源：Web 21

圖 5.2-2：磁性金屬條坯加熱法原理

因為利用非「電氣性」而為「機械性」頻率的結果，DC 磁性加熱與 AC 感應加熱裝置相比，能源浸透度約三倍深，所以未有集膚效應而可以達成均勻的加熱。另外，因為加熱程序快，可不致發生材料部分熔融的危險。DC 磁性加熱不需等待到內部溫度到均勻的多餘時間。鋁條材使用熱電偶穿孔的實驗，兩端表面與中心的溫度差，在 AC 感應加熱為 ± 15 ℃，而 DC 磁性加熱為 ± 6 ℃。從 2004 年左右開始，Zenergy Power 與 Butlmann 大舉開發。2008 年 WeserAlu 社之鋁擠出成型工場裝設此型加熱裝設置，實證在 6 吋直徑鋁條材的加熱上，表現優越的特性。此後，銅或鋁條材的加熱，引進到德國與義大利企業，金屬條材中的溫度不均勻度小，且工作程序速度提高，生產性能提高，實現了高系統效率，減低運轉、保養費用。

5.3 一般產業用電動機上超導的應用

5.3.1 產業用電動機

電動機是將電能變換為機械能的機器，普通是利用通過電流的線圈所產生的磁場而獲得回轉力 (轉矩)。電動機包括裝於家電用具及玩具上的回轉機、汽車及船舶驅動用電動機以及用於工廠等的動力源產業用電動機等。

電動機的機械構造由：回轉子 (rotor)、與回轉子互相作用而產生轉矩的靜 (定)

子 (stator)、將轉子的回轉傳到外部的回轉軸、支持回轉軸的軸承、以及將損失所應產生的熱予以冷卻的風扇而成。

產業用電動機有：同步電動機、感應電動機等種類。同步電動機由磁場系統 (field system) 及電樞 (armature) 組成。磁場系統是做成磁場的磁極，普通是線圈通直流的電磁鐵 (磁性材料為中心繞線圈者)，但亦有採用永久磁鐵者。電樞是做成與磁場系統互相作用而產生回轉力所需的磁場，普通是線圈上通過交流而做成電磁場。

同步電動機有回轉磁場型與回轉電樞型，前者磁場為轉子回轉而電樞為定子固定；後者電樞為轉子回轉而磁場為定子予以固定。

在工廠不休憩連續運轉的產業機器、送風機、壓縮機等產業電動機是為支持產業活動重要動力源而負擔重任。日本而言，電力用電的 50 % 以上被消費於轉動驅動上，而中小容量機佔約 80 %，提高其效率，對節能、減碳都有效。

5.3.2 產業用超導電動機

產業用超導電動機是相應上述的社會要求，追求高效率電動機的新技術。近年來各國都要求儘量減少稀土的使用量，從此等觀點，超導的應用重新被考慮。

回轉電動機是應用廣泛的機器，從小規模者至大容量者眾多種，目前超導的應用以輸送用回轉機及風力發電機的開發為中心，將來實用技術進步，可期待機器應用領域的擴大與技術更發展，先適用於當初開發目標的泵及通風機用驅動機上。

產業用超導電動機上可應用超導的部分是，激磁系統 (採用超導線材線圈或超導塊材) 與電樞 (採用超導線材)。即研發激磁系統超導化方式、電樞超導化方式與兩方面都超導化方式。

高溫超導電動機可分為，美國等「船舶推進用高溫超導電動機」上的激磁線圈超導同步電動機，與 Oxford University 的 D. Dew-Hughes 等、Moscow State Aviation Institute 的 L.K.Kovalev 等、京都大學等所研究的 Brushless Bulk Motor 兩大類，後者試製到 200 kW。

電動機等回轉機超導化的優點如下：

* 小型化及減輕重量 (超導體可通大電流)
* 高效率、省能源 (超導損失小)，在部分負載亦效率高
* 適於開發低速、高轉矩機 (超導電流密度高)
* 低噪音
* 電機特性較優 (負序耐量高、暫態穩定性較優、同步電抗低-負載角度小、諧波成分低)

＊ 維護簡便

超導產業用機器被市場接受，要配合需要適當設定機器開發目標，並且也要技術的實證與展示。當然更需要超導線材的價格功能改進，冷凍機、冷卻系統的價格低廉化，並提高可靠度、輕減保養都是必需的。

日本產業用超 (電) 導線材、機器技術研究組合 (合作機構) (Industrial Superconductivity Technology Research Assocation, ISTERA) 開始 Y 系電動機的設計檢討。與傳統電動機相比，繞組的電流密度從過去 3 A/mm^2 提高 50 倍增為 150 A/mm^2。與傳統機器相比，雖然尺寸方面差不多，但效率提高 1 - 2 %，稀土的使用量為過去 PM (永久磁鐵) 電動機的數百分之一。

俄羅斯政府於 2010 年 12 月 21 日簽署，2011 年 1 月 13 日請俄羅斯國家原子能公司 (RosAtom) 開發，(1 ～ 5 MW) 級超導電動機。

5．4　船舶用發電動機上超導的應用

5．4．1　船舶用電動機

船舶用電動機，通常是指載在船舶上所使用的電動機，但下面僅就船舶電力推進裝置上的驅動用電動機 (以下簡稱推進用電動機) 的特性與電力推進裝置一併加以說明。

船舶推進用螺旋槳的回轉數低 (100 ～ 300 rpm)，推進用電動機配合螺旋槳的回轉數，電動機的回轉數採用低回轉數者，或採用高速度 (1200 ～ 1800 rpm) 電動機而電動機與螺旋槳間裝設減速裝置。

為變動船舶速度，需變動螺旋槳的回轉數，因此裝設變頻器 (inverter)，變動饋供電動機的電源頻率而變動電動機的回轉數。推進用電動機的規範，需可配合變頻器驅動，尚需可適於受潮風環境的耐鹽構造與可在船舶動搖下使用的構造。

採用高轉速電動機，因為需減速裝置，整體系統的可靠度及維護與低轉速電動機相比較遜，但使用常導電動機為推進電動機的系統上多數採用高轉速方式，其理由如下：電動機的輸出與轉矩與轉速的乘積成比。電動機輸出較大容量時，因為船舶螺旋槳的轉速低，勢必需大轉矩者，通常轉矩與電流成比例，常導電動機線圈採用銅材料，大電流下銅的發熱增大，電動機的容積需大。裝設推進電動機的船舶機械間需配置多數設備，而如推進電動機的容積大時無法裝設於機械間。所以，常導推進電動機無法保持小型而增大轉矩，因而增大電動機輸出時，需採用增大回轉數的手段。

由於原油價格高漲，且國際間要求減低溫室效應，海運業界被迫改善燃料費與採取排氣對策，因而要求更高效率的船舶推進系統。

過去大部分的船舶採用熱效率較高的柴油機為原動機，經齒輪與傳動軸回轉螺旋漿的機械推進式。以過去方式，螺旋漿與引擎的配置與船型 (尤其是船後部) 受到限制，並不能將波阻抗、航行阻抗變為最小，同時空間效率並不好。在豪華郵輪重視安靜而不宜用柴油引擎，客房等的用電量大而需要裝設大容量的發電裝置，頻繁地進出港口的內航船巡航區間短，傳統推進方式的高效率航行區間已不存在，且其船舶操作性能較差。

從二氧化碳等環保觀點，宜採用天然氣引擎，且從電動機控制的發展與整體運輸效率觀點，最近的趨勢是，以原動機發電而依其電力用電動機帶動螺旋漿或 POD (電動機裝於莢豆型容器內裝於船底艙下連接螺旋漿) 式電動推進器。瑪莉皇后二號即裝用 POD (船底吊艙) 式電動推進器四組，推進輸出為 11 萬 7000 馬力，採用以氣渦輪發電的電氣推進方式。POD 的支持部分成為舵而可 360° 回轉。封底第三段左照片 (來源：日本石川島) 是 POD (船底吊艙) 式電動推進器裝置圖，日本估計，採用超導 POD 推進裝置的國內航線船舶每年可減低 11 % 的 CO_2 放出量。

在 MW 以上的大輸出超導電動機的高效率、線圈的耐久性、可靠度、維護性以及價格方面明朗後，不久的將來，MW 級大輸出的超導電動機必被裝用於船舶推進系統。

5.4.2　船舶用超導電動機的開發情形

(1) 美國船舶用超導電動機開發情形

American Superconducor Inc. (AMSC)，於 2003 年 7 月交給美國海軍 5 MW、230 rpm 超導同步船舶用電動機。美國海軍 Office of Naval Research 於 2004 年 10 月向 AMSC 訂約 36.5 MW (49000 馬力) 6 kV 120rpm 8poles 75 ton 效率> 97 % 的超導艦艇用同步電動機，該公司 (提供鉍系銀被覆線材) 與 Northrup Grumman Corp. 合作於 2007 年交給海軍，在美國海軍費城的陸上試驗場圓滿通過試驗。該公司稱：超導船舶推進系統約為相同轉矩的

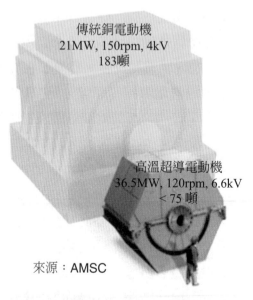

傳統銅電動機
21MW, 150rpm, 4kV
183噸

高溫超導電動機
36.5MW, 120rpm, 6.6kV
< 75 噸

來源：AMSC

圖 5.4.2-1：
船舶用超導 36.5 MW 超導電動機
與傳統 21 MW 電動機的比較

普通同步電動機重量的 35 至 50 ％，故可節省燃料。圖 5 . 4 . 2－1 示船舶用超導 36.5 MW 電動機與傳統 21 MW 電動機的比較，前者重量 75 噸以下，而後者的重量 183 噸。

(2) 德國船舶用超導發電動機開發情形

　　德國 Siemens 公司研發應用超導的 all-electric ships (AES，全電化船舶) 系統，該系統不採用大容量柴油機而將數台超導發電機由燃氣渦輪帶動，利用此方式，比較好配置船體，可使船體減低水阻力以節省能源消耗。如上面所述，電機驅動方式安靜，每一只螺旋槳配裝三台左右的小電動機，可依需要適當組數的發電機或電動機併用。該公司受 German Federal Ministry for Economics and Technology 的資助，並與 Trans MIT Gesellschaft fur Technologietransfer mbH、Thyssen Kruoo Marine Systems/Blohm 及 Schiffbau-Versuchsanstalt Potsdam Gmb 合作進行下述研發計畫。超導線材，由 European High Temperature Superconductor GmbH & Co. (EHTS) 供給，該公司先開發試驗 400 kW 雛型超導電動機，後又開發 4 MW 3600 rpm 超導發電機，於 2007 年完成裝設在 Nuremberg 的系統試驗中心，繼續實施長期運轉試驗。其後開發試驗 4 MW 3.1 kV 120 rpm 320 kNm 37 ton 使用 50 k 高溫超導線材的高轉矩電動機，此等試驗預定持續到 2014 年。

　　從上述經驗，Siemens 公司將推行利用超導發電、電動機推廣船舶 AES 系統，同時該公司有信心將大型發電廠用發電機的效率，藉應用超導技術，從 99 ％ 昇高為 99.5 ％。

(3) 日本船舶用超導電動機開發情形

　　日本東京海洋大學等的產學團隊 2004 年初試作額定 15 kW 720 rpm 的高溫超導塊狀磁鐵磁場的船舶用電動機。

　　日本 IHI (石川島播磨重工) 為主的產學研發團隊，在 2005 年中成功開發應用超導技術於電動機的磁場線圈及電樞線圈兩方面，並使用液氮冷卻。其後發表 400 kW 200 rpm (500 噸級船舶用) 商品化超導電動機。

　　該研發團隊於 2009 年開發內串裝鉍系超導線氮冷卻最高輸出 400 kW 電動機兩部的，輸出 800 kW 的船舶用 POD 推進裝置 (構造如圖 5 . 4 . 2－2 所示)。封底第三段左邊的圖片是船底裝設此 POD 推進裝置兩部者 (此圖片來源都是石川島播磨重工)。他們認為：此方式可適用內航船，而與同級柴油引擎方式相比，燃料費、CO_2 排出量都可削減 25 ％。

在日本 NEDO (獨立行政法人新能源、產業技術總 (綜) 合開發機構) 省能源技術開發部，「能源使用合理化技術戰 (策) 略的開發案」下，委託川崎重工、東京海洋大學、海上技術安全研究所合作，2007 ～ 2009 年間辦理「船舶用高溫超導馬達內藏 POD 推進系統的研究開發」。實際製作 100 kW 機組，確認 POD 用 1 MW 超導推進電動機的可行性，並且推算高溫超導推進船與傳統型推進船相比，可節省 16 % 燃料費。

川崎重工業、東京海洋大學、海洋技術安全研究所、株式公司超 (電) 導機構、住友電氣工業等所組成的開發團隊，以 1 MW 輸出為目標，製作試作機。於 2010 年，每極設置 6 只超導線圈 2 組實施試驗，450 kW 的日本超導電動機最大輸出，並得 98 % 的高電動機效率。假使設置全部的超導線圈即可得 1 MW 的輸出，該團隊接受 NEDO 資助，預定 2012 年完成 3 MW 輸出的超導電動機。

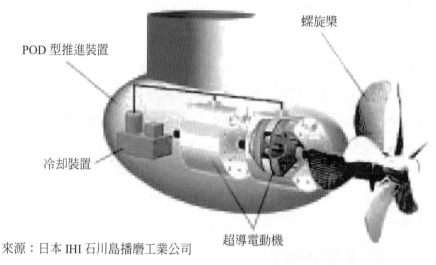

螺旋槳

POD 型推進裝置

冷却裝置

超導電動機

來源：日本 IHI 石川島播磨工業公司

圖 5.4.2-2：開發中內裝超導電動機的推進裝置

(4) 韓國船舶用超導電動機開發情形

韓國 KERI 與 Doosan Heavy Industries & Construction Corp. 合作向美國 AMSC 公司採購 5000 公尺超導素線材，於 2007 年 4 月宣佈成功開發 3600 rpm 1300 馬力輸出的電動機，其研發期間為 2004 年 7 月至 2007 年 3 月。2007 年 4 月至 2011 年 3 月 (預定) 繼續開發低速大容量 (船舶用?) 超導電動機。

(5) 中國大陸

武漢海洋電動機推進研究所 (Wuhuan Institute of Marine Electric Propulsion) 以 Bi2223 帶狀導體，開發 1 MW 500 rpm 4 極船舶用超導電動機。

5.5　超導磁浮列車

　　超導磁浮列車 (Superconductive Magnetic Levitation, SC MAGLEV, Train)，乃磁浮列車上的磁鐵採用超導磁鐵，可產生比傳統電磁鐵較強的磁場。因而懸浮高度可到達約 10 公分，僅需在車輛上裝超導線圈，比較經濟且所需冷凍功能亦較小。

5.5.1　線型 (直線) 電動機 (linear motor) 的原理

　　普通電動機具有圓筒型的轉子而做回轉運動，線型電動機相等於將普通的電動機靜子予以剝開為直線狀，相等於普通電動機的轉子的磁鐵載在車輛上，相等於普通電動機的外側靜子的推進線圈佈設於地面上，藉此等磁鐵與線圈間的反撥力與吸進力，達成直線運動。

　　以線型 (直線) 電動機驅動的車輛稱為線型馬達車輛 (linear motor car，直線電動機車輛)，有磁浮式與車輪 (包括橡皮輪) 式兩種。

5.5.2　超導磁浮 (線型馬達) 列車的原理

　　下面簡述日本將建設的中央新幹線超導磁浮列車所採用的推進、懸浮及導行原理。

(1) 推進原理

　　圖 5.5.2－1 示超導磁浮列車推進原理，車輛推進是應用線型電動機的原理。裝在車輛上的超導磁鐵，N 極以及 S 極交替配置，行進路兩旁牆壁上裝設推進磁鐵線圈，從變電所饋供三相交流電流至推進線圈，即在行進路邊產生移動磁場，車輛上的超導磁鐵被此移動磁場吸進與反撥，使車輛推進。在電力饋供變電所，以換流裝置，配合車輛所需速度，調整送到推進電磁鐵線圈電流的頻率，而調整移動磁場的移動速度。因為車輛的驅動力與電流大小成正比，故以調整電流，變動車輛驅動電流。藉變動電流方向，亦可使車輛剎車。在磁浮列車系統，地上電力變換變電所將從電力公司所受電的一定電壓、頻率的電力，調整變換電流大小與頻率，饋供推進線圈，而直接驅動車輛。與普通的鐵路不同，電力供給與速度調整在地上執行，而成為自動運轉系統。

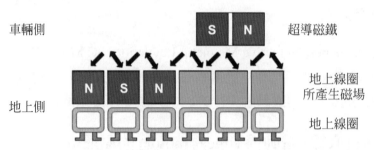

來原：日本鐵道總（綜）合研究所

圖 5 . 5 . 2 - 1：超導磁浮列車推進原理

(2) 懸浮原理

　　圖 5 . 5 . 2 － 2 示超導磁浮原理，懸浮導行線圈成 8 字型，裝在上述的行進路兩旁墻壁上，裝設於推進磁鐵線圈上面。超導磁鐵通過懸浮線圈中心時，上下兩線圈所產生的感應電壓互相打消，而懸浮線圈上不流感應電流。超導磁鐵通過懸浮線圈下方時，下面線圈線所產生的電壓比上線圈所產生的電壓大。結果，懸浮線圈線通過感應電流，下面線圈成為與超導磁鐵同極性，上面線圈成為與超導磁鐵相反極性。因此，超導磁鐵與懸浮線圈間，在上面線圈產生吸引力，下面線圈產生排斥力，而對車輛產生向上的懸浮力。相反地，超導磁鐵通過懸線圈的中心線上方時，對車輛產生向下拉回的力量。

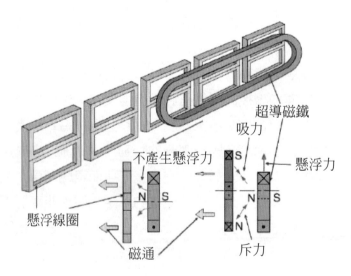

來原：日本鐵道總（綜）合研究所

圖 5 . 5 . 2 - 2：超導磁浮列車懸浮原理

(3) 導行原理

　　圖 5 . 5 . 2 - 3 示超導磁浮列車導行原理，導行線圈在車輛偏左或右時，需產生力量修正車輛行駛中央。配合此需要，將左右懸浮圈線，如圖 5 . 5 . 2 - 3 所示，利用行進路下面互相連接 (因此懸浮、導行線圈兼用)。車輛走行導行道中央時，左右兩側導行線圈所產生的感應電壓相等而不通過電流，不產生力量與損失。但是，靠近側與遠離側兩線圈上感應電壓相差而通過電流。其結果，在靠近側導行線圈與超導磁鐵產生反撥力。進走中的車輛 (超導磁鐵) 偏左或偏右時，在此環路內產生感應電流。車輛偏靠邊的導行線圈上產生反撥力，車輛偏離邊的導行線圈上產生吸進力。因而可使運行中的車輛進走行進路的中央。

車輛中央時

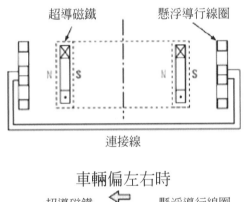

車輛偏左右時

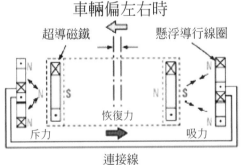

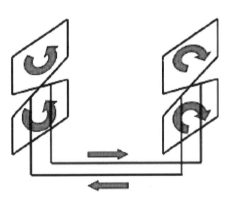

來源：日本鐵道總(綜)合研究所

圖 5 . 5 . 2 - 3：超導磁浮列車導行原理

5 . 5 . 3　線型馬達車輛相關歷史

(1) 車輪式線型馬達車輛營運例

　　1986 年開始營運的加拿大溫哥華市之 SKY TRAIN，2005 年與 2009 年開始營運的廣州市地鐵 4 號與 5 號線，紐約的 JKF Air Train，吉隆坡的 Rapid Kelana Jaya 線，多倫多的 R T Line，底特律的 People Mover，日本若干都市地鐵共七條

路線等。

(2) 磁浮列車

(a) 博覽會上展示運轉

1979 年西德漢堡舉行的國際交通博覽會首次試乘開始，此後約十次在日本、加拿大、韓國的類似博覽會上展示磁浮列車讓觀眾試乘。

(b) 實際營運

(i) 1984 年世界首初磁浮列車在英國伯明罕航空站至伯明罕國際展示站間 620 m 開始營運，1995 年停業。

(ii) 1989 德柏林市內兩站約 1.6 km 開始營運，時速 100 km，1992 年停業。

(iii) 2000 年 6 月 30 日上海市長與德國磁浮鐵路國際公司間簽署共同發展上海市磁浮列車 (並非超導) 示範營運線可行性研究協議書，2001 年 1 月 23 日上海磁浮交通發展公司與德國磁浮國際公司、西門子公司、蒂森公司聯合團隊簽署採購與服務契約，2001 年 3 月 1 日開工，2002 年 12 月 31 日舉行通車典禮。

　　浦東航空站與上海市郊外的龍陽站間距離為 29.863 km，2002 年 11 月 12 日進行無負載運行測試滿 5 節編列車最高運行速度 501 公里/小時，2003 年 12 月 29 日開始每天上午對外試運營，2004 年 1 月 29 日開始全天對外試運行，運行最高速度 430 km/h。2005 年 12 月 1 日起營運時間 9 小時延長到 14 小時，延長時段的最高營運時速為 300 公里。

(iv) 在日本，以日本航空與名古屋鐵道 (路) 為中心開發所謂 HSST (High Speed Surface Transport，高速地面運輸) 磁浮列車系統，2005 年 3 月開始營運愛知高速交通東部山丘線，距離 8.9 km，營運最高速度為 100 km/h。

5．5．4　超導磁浮列車計畫

(1) 日本超導磁浮列車計畫

　　日本國有鐵道 (路) 的鐵道 (路) 技術研究所 1962 年開始次世代高速鐵路相關基礎研究，目標為最高速度 500 km/h，可將東京與大阪間以 1 小時連接。除了磁浮線型馬達之外，亦檢討空氣上浮、車輪支持線型馬達。

(a) 1977 年至 1995 年使用九州宮崎實驗線 (7.0km)，1997 年使用山梨實驗線 (18.4 km延至 42.8 km) 運行試驗，2003 年 12 月 2 日以三輛車輛編組達到 581 km/h。

(b) 2005 年在山梨實驗線使用 Bi2223 線材的高溫超導磁鐵試行實驗，以後檢討 Y 系線材適用性。封底第二段的兩張照片是該照片來源的日本鐵道 (路) 總 (綜) 合研究所在後者 (山梨線) 試驗線上的超導磁浮列車試驗情形。

2009 年 7 月 28 日日本國土交通省實用技術評價委員會上，評謂：「實際營運上所需技術已完整泛蓋了所有系統，已具有能具體策定將來營運所需規範及技術基準」。2009 年 12 月 24 日本 JR 東海公司與其鐵道 (路)、運輸機構向國土交通大臣提出連接東京都與大阪市的中央新幹線的建設費與運輸需要相關的調查報告書。依照該報告書，候補路線有三案，最短路線長 438 公里，所需時間 67 分鐘、總建設費約 9 兆日圓、年間營運維持費約 3000 億日圓。

2027 年開始東京、名古屋間的營業運轉為目標。另一方面，日本 JR 東海公司於 2010 年 1 月 25 日發表：為展開超導線型運輸系統的業務，將來參與美國等的海外高速鐵路工程計畫。

(2) 其他高速磁浮列車的可能計畫

　　除了上述日本東京-名古屋-大阪間超導磁浮鐵路以外，若干國家考慮興建高速磁浮列車。是否採用超導體要視個別計畫。目前所知的主要計畫如下：

　(a) 印尼：印尼政府計劃興建雅加達-蘇拉巴亞 (泗水) 間 683 km 的長距離磁浮列車計畫，中間 7 站。

　(b) 印度：美國一公司向印度鐵路部 (Indian Railway Minister) 提出孟買 (主港口都市) 至德里 (首都) 間的磁浮列車計畫。印度總理稱，如該計畫成功，印度政府考慮開發其他都市間的路線。

　　　　印度 Maharashtra 省批准省都孟買 (Mumbai) 與 Nagpur (該省第二都市) 間約 1000 公里長磁浮列車計畫。

　(c) 伊朗：德國 Schlegel Consulting Company 向該國道路運輸部長 (Ministry of Roads and Transport) 提出首都德黑蘭 (Tehran) 與 Mashhad 間興建磁浮列車計畫並簽約同意。磁浮列車可將德黑蘭 (Tehran) 與 Mashhad 間 900 公里的旅行時間減為 2.5 小時。

5.5.5 抽真空管狀輸送系統

使用低壓的管狀或隧道內行走磁浮列車，可減低行走時的空氣阻力而增大其速度及效率，此種超高速列車 (Very High Speed Transit System,VHST) 有下列幾個方式。

(1) 美國

(a) 美國現代火箭之父 Robert Goddard 還為學生時，在 1910 年代提出加壓的列車以 1600 km/h 速度，波士頓-紐約間 12 分運行的構想計畫。1970 年代美國 RAND Corp. 研究機構 Robert F. Salter 提出地下超高速運輸系統 Underground Very High Speed Transportation,VHST, 使洛杉磯-紐約間，以一小時來往的計畫，因為所需建設費龐大，需美金一兆元 (US $1 trillion) 而不被採用。2007 年 WPI 的研究生組再以新科技技術觀點，重新探討 Vactrain 的可行性及經濟性[4]。

(b) 美國 Daryl Oster 於 1997 年獲得 Evacuated Tube Tunnel Transport 相關專利，1999 年組成 ET3.com Inc. 公司，推廣該專利應用於研究、開發、實用方面。

ETT 的設計概念如下：沿線裝設兩條 5 呎直徑的管狀構造物而以真空泵將空氣抽出。汽車大小客貨車艙走行管內無摩擦的 MagLev 上。各站上的 Airlocks (氣閘) 可轉乘而不讓空氣進入。ETT 是屬於 Personal Rapid Transit (PRT)，如在以高速公路連接汽車大的車艙網路交通一樣地自動運行，到所預期的支線即可出去。所建議的速度是在州際級的交通 350 mph (560 km/h)，跨越國家或環球旅行可達 4000 mph (6400 km/h)。空ETT車艙重量是 400 磅 (180 公斤) 可載乘客或三節車廂集裝架的貨物。因為負載極輕，支持 ETT 的導溝 (guideway) 所需的材料可能需支持普通車輛所需材料的 20 分之 1 即夠。器材經濟與自動化生產可讓所需投資降為高速鐵路的 1/10 或高速公路的 1/4。2001 年該公司曾被佛羅里達州高速鐵路委員會 (Florida High Speed Rail Authority) 選為有資格參加投標 20 家之一。2003 年為 4 家提出投標中價格最低者，但被顧問公司藉理由未被採用。該公司與中國大陸磁浮專家、西南交通大學、大陸鐵路部設計院等有接觸。韓國鐵路研究院 (Korea Rail Researh Institute) 於 2007 年與 2008 年訪問 ET3 並於 2009 年訪問中國大陸專家，2009 年 11 月宣布將計劃興建設計速度為 700 km/h 的管狀輸送系統。

(2) 瑞士

1970 年代後半 1980 年初 Swissmetro 建議採用德國 Transrapid 的 MaglevTrain

磁浮列車技術及經驗，提出在瑞士興建 Vactrain 計畫。因為瑞士國土之 70% 屬於高山地帶，在此地勢條件下難以再新建有效率的高速鐵路系統，所以 Swissmetro 提出 Vactrain 計畫。依該計畫，興建瑞士主要都市以十字型地以 Vactrain 連接。瑞士西部的日內瓦 (Geneva) 至東部的蘇黎世 (Zurich)，原需 4 小時可以 1 小時就到達。200 人所乘列車 6 分鐘開一班車即 1 小時可輸送 2000 人乘客，每 4 分鐘開一班就一班即 1 小時可輸送 3000 人乘客。因為難以獲得瑞士國會等的支持，2009 年 11 月宣布暫緩。但中國大陸方面對該公司的方式似有興趣。

(3) 靜浮動真空隧道計畫

　　MIT 研究者、英國海峽隧道計畫的發起人與永任董事長 Frank P. Davinson，於 1980 年代提出 neutrally buoyant vaccum tunnel (靜浮動真空隧道) 計畫。於大西洋海面下 150 至 300 呎處設錨繫至海底的管狀隧道，再抽真空的 Trans-Atlantic MagLev 計畫，時速可到 4000 mph，約 1 小時可從紐約市 Penn Station 達到 Paris、London 或 Brussels。

5.6　汽車車輛用超導電動機

　　我們日常生活、產業活動上，汽車所扮演的角色為必要而不可缺，但因為排出大量污染、地球溫室作用原因的二氧化碳等，而成為對環境負面影響的主要原因。對環境問題高度關心中，在汽車業界，開發環境對策汽車為當前任務，而亟需引進更省能源、削減 CO_2 排出的相關技術。期待具有可配合此要求的新技術，應用於汽車動力裝置。過去的汽車引擎以電動機替代者稱為電動汽車，可符合上述要求，最近為智慧型電網開發的一環，電動汽車亦加強步調進行中。

　　超導電動機，可實現小型化、輕量化、高效率化，因而更可配合上面所述的社會要求，期待可應用於汽車動力裝置。

　　最近認為高度可能的技術是燃料電池超導電動汽車，此係燃料電池汽車上裝設超導電動機為動力裝置，而可能有下述的相乘效應：燃料電池汽車為燃料的液氫，可做為超導電動機的冷媒，可減低冷凍機所需動力，能更提高效率。

　　為進行小型超導馬達的實用驗證，住友公司於 2007 年開發電動汽車用馬達，搭載乘客成功行走了 2 小時 (因為冷卻機容量關係)，該超導電動機僅直流電動機的磁場線圈採用超導線圈而已。

　　以日本京都大學與 Aisin Seiki 公司為主，再加上新潟大學、應用科學研究所、

IMRA 材料研究所的產學研發群,受 NEDO 的支援在其「省能源革新技術開發事業 (計畫)」下,從事研發以高溫超導感應同步機 (High Temperature Superconducting Induction-Synchronous Machine) 裝於電動汽車的可行性。該研發計畫之四大目標為:研發車輛用高效率、高輸出、高輸出密度的高溫超導感應同步機;開發最佳駕駛技術;開發小型高效率無滑行冷凍器;研發小型回轉機用冷凍結構與方式。利用目前市場的既有高溫超導線材,開發可適合中級電動汽車最大輸出約 100 kW,達成可變速度驅動的高效率、轉矩高密度化且未來可量產的省能源電動機。此研發群所開發的電動機,具有類似感應電動機的構造,而可達成同步與感應回轉特性 (mode) 的兩立性,效率高,且對過載具有強壯性,並可從室溫連續運轉等達成高性能、功能化。有關汽車用電動機所要求的高轉矩,可實現遠超過過去感應電動機 10 倍以上的高轉矩。

5.7 鐵路車輛用超導變壓器

鐵路車輛用變壓器是搭載在鐵路車輛上的變壓器,鐵路車輛的供電方式有交流供電方式與直流供電方式。

交流供電方式以 25/20 kV 高壓交流供電交流型電車,以本項鐵路車輛用變壓器降壓,再整流變換為直流,驅動直流電動機 (直流整流子電動機),或直流以變頻器 (inverter) 再變換為交流後驅動交流電動機。

直流型電車,以 1500 V/750 V/600 V 直流驅動直流電動機或直流以變頻器變換為交流驅動交流感應電動機。台灣的高速鐵路及電化後縱貫線採用交流型電車,而地鐵捷運是採用直流型電車。

交流型電車所搭載的主變壓器,由櫥狀繼電器所受的電力,變換為驅動車輛的主回路電壓。搭載車輛機器中最重機器之一,為車輛高速化、省能源,要求小型化、輕量化。

另外,鐵路車輛用變壓器的效率普通為 96 ～ 97 %,而與電力用變壓器的效率 (大概 99 % 以上) 相比較低,似尚有效率改善 (減低損失) 的餘地。

鐵路車輛用超導變壓器,採用超導材料即可充分發揮其小型、輕量、高效率、不燃性等特點。因此,相關機構開拓超導應用於鐵路車輛用變壓器如下:

(1) Siemens 公司於 2001 年使用 Bi-2223 超導線材,開發 5.5/1.1 kV 100kVA@77 K 鐵路車輛用超導變壓器。再於 2005 年使用 Bi-2223 超導線材,開發 25/1.4kV 1 MVA@66 K 鐵路車輛用超導變壓器。

(2) 日本鐵道 (路) 總 (綜) 合研究所與 JR 總 (綜) 合研究所、九州大學、富士電機等

合作於 2004 年使用 Bi-2223 超導線材，開發 25/1.2kV 4 MVA@66 K 鐵路車輛用超導變壓器。

5．8　超導磁性分離裝置

近年來，湖沼水質再生、生活排水、工場排水處理，環境有害物去除、有用資源再生等領域上，超導磁性分離技術的應用被認為有希望。過去磁性分離技術應用於磁性物質回收、磁性雜物除去等，傳統磁性分離有下列的限制：分離速度慢、處理能力小而不適於大量的處理及需處理對象與大小限制大等的問題。應用超導可造出強力型磁鐵，尤其是適用於高梯度磁場分離系統 (high gradient magnetic separation system)，可解決上述傳統磁性分離技術的困難，其例如下：

5．8．1　製紙工廠排水處理上超導分離裝置的應用

再生紙工廠使用的水量大 (中規模的工廠約需 5000 噸/日)，而排出同量的廢水。依照日本環保規定，再生紙工廠排水的 COD (Chemical Oxgen Demand，含有機物的濃度檢測依據) 須為 < 20 ppm。要滿足此基準，需一筆很大的費用。上述用水量 5000 噸級工廠，引進生化處理設備需數億日圓費用，水處理所需費用龐大，事實上多家再生紙工廠因而停業。大阪大學、MS (Magnetic Separation) Engineering 社等研發團隊受 NEDO 補助，在其「基盤 (礎) 技術研究促進事業 (計畫)」之「利用超 (電) 導磁性分離技術的製紙工場排水處理系統」計畫下，2001 年至 2004 年開發適合再生紙工廠使用的超導高梯度磁性分離系統裝置。該系統第 1 號機 2006 年 9 月開始在大阪市南方柏原市的再生紙工廠裝設，將過去每日放出至地下的 2000 噸工廠廢水的污濁物質予以除去，還原為可再度使用的循環水。

該系統的作用原理如下：含污濁物的廢水最先引到擔 (著) 磁槽，加凝結藥劑及磁性粒子粉攪拌，形成含污濁物質的磁性 flock (絮狀沈澱物)；此磁性 flock 送到沈澱槽，重的 flock 沈下，較輕的 flock 與沈澱槽的溢水送到超導磁鐵為中心所構成的磁性分離裝置，經磁性分離部的磁性過濾器分離回收；被處理的水為循環水再度使用。沈澱槽下面以及磁性過濾器所分離回收的磁性 flock 當作磁性污泥回收，其中的磁性粒子可再度使用。此裝置佔 6 m* 6 m 的裝設面積，可處理 2000 噸/日的排水，與過去凝結沈澱過濾裝置相比，1/10 的小型化。圖 5．8．1-1 示磁性分離系統構造。該公司另開發溶解成分等級更高一層的物質去除，應用磁性活性碳 (Magnetic Active Carbon) 的技術。

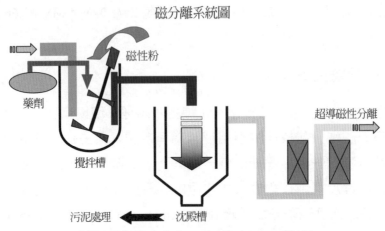

圖 5．8．1-1：磁性分離系統

5．8．2　油桶洗淨廢液過濾上超導磁鐵的應用

使用過的油桶，其殘留廢棄物的洩漏等成為環境惡化的問題，所以需設法將使用過的油桶予以洗淨再利用。但是，洗淨一只油桶需 70 公升的水，日本油桶洗淨工廠所存的油桶共有 1350 萬桶，推算每年消耗約 100 萬噸的洗淨水。倘若可將此洗淨廢水予以適當處理、再利用，不但可保護環境，尚可減少工業用水使用量，減少經濟支出。

日本板玻璃 Engineering 公司，得到日本政府環境省約 1 千 2 百萬元日幣資助，與大阪大學等合作研發「應用磁性過濾，油桶洗淨水淨化裝置」。該裝置先以磁性著磁 (magnetic seeding) 機，洗淨廢水中污濁物質予以強磁性 flock (絮狀) 化 (對不固定、反磁性物質添加磁性) 後，讓其通過 HTS (高溫超導) 塊狀磁鐵附近，以磁力高效率淨化的磁性過濾 (magnetic filtering) 系統所構成。

本系統達成原來所要求的功能 (COD < 100 ppm，日可處理 40 噸廢水)，於 2008 年提出技術開發年度報告，2009 年三月完成，並具有過去無法實現的緊湊、低價、操作容易等特點。

5．8．3　土木工地土壤、地下水污染淨化技術上超導分離法的應用

以三氯乙烯 (trichloroethrene) 所代表的 VOC (Volatile Organic Compound 是揮發性有機化合物，混進地下水時難以溶到水中，因滯留而繼續污染地下水，所以對 VOC 污染最好在原位置 (不作空間的移動土壤與地下水，在其地下存在的位置) 予以淨化。日本鹿島建設利用本來用在地盤工法的 water jet 工法，開發 enviro jet (噴射攪

拌工法)。利用此工法，將還原劑的功能鐵粉與水混合噴到地盤中，因為可將鐵粉輸送到地盤下任意深度，所以具有可在原位置淨化的優點。但是，在混合鐵粉送至地盤的過程中所噴鐵粉的一部分 (約 50 %)，與泥水一起排到地上而提高營運費。從排出的泥水中回收再利用鐵粉，即可減低營運費，可提高噴射攪拌法的優越性。直徑 100 μm 程度的鐵粉的回收，宜利用磁力的方法(其他方法困難)，但有下列的課題。

1) 處理能力：泥水之排出量為 400 L/min 左右，從泥水中磁性分離鐵粉需高的處理能力；

2) 附著於回收鐵粉的土分洗淨：以磁性分離從泥中回收鐵粉，鐵粉上附著土分，再利用鐵粉的品質管理困難；

3) 鐵粉回收率：假使鐵粉的回收率低，費用減低效果小。

對於上述課題以下述的方法解決：關於 1) 課題，利用超導磁鐵與磁性過濾機的高梯度磁性分離法因應，以處理實際的泥水，確認最大 500 L/min 的高處理能力；對 2) 課題，採用以磁力付著於磁性過濾機的鐵粉予以淋浴洗淨，洗滌土分而回收純粹的鐵粉；關於 3) 課題，已確認處理實際工程上所發生的泥水，可回收泥水中之鐵粉 98 % 以上，而本系統可貢獻工程費用的大幅度降低。

本系統的超導磁鐵的高梯度磁性分離法，與第 5．8．1 節所提到的 MS Engineering 公司合作，2009 年 9 月完成並開始運轉。

5．8．4　應用超導磁鐵的煤炭中去除鐵件裝置

本裝置是大陸中國科學院高能源物理研究所朱自安開發，裝設在大陸日照港，從 2009 年實施試驗一年，確認性能良好後，2010 年 6 月提供實用。據聞其後預定再製造此種裝置十台。從煤炭去除鐵的裝置，過去使用電磁鐵性的裝置，但需要改善性能，而開發利用超導磁鐵裝置。此開發的動機是中國大陸需煤量的急增，2009 年中國大陸成為煤炭進口國，而其後進口量急增，預期今後中國大陸的煤炭需量繼續增加。其背後是電力、鋼鐵、建材、化學工業等多消耗煤炭產業的發展。

大陸認為需要從進口煤炭去除開採時所使用未發的炸藥、鐵線、輸送用配管等的鐵製夾雜物。且進口煤炭量大，需要開發利用超導磁鐵的清除鐵件裝置。

以所製作的清除鐵件裝置，從離頂部 550 mm 處所走的輸送帶 (5 m/s) 上煤炭 (約 500 mm 厚煤炭層) 除鐵件，年間處理約 1 千萬噸的煤炭。在輸送帶上的磁場強度

為 0.4 T，線圈中心磁場為 3 T，最大經驗磁場為 5.6 T。線材採用 NbTi (銅比 4)，線圈為液氦浸漬型並配裝再凝縮冷凍機。磁鐵本身的尺寸為內徑 900 mm、外徑 1200 mm、高度 360 mm，運轉電流為 165 A，電抗 224 H。低溫恆溫器的室口徑為 630 mm、外徑 1800 mm、高度 2200 mm。

5．9 SQUID 應用於工礦業

第 3．4．1 節所說的 SQUID (Superconducting Quantum Interference Device, 超導量子干涉元件) 是利用超導的極高靈敏度磁性感測元件 (sensor)，被開發應用於第 6．2 節所述的醫療用心磁計、腦磁計、免疫檢查裝置等，以及下面將說明的金屬資源探測裝置、磁性異物檢查裝置，非破壞檢查裝置等。後兩項雖然被商品化，但並不到廣泛普及。原因之一在此等高溫超導 SQUID 的構造上，磁場靈敏度比低溫超導 SQUID 差很多。目前積極利用 Y (釔) 線材開發電力方面應用 (電纜、變壓器、SMES、故障限流器等)，並利用 Y 線材開發更高靈敏度的 SQUID。下面簡述目前 SQUID 應用在工礦產業上的情形。

5．9．1　應用 SQUID 的金屬資源探測裝置

金屬礦脈，近年來愈潛深化、愈偏僻化，所以屬於可遙控探測的物理探測法需要性較高。過去一般採用感應線圈的方法，為提高精度，改採用高靈敏度 SQUID 感測器的探測技術。另外感應線圈是量測磁場的時間變化，而 SQUID 是量測磁場的變位，在地底中急遽衰減感應電流的量測上較優。

應用高溫超導 SQUID 的地質調查技術，20 世紀末開始在德國、澳洲積極討論。在日本以獨立行政法人石油天然氣、金屬礦物資源機構 (Japan Oil, Gas & Metal National Corporation, JOGMEC) 為中心進行研發。2001 年至 2005 年開發「使用高溫超導 SQUID 的電磁探測裝置 (SQUITEM1)」，2006 年製造「改良屋外用的 SQUITEM 2 號機」，2009 年開始，以 3 年計畫開發「提高效能、攜帶性、操作性的第 3 號機」。

此等探測裝置的原理是屬於物理探查法中的時域電磁探測法 (Time Domain Electro Magnetic Method, TEM)，此電磁探測法，為了產生調查地下比電阻分布的媒介電磁場，地上設置送信環路 (大小約 200 m)，加上經時間開關的交替直流，迅速啟開此設置於地表的送信環路內流通電流時，依電磁感應效應，為妨礙已成磁場的變化，環路直下的地表面上流通與原通過環路電流相同的電流。此感應電流由於大地的比電阻衰減，為了妨礙此感應電流的變化，另一感應電流會產生於大地中。反覆

此程序，即類似的感應電流傳播地下深處，此等感應電流依傳播途徑的比電阻而衰減，量測此等感應電流所造成的磁場、或磁場時間微分值，即可查出地下比電阻分布。過去的感應線圈法所使用感應線圈式磁力計，量測磁場的時間變化 (時間微分)。時間微分在磁場緩慢衰減時的反應較小，金屬礦脈的比電阻很低時，所量測的反應 (時間微分) 小，這是已往裝置的缺點。替代已往裝置，以感應線圈量測磁場的微分值，應用 SQUID 檢測裝置量測磁場值。磁場值比磁場時間微分值時間衰減較慢，所以磁場測定比已往的感應線圈可取得較慢時間 (較深部) 的數據。SQUID 與其他磁性感測器相比雜訊水準低、頻率帶域寬，適於金屬資源探測。JOGMEC 的 SQUITEM 機組曾用於 2006 年在澳州 South Wales州Brooken Hill 鋅礦的探查，2010 年在非州南部的波札那共和國的鋅礦的探測，表現了其優異性能。

5.9.2　SQUID 應用於非破壞檢查等

5.9.2.1　SQUID 應用於鐵路軌道檢查

鐵路軌道，由於車輪空轉、滑走等原因，在其表面層產生硬而脆的熱變態組織白色蝕刻層 (White Etching Layer)，此白色蝕刻層周邊容易生長微小龜裂，而引起軌道頂面剝裂等的軌道損傷，因此需及早發現此白色蝕刻層。過去白色蝕刻層，以局部硬度測定、目視確認檢查，並無法連續地檢查。日本鐵道 (路) 總 (綜) 合技術研究所研發使用 SQUID 的白色蝕刻層非破壞檢查裝置，可得白色蝕刻層的連續分布資訊。檢測的原理與渦流探傷法相同，兩只激磁線圈對著試驗體上產生渦流分布，在試驗體不良處，兩者為不均時，其相差分渦流所產生的磁場以 SQUID 可檢測到。開發可走行軌道上的量測裝置，確認可走動軌道上，在屋外穩定的進行檢測。

5.9.2.2　SQUID 應用於磁性異物檢測裝置

食品工廠細心注意製造食品，但偶而發生異物混進食品。在日本的大食品工場發生此種事故時的損失，包括製品回收費用、利益損失，可能到數十億日圓至數百億日圓。過去的檢測法採用渦流方式、X 線方式，但此等方式靈敏度不夠，在製造過程所使用的過濾器不銹鋼網素線 (直徑 0.3 ～ 0.5 mm) 等的小異物難以檢測。日本豐橋技術科學大學、住友電工 High Tech、Advanced Food Technology 等合作開發食品、醫藥品為目標的異物檢查裝置，利用超靈敏度的 SQUID 感測器可達成此目的。此裝置對被檢查物以磁鐵加以磁化後，以高靈敏度磁性感測器量測，不再受水分或溫度的影響，不發生放射線 (X 線) 所引起的離子 (ion) 化問題。2005 年日本北海道的一乳

業公司引進該大型裝置。

上面提到的日本豐橋技術科學大學的研發團隊，利用超靈敏度 SQUID 磁性感測器，可檢出過去技術無法檢出的工業製品中 50 μm 左右的微小磁性金屬。鋰電池、IC 封裝材或陶磁封裝等高科技製品內混入 100 μm 左右的金屬異物，即影響其可靠度。2006 年連續發生 PC 火災事故，報告上認為其原因可能為，鋰電池製造過程中混入的微小金屬。電動汽車或油電混合汽車可能採用鋰電池，而其可靠性為重要因素。陶磁封裝由於金屬微小異物，可能於燒成時產生裂縫，或使用中引起應力破壞。但是在每分 30 m 以上的製程上，以過去技術無法檢測出。該研發群於 2008 ～ 2011 年受日本政府文部省的資助，研發可適用於工業製品用的異物檢測裝置。

5.9.2.3 C/C、CFPR 非破壞檢查上 SQUID 的應用

C/C (Carbon/Carbon Composite，碳纖/碳強化複合材料) 及 CFPR (Carbon Fiber Reinforced Polymer，碳纖強化聚合物材料) 都是輕量、強度比高、剛性比高的先進複合材材，被使用在航空機、汽車等。前者可耐 3000 ℃，應用在太空船、汽車刹車盤；後者應用於土木結構等。兩者都採用碳纖維為補強材料，前者的基材為碳 (石墨) 含量高的樹脂如酚醛樹脂，而後者的基材多為熱固性樹脂如環氧樹脂 (Epoxy)。

此等先進材料所發生母材的微細龜裂或碳纖維 (直徑數 μm) 斷線等複雜分布的複合缺陷，過去無法使用 X 線或超音波的非破壞檢查法查出。

日本產業技術總 (綜) 合研究所與豐橋技術科學大學等，利用被檢體通過電流時，電流會迂回缺陷部分的性質，開發應用 SQUID 的非破壞檢查裝置。在前者 (C/C)，以外部電流使被檢查體感應電流；在後者 (CFPR)，通電流至碳纖維。迂回電流 (detour current) 予以可見化，從迂回電流的範圍推斷欠陷範圍，從迂回電流量推定缺陷狀態。迂回電流從磁場的空間微分可近似的變換。因此使用高靈敏度且高空間分析性能的高溫超導 SQUID Gradiometer (梯度量測計) 所量測的磁場空間微分，再作出電流分佈圖，從電流分佈圖，可判斷纖維斷線位置或龜裂發生位置。

5.9.2.4 移動型非破壞檢查裝置上 SQUID 的應用

(1) 日本關西電力公司，過去在輸電線的劣化檢查以目視實施。但確認內部的劣化，以傳統的超音波或渦電流的探傷技術難以辦到。因此，該公司總 (綜) 合研究所利用 SQUID 感測器裝配驅動裝置，並新開發畫像處理方法，以非破壞方式可確認輸電線內部的鋼心撚線、吊橋的鋼索的受傷腐蝕情況。開發此裝置所遭遇的問題及解決方法是，SQUID 感測器靈敏度高而易受雜訊的影響。對此問題，在感

測器部分，將表示電線劣化的信號與雜訊予以區分，並且抑低靈敏度，僅取出劣化的信號部分，便適於屋外檢查。對量測信號難以判斷劣化程度的問題，測定信號加以適當的畫像處理後，在監視器上可看出劣化狀況。

(2) 日本東北電力公司研究開發中心，為提高電力設備的維護功能，開發移動型 SQUID 非破壞檢查 (Travelling SQUID NDE) 裝置。該裝置開發的要點如下：採用可抑制由於移動所發生的空間雜訊的 SQUID Gradiometer (梯度量測計)，為減低由於 SQUID 的移動所發生振動，採用小型的低溫恒溫槽；對應量測中的磁性雜訊，採用時間變化的量測方法。該裝置裝設 SQUID 於產業用6軸多關節的機器人，可適用於三次元曲面量測。

日本豐橋技術科學大學亦開發裝設 HTS SQUID Gradiometer 的 Robot 式移動非破壞檢查裝置。

5．9．3　顯微鏡上 SQUID 的應用

(1) 掃描型 SQUID 顯微鏡

掃描型 SQUID 顯微鏡裝置，是以 SQUID 元件掃描被測體上面而可檢測到局部磁通狀態的裝置。在日本已商品化。此裝置對超導電子設備的開發、設計上有幫助。其例如下：

通常，從常溫至超導狀態冷卻超導體時，周圍環境磁場等的磁通貫穿超導體而引起超導設備的缺陷。利用掃描型 SQUID 顯微鏡，即可直接檢測到貫穿的磁通，並且量測磁通的大小，可直接了解影響超導電子設備的磁通情況。利用掃描型 SQUID 顯微鏡觀察，在超導電子設備的開發，可提供回路設計等參考資訊。

在超導數位領域，第３．４．２節所述的 SFQ (Single Flux Quantum，單一磁通量子) 是資訊媒介，而 SFQ 回路易受磁場的影響。回路的磁通狀態以掃描型 SQUID 顯微鏡觀察，將其結果回饋至回路設計，而設計可應付磁場的高可靠度回路。

日本岡山大學開發：太陽光發電電池盤加變頻交流電壓 (0.5 V、1 kHz)，所產生的磁場分布，以 SQUID 量測的裝置。藉此裝置，可評估太陽光發電電池盤面的電氣特性分布，從結果可查出太陽光電電池輸出減低、效率下降的原因。

(2) 掃描雷射 SQUID 顯微鏡

SQUID 是固體設備中最敏感的磁性感測器，量測半導體的磁場分布，可檢查積體電路晶片 (IC chip) 或有效地解析不良或故障原因。日本 NEC 與岩手大學

等開發掃描雷射 SQUID 顯微鏡。此裝置，將雷射光照射至被檢物體，所產生光電流引起的磁場，以高靈敏度的磁性感測器 SQUID 予以量測。依掃描被檢物體上的磁場強度像及磁場相位像，而達成上述目的。

太陽能發電電池上轉換效率的評估法有 Laser Beam Induceed Current (LBIC) Method，此方法對太陽能電池面板掃描照射雷射光後，量測引接到外面的電流值，但需要電極及配線。日本大阪大學提出以掃描雷射 SQUID 顯微鏡法的太陽能電池評估法，此方法不需要電極與配線就可評估，將雷射與 SQUID 位置適當安排，即可量測從雷射照射點流出電流大小與方向，即電流向量。以此掃描雷射 SQUID 顯微鏡法量測的結果，與 LBIC 法所量測的結果很接近。

5.10 粒子加速器上超導的應用

5.10.1 粒子加速器概說

粒子加速器 (particle accelerator) 是利用一定形態的電磁場，將電子、質子、重離子等帶電粒子加速的裝置。將被加速的粒子衝擊到別的物質或粒子互相衝擊，可探索原子核與粒子的性質、內部構造或互相作用，而用於原子核或粒子的研究。被加速的粒子會放出X線，可侵入人體內部，直接衝擊癌細胞，被應用於癌症治療等。粒子加速器可謂在農業生產、醫療衛生、科學技術等各方面都有重要而廣泛的應用。表 5.10.1－1 示 2008 年世界上普通型粒子加速器裝置的銷售台數及裝設台數。

日常生活常見的粒子加速器如電視機的陰極射線管等設施，X 光線攝影設備亦屬於粒子加速器之一。如表 5.10.1－1 所示 2008 年普通 (非高能) 型的粒子加速器利用於很多用途，現在仍繼續被研發。

普通型非高能量粒子加速器應用例如下：

1) 農業領域：

照射 γ 線或離子射束 (ion beam) 至植物種子或花瓣時，由於突然變異可產生新品種的花。甚至開發在海水裡栽培的稻種，強風下不易倒的稻種，抗病力強的梨子等，利用於農作物的品種改良。

2) 醫療領域：

X 線攝影設備、CT (Computed Tomography,斷層掃描)、PET (Positron Emission Tomography, 正子斷層攝影)

表 5．10．1-1：2008年世界上普通型粒子加速器裝置銷售及裝設台數　(單位：台、百萬美元)

用　　途		累計設置台數	年間銷售台數	年間銷售金額
工業用	離子灌入裝置	10,000	500	1,400
	電子線及 X-線照射裝置	2,075	75(50: 1MeV 以下, 25: 1MeV 以上)	130
	離子束射分析裝置(含 AMS*)	225	25	30
	放射性同位素(含 PET**)	610	60	70
	非破壞檢查裝置	750	100	70
癌治療裝置		9,600	500	1,800
中子發生裝置		1,050	50	30
合　　　計		24,310	1,310	3,530

註：* Accelearater Mass Spectrometer：加速器質譜儀
　　** Positron Emision (Computed)Tomography：正子斷層掃描造影檢查裝置
　　(來源：Review of Accelerator Science and Technology vol. 1 (2008), Robert W. Hamm)

3) 產業、環境領域：

照射放射線到物質可殺雜菌，而利用於醫用品的減菌或排煙處理、湖沼地等水質淨化。放射線照至物質，可增加分子與分子間結合力，例如高分子架橋 (crosslinking)、固化 (curing)，而造出強力的塑膠產品、電機絕緣被覆、輪胎的高質化、或輕而不太通熱的汽車用素材。金屬表面的改質等。

4) 保安領域：

航空站手提物件檢查裝置、噴射機噴射引擎不拆而從外面以 X 線檢查等。

5) 分析領域：

考古學年代鑑定 C 14 法 (Carbon 14 Dating)上的 Accelearator Mass Spectrometer (AMS、加速器質量分析法)、Particle Induced X-ray Emission (PIXE,粒子誘發 X 線產生) 分析法 (非破壞微量分析工具)、Rutherford Backscattering Spectroscopy (RBS, 拉塞福背向散射分析) 法 (適於量測薄膜厚度及組成成分比例、晶格結構中差排或不純物的情形) 等。

下面簡述設備中應用到超導體的大型高能量粒子加速器，高能量粒子加速器將粒子加速到具有極高能量，有下面的幾種型式。

(1) 將質子或其粒子源加速衝擊標的原子核等物質或互相碰擊，產生二次粒子，此二次粒子有中子 (neutron) 之外，可能產生微中子 (neutrino)、μ 子 (muon、渺子)、π 中間子 (pion，介子)、K介子 (kaon)、反質子 (antiproton) 等地球上不存在的粒

子。圖 5．10．1－1 示質子射束衝擊原子核後二次粒子產生情形。利用此類設施，期待發現Higgs Particle (希格斯粒子)、Supersymmetric Particle (超對稱粒子) (參見*註)等，可探索原子核與基本粒子的性質、內部構造或互相作用，而用於原子核或基本粒子 (elementary particle) 的研究，含生命體的物質構造、機能相關的實驗與理論研究 (包括：解開某些粒子無質量而某些粒子有質量且質量不同的迷題、質量的由來，以及基本粒子物理學上的超對稱性理論假設等。) 此類大型高能量粒子加速器的結構、分類與超導應用情形分別於下面第 5．10．2 節與 5．10．3 節敘述。

(2) 以加速器加速照射碳等重量子應用於癌治療與診斷。(參照第 6．4 節)。

(3) 應用電子等射束加磁場彎曲進行時，所產生高輝度幅射光。(參照第 6．7 節)。

(4) 將重離子以加速器衝擊標的，由核破碎反應而產生短壽命的 RI (radioisotope，放射性同位素)。

　　日本獨立行政法人理化學研究所下的仁科加速器研究中心設有 RI Beam Factory (放射性同位素產生設施)，用加速器人為地大量產生在自然界上不存在的中子過剩核 (中子較多的原子核) 與質子過剩核 (質子較多的原子核)，用於研發解開原子物理學、宇宙元素合成，探索超重元素以及應用於產業界。該設施以重離子以加速器衝擊標的後，會產生多種不穩定核，為選定特定核種，需加設二次射束分離裝置。該設施從 2006 年 12 月開始運作，曾發現原子號碼 113 的新元素。

　　同樣的放射性同位素產生設施，有德國 GSI (重離子研究所) Facility for Antiproton and Ion Research (FAIR)、美國密西根大學 National Superconducting Cyclotron Laboratory (NSCL) 的 Facility for Rare Isotope Beams (FRIB) 等。

　　後者由 U.S.Department of Energy 之 Office of Science、Michigan State University 以及 State of Michigam 共同出資 (預算美金 615 百萬元)，預定 2013 年開始建造於密西根州立大學 NSCL 區，整個計畫預定 2014 年完成。

(*註)：基本粒子是人們認知的構成物質的最小基本單位。

依現代物理學，基本粒子 (elementary particle) 可以根據其自旋分類，有半整數自旋的費米子 (Femionen) 與有整數自旋的玻色子 (Bosonen) 兩大類。

費米子可分為夸克 (Quark) 與輕子 (Lepton) 兩大類。夸克具有強的互相作用，共存六種夸克。可分為 3 代，第一代上夸克、下夸克，第二代奇異夸克、粲夸克，第三代底夸克、頂夸克，各有反粒子。由夸克構成強子 (Hadron)。質子的大小為 10^{-13} cm，夸克的大小為 10^{-16} cm。輕子並不具強互相作用，共存六種輕子。其中三種是電子與性質相似的 μ 子與 τ 子，而此三種各有一個相伴的

中微子。輕子亦可分為三代，第一代電子與電子中微子，第二代 μ 子與 μ 中微子，第三代 τ 子與 τ 微中子。

玻色子是此類基本粒子起媒介作用、傳遞互通作用的粒子，依互相作用分類如下：電磁互相作用：光子(Photon)，引力互相作用：引力子 (Gravation)，弱互相作用：W及Z玻色子 (W & Z boson)，強互相作用：膠子 (Gluons)。再一個希格斯玻色子，是不自旋、不帶電荷的玻色子。

Higgs boson (希格斯玻色子，沒有自旋量子數為整數的基本粒子) 是量子物理學標準模型預言的一種玻色子，他是標準模型預言的 61 種基本粒子中，最後一種被實驗證實的粒子。

英國物理學者 P. W. Higgs 於 1964 年發表文章提出希格斯機制，在此機制中，有些基本粒子因為與遍佈於宇宙的希格斯場互相作用而獲得質量，但是同時會出現副產品希格斯玻色子。希格斯玻色子被認為是物質的質量之源，有上帝粒子之稱。

2012 年 7 月 2 日美國能源部下屬的費密國家加速器實驗室正式宣佈，該實驗室通過分析此前留下的數據，發現他們已經接近證明被稱為上帝粒子的希格斯玻色子的存在。

2012 年 7 月 4 日歐洲核子研究機構 (CERN) 宣佈發現新粒子，與希格斯玻色子特徵有吻合之處。2013 年 3 月 14 日歐洲核子研究機構 (CERN) 再宣佈先前探測到的新粒子是希格斯玻色子。

Supersymmetric Particle，1966 年日本粒子物理學家宮澤弘成首次提出超對稱理論。雖然此型粒子未列在的上述標準模型預言的 61 種基本粒子之中。但是歐洲核子研究機構 (CERN) 的一批研究者試圖覓尋此型粒子，惟迄今未果。

反粒子 (antiparticle) 是相對於正常粒子而言，其質量、壽命、自轉都與正常粒子相同，但是所有的內部相加性量子數 (例如電荷、重子數、奇異數等) 都與正常粒子大小相同符號相反。

電子的反粒子是反電子 (正電子、antielectron、positron) 於 1932 年被證實，質子的反粒子是反質子 (antiproton) 於 1955 年被發現。

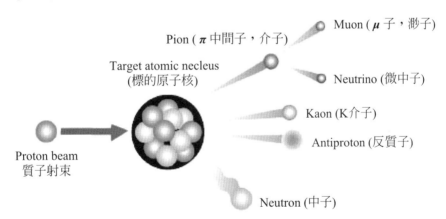

來源：J - PARC
(Japan - Proton Accelerator Research Center)

圖 5 . 10 . 1 - 1：質子射束衝擊原子核後二次粒子射束的產生

5 . 10 . 2　大型高能量粒子加速器的結構及分類

5 . 10 . 2 . 1　大型粒子加速器的構成

大型高能量加速器有三個主要部分：

(a) 粒子源：用以提供所需加速的粒子，有電子、質子 (proton)、正電子 (positron、陽電子、反電子、正子)、反質子 (antiproton，質子的反粒子，質量及角旋與質子相同，但電荷及磁矩則與質子相反) 及重離子等。

(b) 真空加速系統：其中有一定形態的加速電磁場，並且在不受空氣分子散射條件下加速，整個系統放在極高真空度的真空室內。

(c) 導引、聚焦系統：用一定形態的電磁場引導送出並聚焦成為被加速的粒子束，不會為彼此間產生的排斥的而散，沿預定軌道接受電磁場的加速。

5．10．2．2　大型高能加速器基本型式

大型粒子加速器有兩種基本型式，直線加速器與環形加速器：

(1) 直線加速器 (Linear Accelerator)

此種加速器，帶電粒子在直線中被加速，運行到加速器末端。較低能量的加速器，例如陰極線射線管及 X 光產生器，使用約數千伏特的直流電壓加在一對電極板，在 X 光產生器的靶本身是其中的一個電極。加速能量與電壓成正比的增大，但可加速的電壓有上限。所以為了加速粒子到更高能量，需要增加加速的段數，而逐次增加其能量。較高能量的直線加速器採用一直線排列的多段的電極板組合起來，提供加速電場，各段中心部分設孔讓粒子穿過。

(2) 環形加速器 (Circular or Cyclic Accelerator)

本裝置不多裝加速裝備，而祇裝於一或二處，被加速的粒子運行圓形軌道。帶電粒子通過磁場時受 Lorentz force (洛倫茲力) 而被彎曲運行。利用此性質，以雙磁極 (dipole magnet) 控制帶電粒子在圓形軌道上運行，與直線加速器不同，粒子會重複經過圓形軌道同一點持續的被加速。電子被磁場彎曲運行軌道時，會在圓形軌道之切線方向放射電磁波。此電磁波稱為放射光 (synchrotron radiation，請參閱第 6．7 節)。環形加速器的代表型式有迴旋加速器 (cyclotron) 與同步加速器 (synchrotron)。

(a) 迴旋加速器 (cyclotron)

代表的迴旋加速器具有一個產生均勻磁場的磁鐵與一對空心”D”形高頻電極。因為磁場一定和頻率亦一定，加速粒子的曲率半徑隨能量的增加而不斷增加。帶電粒子從圓心地方開始加速，依螺旋狀軌跡運動，由邊緣處出去。

粒子迴旋加速器有能量上的限制，當電子能量到達約千萬電子伏特 (10 MeV) 時，迴旋加速無法對粒子再做加速。

(b) 同步加速器 (synchrotron)

在上述迴旋加速器磁場與高頻電極的頻率保持一定，但在同步加速器即配合粒子的加速，磁場與加速電場的頻率控制變動，使能在一定的圓軌道上加速粒子，可加速電子或質子等到迴旋加速器無法達到的高能量。現在可達到十億電子伏特 (1 GeV) 以上。

圖 5 . 10 . 2 - 1 示同步加速器的構造原理，為了加速粒子進走圓軌道，裝設多數的偏向磁鐵，為加速粒子，裝設高頻加速空洞。

離子源射束經線型加速器加速到某程度能量後被射入圓狀軌道。此時的圓狀軌道上的偏向磁鐵的磁場強度為最小。粒子射束周走圓形軌道後通過加速空洞時被加速，而每次增加能量。逐次配合調整加強電磁場強度，讓粒子射束週走同一圓軌道。射束能量到達最高時，從圓軌道脫離取出至外部。增加同步加速器的半徑，可增加提高能量達到的強度。但一圓軌道可達到的能量有限。所以，有的時候設多段圓形加速器，逐次提高能量。此方式稱為 booster (遞昇) 方式，如圖 5 . 10 . 2 - 2 所示。

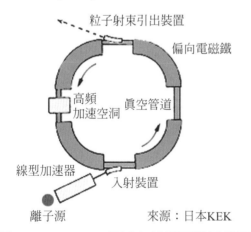

圖 5 . 10 . 2 - 1：同步加速器構造示意圖　　圖 5 . 10 . 2 - 2：同步加速器 booster 方式

5 . 10 . 2 . 3　日本 J-PARC 質子加速器構成

日本，於 2008 年在其 JAEA (Japan Atomic Energy Agency，獨立行政機構，日本原子力研究開發機構) 的東海原子力研究所內建造完成 J-PARC (Japan-Proton Accelerator Research Complex，大強度陽 (質) 子加速器研究區) 第一期工程，花費工程期間 8 年，建造費日幣 1524 億圓，該設備由日本大學共同利用機關法人高加速器研究機構管理。該設備首先以線型加速器 (全長 300 m) 將質子加速至 400 MeV，再

以 Rapid Cycling Synchrotron (快速回轉同步加速器，周長 300 m) 加速至 3 GeV，再以 Main Ring (主環，周長 1600 m) 加速至 50 GeV (目前 30 GeV)。RCS 所產生質子之 90 % 送去生物、生命實驗室的兩個不同的標的，衝擊而各產生 neutron (n，中子) 與 muon (μ 子、渺子)。MR 具有兩質子引出口。較慢速度的質子引到 Hadron (強子) 實驗室產生 kaon (κ 介子)，供基本粒子 (elementary particle)、原子核相關實驗。較快速度的質子引到產生 pion (π 介子) 的標的，pion (π 介子) 崩潰後產生 muon (μ 子、渺子) 與 neutrino (微中子)，這裡產生的 neutrino 發射至離約 300 公里，西方的 Super-KAMIOKADE 檢測設備 (參照第 5．13．1．(3) 節)。

該粒 (質) 子加速器之二次粒子群產生情形以圖 5．10．1 - 1 示出，該設施原來預定繼續擴建，但受到 2011 年 3 月 11 日東日本大震災的影響，預定延至 2015 年，輸出到 1 MW。

5．10．3 粒子加速器上超導的應用

高能量粒子加速器，隨著裝置的高能量化、大型化，超導磁鐵成為不可缺的基礎技術。美國費密國家加速器研究中心 (Fermi National Accelerator Laboratory,FNAL)，於 1985 年初首先實用化的超導加速器完成後，經過約 25 年多的現在，國際上有 4 組大型加速器以超導磁鐵為主要構成元件在營運中。超導體內的臨界電流密度要求約 3 kA/mm^2 @ 8 T，1.9 K。未來開發目標為 10 ～ 15 T，臨界電流密度 2000 A/mm^2 @12 T，1.2 K。

另外，在粒子加速器的加速空洞，多以高電場、省能源觀點，採用超導體，達成加速電場達到 50 MV/m。

在高能量加速器的領域，加速器用超導磁鐵及加壓空洞成為不可缺的基礎技術。表 5．10．3 - 1 示世界高能量粒子加速器上超導線圈裝設情形。

表 5．10．3-1：世界高能量粒子加速器上超導線圈裝設情形

加速器名稱	Tevatron (兆電子伏特加速器)	Hera	RHIC (Relatively Heavy Ion Collider, 相對論性重離子對撞機)	LHC (Large Hardron Collider, 大型強子對撞機)
研究所名	FNAL (Femi National Accelerator Lab.) (美)	DESY (Deutches Elektron Synchrotron) (德)	BNL (Brookhaven National Lab.) (美)	CERN (European Organization for Nuclear Research) (歐)
粒子能量(TeV)	0.98	0.82	0.1/amu	2.67
加速器周長(km)	6.3	6.3	3.8	26.7
加速環數	1	1(+1)	1	2
雙極磁鐵磁通密度(T)	4.4	4.7	3.5	8.3
線圈內徑(mm)	76	75	80	56
線圈長度(m)	6.1	8.8	9.7	15
線圈個數	774	422	288	1232(*2)
超導體(溫度)(K)	NbTi(4.2K)	NbTi(4.2K)	NbTi(4.2K)	NbTi(1.9K)
鐵軛溫度	3.0k	4.2k	4.2k	1.9k
完成年度	1985	1990	1998	2008
註	2011年9月30日關閉			

5．11　超導檢測器

上節所述的粒子加速器等高能量物理學的研究現場或醫療現場需要檢測 α 線 (氦原子核)、β 線(電子)、γ (光子)線等。粒子檢測器裝置係量測此等放射性粒子等的軌道、運動量、能量，而確定質子、原子核等粒子的種類，查出其運動量。要了解粒子的運動量需要以磁場彎曲放射粒子，而為了產生此磁場需使用超導磁鐵。最近高能量物理實驗所採用的粒子檢測裝置較大，近年來應用超導的直接型檢測裝置急劇發展，下面簡述高能粒子檢測器例及一般超導檢測器。

5．11．1　高能粒子檢測器上超導的應用例

表 5．10．3-1 的 CERN (European Organization for Nuclear Research) 所主持建在日內瓦附近的 LHC (Large Hadron Collider，大型強子對撞器) 實驗設備之一部的 ATLAS (A Toroidal LHC Apparatus，超導環場大型強子對撞檢測器)，該檢測器的長度為 44 公尺、直徑 22 公尺、總重量 7000 公噸，其最高碰撞能量為每質子 7 TeV (兆電子伏特)。此由 38 個國家 3000 名物理學者所參與的實驗設施，日本東芝公司承裝下列 ATLAS 中央部的兩件超導設備，此兩件超導設備的目的功能示圖 5．11．1－1。

其一為，Beam Interaction Region Supercnducting Quadrupole Magnet , MQX-A (超導四極電磁鐵) 圖 5．11．1－2 示外觀與構造簡圖，內徑 7 cm 全長 6.6 m，將直經約 1 cm 的質子射束焦聚到直徑 0.1 mm 以下，讓射束間正確地互相對撞，而需非常高精度。另一為 ATLAS Central Solenoid Magnet (粒子檢測用超導螺線線圈)，內徑 2.46 m、外徑 2.63 m、全長 5.3 m、磁場強度 2 T 一組，圖 5．11．1－3 示其外觀。粒子檢測用超導螺線線圈，造出檢測分析對撞後所產生粒子所需要的磁場。ATLAS 設有 Inner Detector (內部飛跡檢測器)、Calorimeter (能量計)、Muon Spectrometer (μ (緲)子光譜儀)等，以檢測粒子的種類及能量。此等檢測器上，應用下面第 5．11．2 節所述的超導檢測器元件。

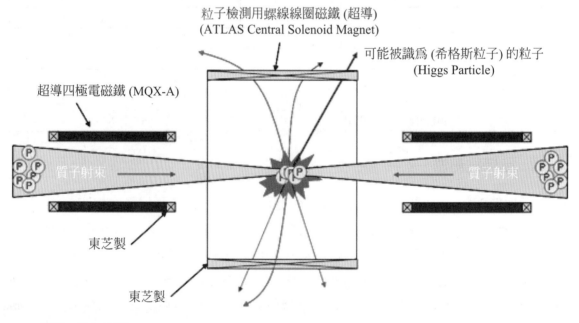

來源：日本 東芝

圖 5．11．1 - 1：CERN LHC的ATLAS設施中兩件超導設備 (日本東芝承製) 功能

圖 5 . 11 . 1 - 2：ATLAS 超導四極電磁鐵

圖 5 . 11 . 1 - 3：ATLAS SC Central Solenoid Coil (粒子檢測用超導螺線線圈)

下面簡述應用超導技術的直接粒子檢測器。

5.11.2 超導直接型檢測器

利用超導量測技術的直接型超導檢測器，從 1980 年初期開始開發，近 10 多年來發展相當地快，此種檢測器對光子、聲子 (phonon) 等粒子具有高靈敏度 (感度)，可接近 100 % 靈敏度檢測光子、原子、分子等的粒子個數，可以傳統技術不可能達到的高精度量測紅外線至 γ 線的光子能量與原子、分子、蛋白質等巨大分子的運動能量。這些超導檢測儀都需維持在極低溫下運作，近年來不需依靠液氦供應的冷凍技術發達，有助促進此方面的發展。以 Gifford-McMahon (GM) 冷凍機 (或 Pulse tube cryocooler，脈波衝管致冷機) 可得 3 K，將閉循環中的 3He 予以液化後再減壓，僅靠電力可得到 0.3 K 的低溫。

應用超導的量測技術中，檢測電磁波的 SIS 混頻率器 (mixer，參照第 7.7.3 節)，量測磁場的 SQUID 極為普遍，此等屬於 coherent (相關) 檢測器類，coherent 檢測器是量測波或磁通等物理量。超導直接型檢測器對光子或聲子等有感度，可量測光子、原子、分子等每一個粒子，以接近 100 % 的靈敏度檢測。可以過去的技術無法達到的精度，量測紅外線至 γ 線的光子能量 (hν，h：卜朗克常數、ν：光波頻率) 或原子至巨大分子的蛋白質運動能量 (1/2 mv^2)。超導直接檢測器可分為熱型檢測器及量子型檢測器兩種。

(1) 熱型檢測器又稱為 Transition Edge Sensor (TES，超導轉移邊界傳感器)

熱型檢測儀用靈敏的超導轉移為溫度計，例如檢測吸收一 Photon (光子) 溫度上昇的 micro-Calorimeter (微熱量計)。

其構造可參照圖 5.12.2-1 原理 (a) 所示，由 X-ray Absorber (粒子吸收體)、temperature sesor (熱感測器)、維持溫度為一定的 heat bath (熱槽) 以及連接熱吸收體與熱槽的 heat link (熱連結) 而成。熱槽等於 substrate (超導體的基板)，thermal link (熱連結) 等於超導薄膜。使用前，超導熱型檢測儀溫度需要降到 0.1 K，檢測儀吸收量子或粒子後，產生微小溫度變化，微小溫度變化可產生鄰接超導 TES 電阻如圖 5.12.2-1 (b) 所示的快速變化。此電阻變化引起串接線圈 L 通過電流，因為電流極小，需特殊的低雜訊放大器。採用 SQUID (Superconducting Quantum Interference Device) Amplifier 予以放大，可以在雜訊低的低溫環境下變換為電壓信號，即可認定粒子的種類、能量。

TES 型微熱量檢測儀，與過去的半導體檢測儀相比，具有 50 倍以上的能量分

離性能。

此種熱型檢測儀的分光能力極高 (1.2 eV@ 6 eV、0.154 eV@ 1 eV)，但反應時間慢 (1 ms)，冷卻溫度需 < 0.1 K。

(2) 量子型檢測器的例是 Superconducting Tunnel Junction (STJ，超導穿隧結)

量子型檢測器將放射線的入射直接變換為電信號，放射線入射後，超導體的庫柏對被折射所產生的準粒子以 Superconducting Tunnel Junction (STJ，超導穿隧結) 量測。STJ 是兩只超導體間挾著絕緣體，即是一種約瑟夫森結，超導體材 (Al、Nb、Sn、Ta) 及尺寸由量測目的而選擇適當者。因為放射線照射到一邊的超導體後，破壞超導的庫柏對 (Cooper Pair) 產生半準粒子 (quasi particle)，此準粒子穿隧絕緣體後產生電壓，即放射線的照射直接變換為電氣信號。

另一邊的電極為常導金屬的 Normal-Insulator-Superconductor (NIS) 結，利用半準粒子產生表面電阻變化的 Microwave kinetic inductance detectot, MKID (微波力學感抗檢測器)。此種由結 (juction) 所成量子檢測儀的分光能力尚高 (12 eV@ 6 eV、0.14 eV@ 2.5 eV)，但反應時間快 (1 μ s)，冷卻溫度需 0.3 K。

(3) 其他尚有 Superconducting Single Photon Detector (SSPD，超導單光子檢測器)、Superconducting Nano-Strip-Line Detector (SSLD，超導奈米帶線狀檢測儀) 超導檢測器。

此種熱型檢測器的分光能力差或不具 (0.55 eV@ 1 eV)，但反應時間極快 (1 ns)，冷卻溫度需 > 4.2 K。

上述超導檢測器的分光性能、反應時間、動作溫度等加以比較列示於表 5 . 11 . 2 - 1。

表 5 . 11 . 2 - 1：各種超導檢測器的性能比較

型　　式	Spectral resolution (Phonton) 解析度 (光子)	Time Response 反應時間	Operating Temp 運轉溫度
Calorimeter (TES, MCM)	Extremely high (1.2eV @6keV) (0.15eV @1eV)	Slow (1ms)	<0.1K
Junction (STJ, NIS)	High (12eV @ 6KeV) (0.14eV @2.5eV)	Fast (1μs)	0.3K
Nanostrip (SSPD, SSLD)	N/A (0.55eV @1eV)	Extremely fast (1ns)	>4.2K

概括說，TES 分光能力極強但反應速度慢，STJ 分光能力強且反應速度快，

SSPD 不具分光能力但反應速度極快。Nano-strip 開發當初僅適於紅外線的光子檢測，但近來擴大其適用量測對象至生命分子、電子、電漿子 (plasmon)。

5．11．3　超導輻射熱量計 (bolometer)

輻射熱量計 (bolometer) 是利用電阻體的電阻依溫度變化特性的紅外線檢測器。傳統輻射熱量計所採用的電阻體為熱敏電阻 (thermistor)。使用第 5．11．2 (1) 項所提超導 TES (超導轉移邊界感測器) 的超導輻射熱量計 (bolometer)，可至 $1000\,\mu m$ 的超遠紅外線領域，可快速反應檢測。超導輻射熱量計，目前利用於環境監測、醫療、生化量測、排氣監測、製程品質管理領域的紅外線光譜分析。亦可搭載於人造衛星，量測地球環境，裝於天文台電波望遠鏡上，量測宇宙到來的次毫米波 (兆赫茲波)。

5．11．4　超導檢測器的應用與將來

超導直接檢測器，如表 5．11．2－1 所示，需要在 4 K 甚至 0.1 K 以下的環境溫度，以往普通使用者難以適用。但以近年來冷凍技術進步，不需依賴液氦。現在進入到急劇應用此等超導檢測器到分析試樣的時代。

利用超導體的直接檢測器，讓過去不能對各粒子的能量量測成為可行。超導檢測器被應用於如第 5．11．1 節所提到的高能量粒子檢測、宇宙線檢測 (參照第 5．13．2 節)，能量散射 X 線光譜儀 (參照第 5．12．2 節)、質譜儀 (參照第 6．6．2 節)等。此種量測器的進步，對使用此等量測設備的研究者以及醫療與產業的進步將有所貢獻。

5．12　能量散射 X 線光譜儀上超導的應用

5．12．1　能量散射 X 線光譜儀

能量散射 X 線光譜儀 (Energy-dispersive X-ray Spectrometer,EDS 或 EDX) 是以電子射束 (beam) 等掃描標本元件物體，各元素發出特定的 X 線 (稱為特性 X 線)，量測此特性 X 線，並且分析從 X 線所得能量特性，而識別標本物件中的元素種類，或分析特定元素相關特性。此手法稱為能量散射 X 線光譜法 (Energy-dispersive X-ray Spectrocopy)。

半導體產業及生化產業，元件愈細微化、愈高密度化，亟需可分析，極微量元素級材料組成與化學結合狀態的檢查、量測技術。超導 X 線分析裝置具有傳統 X 線分析裝置無法達到的高靈敏度、高分析能力，被應用於純科學領域、先端產業領域、醫療領域、環境領域等。具體而言，作為X線天文學與基本粒子物理學等的觀測、量

測儀器，應用於分析半導體設備的雜質物或晶圓內部與表面的結晶缺陷，並可用於分析生化工學材料組成或化學結合狀態等。

5．12．2　超導能量散射 X 線光譜儀

應用超導的能量散射 X 線光譜儀有兩種，即超導穿隧結 (tunnel junction) 檢測儀與超導熱量計 (calorie meter) 檢測儀。

超導穿隧結檢測儀 (參照第 5．11．2．(2) 項) 應用量子力學效應，直接將光子能量變換為電流而量測。超導特性的能量間隙 (energy gap) 小，所以可得半導體檢測儀的能量分析能力限界 (100 eV) 約 30 倍的分析能力。

超導熱量計 (calorie meter) 檢測儀 (參照第 5．11．2．(1) 項) 量測吸收體吸收光子等後溫度的上昇，所謂光熱變換型檢測儀，具有更高的能量分析能力 (理論約 1 eV 以下)。超導熱量計檢測儀所採用之 Superconducting Transition Edge Sensor (TES，超導轉移邊緣感測器)，由於微少的溫度變化會產生急劇的電阻變化，所以量測其電阻值，可正確量測到由於 X 線照射所引起的微小溫度變化。

圖 5．12．2 – 1 (a) 所示是日本 Seiko Instrument Inc. 的 X-ray Micro Calorimeter 構造概圖，檢測器吸收 X 線後的微小溫度變化產生鄰接超導 TES 電阻的快速變化 (如圖 5．12．2 – 1 (b))。量測此電阻變化，可正確的量測吸收散射 X 線後之溫度變化，而檢測特性 X 線。

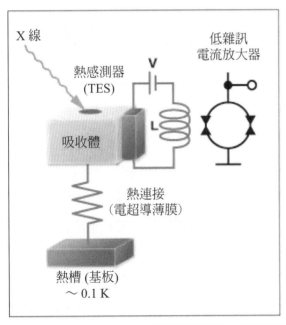

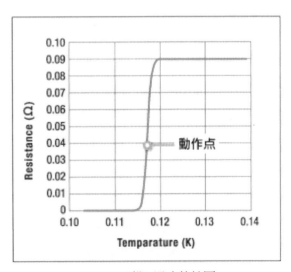

來源：日本 Seiko Instrument Inc.

(a) X-ray micro calorimeter (X線超導熱量計) 構造原理圖　　　(b) TES 電阻-溫度特性圖

圖 5．12．2 - 1：X-ray Micro Calorimeter 的構造概圖與 TES 電阻-溫度特性

5．13　宇宙線檢測儀上超導的應用

5．13．1　宇宙線與宇宙線檢測儀

(1) 宇宙線

　　宇宙線又稱為宇宙射線是，從宇宙到達地球或存在於宇宙空間的高能次放射線 (粒子線、電磁放射線)。從宇宙進來質子 (proton)、原子核 (nucleus)、電子、γ 線、中微子 (neutrino，基本粒子的中性輕子 (lipton，不直接參與互相作用的粒子)，包括電子中微子 (ν_e)、μ 中微子 (ν_μ)、τ 中微子 (ν_τ) 及反電子中微子、反 μ 中微子、反 τ 中微子等 6 種) 等，稱為一次宇宙線。一次宇宙線進入地球時與大氣反應而產生 π 中間子 (pion，介子)、μ 子 (muon，渺子)、電子、γ 線等粒子線，稱為二次宇宙線。最近特別注意到從宇宙飛來，數量較少的低能量反質子 (antiproton)。

　　反質子 (antiproton) 是質子的相反粒子，其質量及自旋性質與質子相同，但電荷及磁矩與質子相反，帶有與質子相同的負電荷。1955 年加州大學柏克萊分校塞格里與張伯倫透過粒子加速器發現此種反粒子，因此獲得 1959 年諾貝爾物理學獎。此種粒子需在 1000 萬 K 以上的環境方能產生，在自然界可能在宇宙爆炸時產生，但在加速器即特殊環境亦能產生。此粒子與質子撞擊時，會互相相抵，轉為能量，因此其在自然界的壽命極短，在地球環境不存在。設法觀察其存在，即可能找到此種反粒子如何產生，及宇宙初期多量存在的反粒子如何多數消失等謎題的解答。

(2) 宇宙線檢測儀

　　宇宙線檢測儀是檢測宇宙線的儀器。1912 年赫斯利用熱氣球帶三組靜電計昇上到 5300 公尺高空，他量測到電離率約為地面的四倍。以後利用 cloud chamber (雲室)、bubble chamber (氣泡室)、photographic plate (照相底片) 等量測宇宙線。最近需要量測粒子的速度、能量、電荷等多種檢測器，如 scintillater (閃鑠器)、photomultiplier (光電倍增管)、Geiger-Muller counter (蓋革計數器) 等與電腦、電子回路組合起來檢測宇宙線。

(3) 最近的宇宙線檢測儀例

　　日本在岐阜縣飛驒市原神岡礦坑區地下 1000 公尺處設立 KAMIOKADE (Kamioka Nuclear Decay Experiment) 及 Super-KAMIOKADE 兩檢測設備。前者直徑 15.6 公尺、高度 16 公尺的水槽充滿 3000 噸純水及直徑 50 公分的光電增

倍管 1000 只，1983 年完成。後者直徑 39.9 公尺、高度 41.4 公尺的水槽裝滿 50000 噸純水及光電增倍管 12000 只，1996 年開始運作。前者本來設置的目的是，檢測質子崩解時所放出的微中子 (neutrino)，但不能達成此目的，經改造為微中子 (neutrino) 天文台。KAMIOKADE 裝設設在地下的目的是，避免微中子 (neutrino) 以外的粒子干擾。微中子的貫穿力高而不與其他物質反應，容易穿過地球，穿過物質的速度比真空中的光速度(c)為小，在水中的傳播速度為0.75c。

Cherenkov (契忍可夫) 幅射是粒子以高速穿過介質體時所放射的幅射線，Cherenkov 幅射以裝設於牆面上的光電倍增管檢測。1987 年 2 月 23 日，日本東京大學小柴昌教授以神岡檢測器，觀測到在銀河系鄰近星系大麥哲倫雲中發生了超新星 1987 A 的爆發。日本的神岡探測器和美國的 Homestake 檢測器幾乎同時接收到了來自超新星 1987 A 的 19 個中微子，這是人類首次檢測到來自太陽系以外的中微子，在微中子天文學歷史具有劃時代的意義，小柴教授與美國物理學者戴維斯因此於 2002 年獲得諾貝爾獎。

Super-KAMIOKADE 檢測設備於 2010 年 2 月 24 日上午 6 時 00 分檢測到離該設備 295 公里的 J-PARC (Japan Proton Accerator Research Complex，日本獨立行政法人日本原子力研究開發機構與大學共同利用機關 (構) 法人高能量加速器研究機構共同建設的複合型研究設施，由中微子實驗設施、強子 (hadron) 實驗設施、物質、生命科學實驗設施等組成，參照第 5．10．3 節) 以人工所產生的中微子。

5．13．2　宇宙線檢測上超導的應用例、BESS 計畫

(1)　BESS (Balloon-borne Experiment with Superconducting Spectrometer，氣球搭載超導分光儀實測) 計畫

BESS 計畫是美國 NASA-GSFC (太空總署-高達德太空飛行中心)、馬里蘭大學、丹佛大學與日本 KEK (高能量加速器研究機構)、東京大學、神戶大學、ISAS/JAXA (日本宇宙科學研究所/宇宙飛行研究開發機構) 等參與的，根據 NASA 與 ISAS/JAXA 之太空科學合作計畫，執行量測宇宙線。

BESS，1993 年至 2002 年在加拿大北部差不多每一年升約一天的氣球，共九次檢測宇宙線，量測到約 2000 例以上的低能量反質子。2004 年改在南極大陸執行檢測宇宙線的 BESS-Polar 計畫，要檢測宇宙的微量反質子、反物質，最近期待發現反氦原子核。原來的氦原子核由兩個質子及兩個中子組成，但反氦原子核

由兩個反質子及兩個反中子組成。以重離子衝擊加速器的實驗,可由基本粒子反應而產生,但其或然率甚低。倘若從宇宙線中覓到,即可認為反物質由另外世界飛來的可能性高。其檢測需在不受大氣影響的高空或在宇宙空間,使用大型檢測儀以長時間觀察。低能量宇宙線的檢測,宜在地球磁場對該低能量宇宙線影響較小的高緯度高空。飛行高度約 35 km 以上高空的大型氣球,與人工衛星或火箭、太空艙等其他飛翔體相比,可以較低費用提供機動性較高的科學觀測。

BESS-Polar 計畫,研究團隊從南極大陸的美國基地將超導檢測儀搭載於 NASA 科學觀測氣球,繞回南極的氣球 (膨脹時體積 110 萬立方公尺、氣球全長約 150 公尺),在高度 37 ～ 39 km (殘餘氣壓 1/200 氣壓以下) 檢測低能量宇宙粒子線。

2004 年實施第一次南極繞回氣球觀測,為期約 8.5 天,然後將檢測儀加以改進。2007 年 12 月至2008年1月實施第二次觀測,從美國基地昇放的氣球,以約 24.5 天的時間飛翔南極大陸上空約 2 周,在該期間觀測到 47 億件宇宙線現象,其中檢測到 8000 件以上的低能量反質子宇宙線。量測飛行完成後,儀器設備 (包括通信設備等總重量約 2.2 噸) 以降落傘降到地面後加以收回,核心部分 PCMAG (Persistent-Current Superonducting Magnet,永續電流超導磁鐵)於 2011 年 8 月 10 日送回日本 KEK (高能量加速器研究機構) 總部,經整修改造後,第二年春天才能再參加新任務。因為該次南極觀測的成功,NASA 頒獎給日本研究團隊。

封底最下段的照片 (來源:日本 KEK) 是上述 BESS-Polar 計畫,從南極基地將包括應用超導的檢測器全重量 2.4 噸 (包括 NASA 的氣球搭載機器) 及氣球,總重量 5.5 噸,總浮力約 6 噸昇空的情形。

(2) BESS 計畫檢測儀上超導的應用

圖 5．13．2 - 1 示搭載於氣球的 BESS 檢測器,該檢測器以超導磁鐵產生強磁碼,帶電的粒子行走該磁場中,由於 Fleming (弗萊明) 左手法則,受磁場的影響,產生 Lorentz force (勞侖茲力),其進行軌道會被彎曲。利用此原理檢測進來粒子的運動量,運動量大的粒子難以被彎曲,運動量小的粒子被大幅度的彎曲。為製造任意的磁場,採用較薄厚度的永久電流圓螺線狀超導磁鐵,可造出量測粒子運動量所需要的強磁場,並且可簡化粒子經過通路上的構造物。超導在地上通電後,氣球高空實驗中不需電源而能維持磁場。在 BESS 計畫,此部分為前項所提到日本 KEK (高能量加速器研究機構) 的 PCMAG (Persistent-Current

Superonducting Magnet，永續電流超導磁鐵)。該設備以輕且薄的超導圓形線圈與一大廣角的飛跡檢測儀裝配於同軸上，而達成大面積立體角與高運量分析性能。

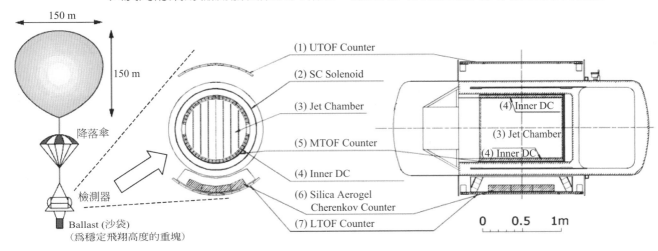

註：(1) UTOF Counter (上部飛行時間計時儀)、　(2) SC Solenoid (超導圓狀線圈)
　　(3) Jet Chamber (中央飛跡檢測器)、　　(4) Inner Drift Chamber (內部飛跡檢測器)
　　(5) MTOF Counter (中部飛行時間計時儀)、　(6) Silica Aerogel Cherenkov Counter (矽氣凝膠契忍可夫計數儀)
　　(7) LTOF Counter (下部飛行時間計時儀)

來源：日本 KEK 高能量加速器研究所

圖 5.13.2-1：搭載於氣球的 BESS 檢測器

5.14 磁控管飛濺裝置上超導的應用

磁控管飛濺裝置 (Magnetron Sputtering Device) 是飛濺裝置的一種。飛濺 (sputtering) 係薄膜形成法 PVD (Physical Vapor Deposition，物理氣相沉積) 工法之一。

5.14.1 磁控管飛濺裝置的原理

在真空中，依離子鎗 (ion gun) 或電漿放電 (plasma discharge) 所產生的不活性氣體 (inactive gas，例如，Ar 氬) 離子，以電場加速、照射到固體標的 (蒸著原料) 時，離子將標的表面的原子或分子從表面彈出，此現象稱為飛濺 (sputtering)。利用此飛濺現象，將標的所提供的元素堆積到玻璃或矽晶等基板上，形成薄膜，稱為飛濺工法。飛濺工法可適用於廣範圍的材料，飛濺裝置主要利用於 IC chip (積體電路芯片) 金屬配線的形成。圖 5.14.1-1 示二極飛

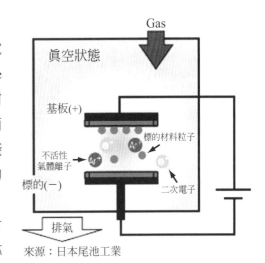

來源：日本尾池工業

圖 5.14.1-1：二極飛濺裝置

濺法裝置的原理。

磁控管飛濺 (Magnetron sputtering) 技術，可謂目前飛濺 (sputtering) 法的主流。過去的飛濺 (sputtering) 工法，例如兩極 ～ 四極飛濺工法，其成膜速度慢，且由於二次電子所引起的基板溫昇問題，工業上所應用的領域有限。磁控管飛濺法，成膜速度快，並且可達成低溫成膜，而成為飛濺工法的主流。

磁控管飛濺的原理是標的背面設置磁鐵，在標的表面產生平行磁場，由於電漿放電所產生的離子衝撞標的表面時，從表面釋放出來的二次電子以洛倫茲力予以捕捉環行 (cycloid) 運行，有助於促進 Ar 等氣體的離子化。

磁控管飛濺裝置，真空容器中基板 (薄膜塗付的對象元件) 接陽極，標的 (飛濺對象的蒸著元素) 接負極。兩電極間加電壓，讓不活性瓦斯離子加速照射到負極。負電極 (標的) 背面裝磁鐵，其磁場愈強，愈可發揮其能力。

因為二次電子被標的表面的磁場捕捉而在標的上形成甜甜圈狀運行，基板的溫度上昇被抑制，並且因為此被捕捉的電子而可促進電漿的離子化，可放大放電電流 (可得同電壓其他飛濺方式的 10 ～ 100 倍電流密度)，可提高成膜速度到數 μ m/min。為了提高標的的利用率，有的將磁鐵予以迴轉，藉磁鐵的轉動，可得到固定時的 2 ～ 3 倍利用率，可使標的材料降至 2/3。圖 5.14.1－2 示磁控管飛濺裝置的原理。

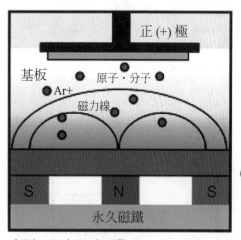

來源：日本尾池工業

圖 5.14.1-2：磁控飛濺裝置

5.14.2 磁控管飛濺裝置上超導的應用

磁控管飛濺裝置的磁場產生，一般採用永久磁鐵，裝設應用超導材料的超導永久磁鐵，即可產生強大磁場而改善裝置性能。強力磁場可應用超導塊狀材的磁鐵，應

用超導塊狀材與應用超導線材相比，可以較小尺寸產生同樣的磁場。與普通永久磁鐵相比，磁場強度4倍以上，而得成膜速度 2 倍以上的性能改善。

使用超導磁鐵的磁控管飛濺裝置，可以強磁場達成損害較小的成膜工法，將成為半導體記憶體的強電介體薄膜與光電設備等性能改善上有效的成膜技術，可改善支持 IT 技術硬體的性能、生產效率。

5．15　直流電壓標準、交流電壓標準上超導的應用

5．15．1　直流電壓標準

一直到 1970 年代後半段，採用化學變化的鎘 (CdSO$_4$) 標準電池當為直流電壓的標準。惟該標準，因為利用化學反應，易受周圍環境影響，由於電極、電解液所形成的構造，對振動、轉倒等較脆弱，並需要嚴格的溫度管理等。1970 年代，利用約瑟夫森效應的直流電壓標準被開發出來後，各國都改採用約瑟夫森效應的直流電壓為國家一級標準。

(1) 直流約瑟夫森標準電壓的構成

第 3．3．2．1 節提過，以第 3．3．1 (2) 項所述的約瑟夫森結的約瑟夫森交流效應的相對現象，對約瑟夫森結照射微波時，約瑟夫森結間產生與頻率成正比的直流電壓。如微波的頻率正確，即可得正確的直流電壓。

Vn = (h/2e)nf = nf/K$_1$
Vn：產生直流電壓，f：微波頻率，h：普朗克常數，e：單位電荷，n：整數

K$_1$ 值 1988 年國際度量衡委員會建議統一採用 K$_1$ = 483597.9 GHz/V。採用約瑟夫森效應電壓標準裝置，微波頻率數以十位數以上的高精度提供，即可以 1 億分之一伏特的精度校正 10 V 電壓。

(2) 超導約瑟夫森結直流電壓標準

過去的直流電壓標準用約瑟夫森結是上下的電極使用Nb薄膜而中間夾氧化鋁 (AlOx) 膜。Nb 膜之臨界溫度約 9 K，通常以液氦的溫度 (4.2 K) 動作。

但最近開發使用可以小型冷卻機在約 10 K動作的 NbN/TiN/NbN 元件的「不使用液氦的程序可控的約瑟夫森電壓標準」。採用此方式，不但可不用過去必要的液氦，可大幅減低裝置價格及營運經費。

應用約瑟夫森結的直流電壓標準是不受環境、場所影響的普遍標準。將來利用上述「不使用液氦程序可控的約瑟夫森電壓標」與 GPS (Global Positioning

System) 的頻率標準，就可很方便地執行高精度電壓量測。又可即時利用網路互相比較電壓量測數值、互相核對量測程序。

此型直流電壓標準設備已商品化，美國 HYPRES 公司以鈮/氧化鋁/鈮約瑟夫森結組成直流 1 V (由 3660 只約瑟夫森結所構成) 與 10 V 電壓 (由 20208 只約瑟夫森結所構成) 的直流電壓標準 "Josephson Junction Array Voltage Standard" 產品。已裝在義大利、法國、英國、澳洲、中國大陸、馬來西亞、日本、加拿大、韓國、新加坡、挪威、美國、荷蘭、墨西哥等當為國家一級直流電壓標準。圖 5．15．1 - 1 示日本產業技術總 (綜) 合研究所所開發目前使用中的 10 V 直流電壓裝置。

圖 5．15．1 - 1：日本產業技術總 (綜) 合研究所現使用中 10 V 直流標準電壓裝置

5．15．2　交流電壓標準

(1) 目前的交流電壓標準

交流系統在一般產業界使用，交流電壓的標準在產業界很重要，且在促進貿易上不可或缺。交流電壓校正目前所採用的方法是使用交流電壓 (有效值) 與直流電壓變換為焦耳熱的熱量變換器 (thermal converter，TC) 的交直流變換標準

(AC-DC transfer standard)。以 TC 內設置的熱電偶 (thermo couple) 產生的電動勢來評估。對 TC 交替加直流電壓與交流電壓，將直流電壓調整至直流電壓與交流電壓切換時，熱電偶的輸出電壓不會變化為止。此時，直流電壓與交流電壓所引起的 TC 輸出電壓相當，電熱偶發熱量相等，即直流電壓與交流電壓的有效值相等。如前節所述，直流電壓利用約瑟夫森結效應可得準確的電壓，再經熱量變換器比較熱量，可得交流電壓的有效值。實際上經熱量變換器會產生誤差，稱為熱量變換器的交直流差。

(2) 次世代交流電壓標準上超導的應用

交流電壓標準半世紀來一直沿用前項所述使用熱量變換器的交直流變換標準，但要求高校正精度時，製造精密量測標準器仍有困難，現在極少數的先進工業國家擁有熱量變換器，供其他國家利用。目前僅用電壓的有效值，所以無法得到時間變化有關的資訊，產業界有時要求直接校正電壓波形與瞬間值。

因應上述的要求，目前若干國家的量測標準機構利用約瑟夫森效應的直流電壓標準技術，推展至交流電壓標準，研發應用根據基礎物理常數的超導體，即所謂的「次世代量子交流電壓標準」，主要有下列三方式：

(a) Alternating-Current Programmable Josephson Voltage Standard (ACPJVS)：交流可程序式約瑟夫森電壓標準。

(b) Pulse-Driven Josephson Voltage Standard (Pulse-driven JVS)：脈衝驅動約瑟夫森電壓標準。

(c) Rapid-Single-Flux-Quantum Josephson Voltage Standard (RSFQ-JVS)：快速單一磁通量子約瑟夫森電壓標準。

期望有更高精度、高可靠度的交流電壓標準實現。

5.16 遮磁與消磁上超導的應用

有關超導體的磁特性及遮磁應用的原則在第 3.2.3.1 節述及。於此介紹超導應用於消磁 (degaussing) 的特殊例子。

美國海軍稱，1950 年以後美國海軍艦艇損失的 77 % 是由水雷所引起，波斯灣戰役兩艘戰艦由於水雷受損。水雷愈發達，消磁系統愈複雜，使用銅線的消磁系統，因為重量及尺寸需要影響到艦艇的設計。採用高溫超導體的消磁系統 (degaussing system)、隱匿裝置 (cloaking device)，重量僅為銅系統的 20 %，裝設費用為銅系統的 40 %。

美國海軍 2008 年 7 月於驅逐艦 Higgins (DDG-76) 上裝設 American Supercnductor Inc. 高溫超導線材的消磁系統，2009 年 4 月 1 日圓滿通過美國海軍 U.S.Navy Magnetic Silencing Range 測試。

5．17 非接觸磁性軸承上超導的應用

5．17．1 磁性軸承

　　磁性軸承是以電磁力將轉軸以非接觸的方式支持的軸承。磁性軸承的優點是摩擦損失極小且不需要潤滑劑，使超高速回轉為可能，振動、噪音小，軸承部分不需維護，旋轉損失極少。傳統軸承困難的真空環境、高溫高壓或超低溫環境亦可運轉，缺點是需控制且價高。

　　磁性軸承的構成，主要採用電磁鐵，檢討永久磁鐵、電磁鐵與永久磁鐵的複合體的應用，塊狀超導體應用於磁性軸承被認為有前途。

　　磁性軸承，將旋轉軸以磁力從上下左右予以吸引，而使旋轉軸懸浮在空中。磁鐵對旋轉軸的吸引力與空隙的平方成反比，可能引起不穩定狀態，所以需以高靈敏度位置感測器檢測回轉軸與靜子間的間隙量，再由此信號調整控制磁力。

　　磁性軸承的用途，到目前為止，以壓縮機與渦輪膨脹機 (turbo expander) 等高速渦輪機器為主。最近由於控制裝置數位化的進步與軸承電壓提高，可以小型化、低價格化，磁性軸承將來或許會成為替代滾珠軸承 (ball bearing)、軸套 (plain bearing) 的新時代軸承。

　　尤其在愈趨高積體化、微細加工化的半導體製造，因為非接觸、不需潤滑油，不易產生塵埃、乾淨且低振動，所以磁性軸承被注目。其一例是磁性軸承渦輪分子泵 (turbomolecular pump)，將來可能應用於 coater (塗鍍裝置)、photolithography (光刻) 為首的各種裝置、機器上。

5．17．2 磁性軸承上超導的應用

　　塊狀超導磁鐵可當為永久磁鐵，且塊狀超導磁鐵，可將磁通集中於塊體材內部特定場所予以固定，因而空間的磁通分布不會變動，可產生穩定的磁浮力。磁浮力可藉塊狀超導磁鐵的尺寸加大而提高。反過來，在相等磁浮力下，可將設備尺寸予以縮小，應用超導可使設備小型化。

　　飛輪儲能裝置上應用超導邁斯納效應的磁浮軸承在第４．８．１節已敘述，下面介紹風力發電機上應用超導軸承的研發情形：

　　MagLev 公司提出新技術「超導磁浮」風力發電機 (super-magnetic wind turbine) [14]，特點為其葉片靠磁力懸浮效應與基座分開，葉片採用垂直方式配置，轉軸由磁浮效應取代傳統風力發電機所使用的滾珠軸承 (ball bearing)，軸承座另外予以固定。

以磁浮取代軸承的好處是大幅減少摩擦力，進而大幅提升風力發電效率，而摩擦的減少也有助於降低風力發電故障率、延長使用年限，可降低維護成本。與傳統風力發電機相比，風速在 1.5 m/s 即可發電，葉片亦可承受 40 m/s 以上的高風速。這種新的配置可以做出超大型的發電機組，因為它不似傳統風力發電機的葉片受到重力的限制。目前的磁浮發電機每台造價約 53,000,000 美元，MagLev 公司表示每一台磁浮發電機可以產生一千座傳統風力發電機的電量，足以提供 75 萬戶的電力。除了發電量大外，它可以在 5 km/h 的微風中運轉，維護費用只有傳統的一半，預估壽命長達 500 年 (Patel,2007)。

中國大陸，位於深圳的泰瑪風光能源科技公司已推出 300 W 至 1 MW 的九型磁浮風力發電機商品化。該公司預定於 2012 年初，與馬來西亞大馬泰瑪風光能源公司簽約技術移轉，在馬設廠，開拓馬國及寮國柬埔寨等東協國家市場。

總公司設於北京的中科恒源科技公司開發風光互補系統，投資五百萬美元興建一座工廠，開發磁浮風力發電機組，已推出 300 W、600 W 級機組。

大連磁谷科技研究所有限公司從事磁浮列車與磁浮風力電機組產品，將投資 17 億多元人民幣，在山東高青縣黃河大堤灘區建設 10 台 15 MW 磁浮磁動風力發電機組。據稱，該磁浮技術異於德國、日本為代表的常導、超導磁懸體系，擁有完全自主智慧產權。其他大陸所製造的磁浮風力發電機組容量並不大，磁性軸承可能不致應用到超導。

超導技術應用於大型風力發電機的發展情形於第 4．7 節提及，大型風力機組採用磁性軸承時，可能需應用超導技術。此等超導技術應用於風力發電機，風力發電機將來的構造、特性可能藉應用超導技術而大大地改進。

5．18 超導免震裝置

日本等國，研發徹底有效的地震對策。目前所採用的耐震、免震構造，地盤與建築物都有接觸，不能完全免去從地盤所傳的振動。日本東北大學、奧村組等團隊，應用第 3．2．2 節所提超導體的 pinning effect (釘扎效應)，研發不需要控制、安定懸浮的磁性非接觸型支持免震裝置技術。

該裝置原理如圖 5．18 - 1 所示，由永久磁鐵與超導體所構成。在永久磁鐵上面磁場，超導體予以冷卻，即被磁化而可不需控制安定地懸浮。超導體所經驗的磁化磁場變動，即由釘扎效應，超導體產生恢復力，而移動恢復至磁化位置。永久磁鐵條的長方向，無磁場變化，不致產生恢復力。永久磁鐵條的長方向如變位，超導體安定地繼續維持懸浮。

圖 5．18 - 1，加於第 1 層 X 方向的振動，不變化第 2 層超導體的經驗磁場，該方

向的震動不傳達到第 2、3 層。加於第 1 層 Y 方向的振動，傳達到第 2 層，第 2 層永久磁鐵會 Y 方向的振動。但因為第 3 層超導體的經驗磁場不變化，所以不傳達到第 3 層。因而，加到第 1 層水平任意方向的振動，不致傳到第 3 層。該研發團隊曾做水平振動傳達測試，確認如東日本震災級地震所發生的水平振動可抑制至 5 %。

繼續需解決下列問題：

1) 提高懸浮力、2) 確立控制技術、3) 垂直方向振動抑制對策、4) 確保冷卻技術。

他們期望 10 年後可供實用。

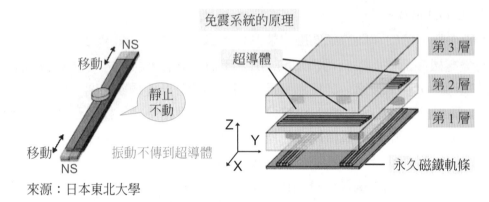

免震系統的原理

來源：日本東北大學

圖 5 . 18 - 1：磁性懸浮型超導免震裝置概念圖

5 . 19 . 超導磁流體推進裝置

5 . 19 . 1 超導磁流體推進裝置原理

如第 5 . 4 節所提，普通船舶推進是採用螺旋槳。超導磁流體推進裝置的原理如下：依固定於船體的超導磁鐵，海水中產生磁場，海水中通過與此磁場成直角的直流，即由弗萊明左手定律海水中產生電磁力 (洛侖茨力)，由其反撥力船艇會進駛。

超導磁流體的磁場，可產生於船殼外部與產生於船體內貫通前後的槽溝 (duct) 內的海水的兩種方式。前者方式可能引起吸引附近鐵製物件，而後者方式易實施遮磁對策。下節第 (1) 項裡所提的日本的「YAMATO 1」號及第 (2) 項所提的開發中的中國大陸潛艇都採用後者方式。

改變直流電流方向即可改變船艇行駛方向。中國大陸開發中的潛艇在左右各裝超導磁流體推進裝置三組，適當控制各組的電流，可實現快速前駛、左轉、右轉、上浮、下沈等各方向行駛方式(因為直流電流方向及軸上的螺旋狀隔板方向固定，無法後退)，他們稱可在水中跳舞。

超導磁流體推進船艇，因為未採用螺旋槳，所以可謂「無噪音」，聲納系統無法察知。

5．19．2　超導磁流體推進裝置開發情形

1961 年美國 W. A. Rice 申請磁流體推進相關專利。其後，MIT 的 R. A. Roragh 與 W. H. 公司的 S. Way 兩人研究磁流體推進系統，前者從其研究結果發表下列結論：為產生推進船舶所需充分力量，需應用超導磁鐵。

(1) 日本

(a) 1976年神戶商船大學 (現神戶大學) 佐治教授，世界上首先成功完成 1 公尺長的超導磁體推進模型船的試驗。

(b) 1985 年日本造船振興財團 (1990 年名稱改為 See and Ocean 財團、海洋政策研究財團) 設立超 (電) 導電磁推進船開發研究委員會。經下列的經過開發 YAMATO (大和) 1 號超導磁流體推進船：1986 年開始研究，1989 年起工，1990 年磁流體推進船完成、1992 年 6 月 6 日在神戶港內試車。

世界第一艘超導磁流體推進船 YAMATO 1 號的規範概略如下：總噸數：185噸、全長：30公尺、寬度：10.39公尺、深度：2.5公尺、船殼材質：鋁合金、超導磁鐵規範：型式：6連環內部磁場型超導磁鐵* 2 組，中心磁場：單體 3.5 T、6 連環 4.0 T、磁場有效長：3 公尺、搭乘人數：10 名。

該試驗船試航結果的最快航速只為 8 節 (15 公里/小時)，該財團不再研發該型船舶，該船的外殼與推進裝置內部超導磁鐵展示於「神戶海洋博物館」，推進裝置展示於東京灣御台場的「船博物館」。

(c) 日本神戶大學海事科學研究科(系)的武田教授研發螺旋(helical)型超導磁體流推進裝置(參照圖5．19．2－1)。該裝置採用筒狀電極，內部中心軸裝設螺旋狀隔板。被超導線圈被包圍的管狀內部為陰極、中心軸為陽極，即超導線圈所產生的磁場會向中心軸方向，而電流從中心軸以放射狀向周圍方向流通。

在此情況下，依弗萊明左手定律，海水產生繞回轉軸周圍的力量，而成為回轉流。但筒狀的中心軸設有螺旋狀隔板，回轉海水，沿著螺旋板流通後排出船外。

武田教授研究此發螺旋型超導磁體流推進裝置，並試製直徑約 40 公分、全長約 2 公尺的螺旋型超導磁體流推進裝置，在 14 T、電流 700 A 下，成功地輸出 YAMATO 1 號的 10 倍的推進密度。模擬研算結果，確認在電極長度 10 公尺、電極直徑 6 公尺、螺旋距 (pitch) 0.6 公尺下，可獲得最大推進效率。

此研究，與物質、材料研究機構及中國大陸科學院電工研究所國際共同研究進行，因而下項所提的中國大陸科學院電工研究所所參與的大陸第四代潛艇的超導磁流體推進裝置上應用此螺旋狀型者。

(2) 中國大陸

中國大陸 90 年代初期就開始籌劃其第四代潛艇。

據 2008 年 7 月 30 日新華社部落格報導：代號「洛神」的超導磁流體推進器潛艇研製已經取得重大突破，開始進入試車定型階段。該型潛艇係大陸中國科學院電工所與大陸中國艦船研究所共同開發，動力採用 6 組螺旋型超導磁流體推進器，航速目前平常海況下為 60 海哩/小時，但隨著該艇定型，在未來的三年裡，其最大航速有望達到 70 海哩/小時。

該報導並述其所知的該型潛艇的外型 (採用最新的高強度塑鋼) (抗壓力是普通潛艇的 3 倍)、艦載武器等。

(3) 其他國家

最近的德國《海軍科技》雜誌指出，中國大陸科技的研發速度令人驚嘆，此前只有美、德兩國在超導磁流體潛艇技術已超過英國與法國，佔據世界領先地位，按兩國海軍的計畫，到 2017 年前後才能推出這種潛艇的實驗型號。目前看來中國大陸將急起直追，到了 2017 年應該也能研發成功。

最近的美國《全球安全》雜誌稱，美軍專家對中國大陸開發出超導磁流體潛艇顯得無比緊張。他們認為，如果中國大陸海軍真的在今後數年內裝配該型潛艇，那麼亞洲海域的局勢「將生重大變化」。中國大陸的磁流體潛艇將使美國艦艇的聲學探測系統無法察覺，是真正意義上的「靜音殺手」，其強大的攻擊力將是巡迴南海的美軍艦艇的大麻煩。

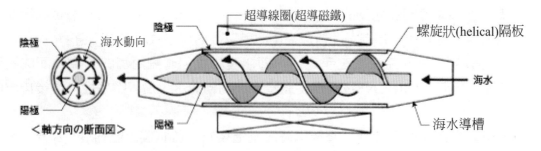

來源：日本日比野庵

圖 5．19．2－1: 螺旋狀型磁流體推進裝置原理

第 *6* 章

醫療、診斷領域超導的應用

第 6 章：醫療、診斷領域超導的應用

應用超導的 NMR (核磁共振光譜法) 及 MRI (磁振造影) 技術已極為成熟，MRI 佔目前超導應用機器產品市場產值的首位，兩項設備應用了超導造出的強力且穩定的磁場。應用超導造出強磁場另一例為 MDDS (磁性藥物傳輸系統)。應用第 3．4．1 節所述 SQUID 設備，可量測微少磁場特性的診斷設備有心磁計及腦磁計，另外有人應用 SQUID 開發高靈敏度免疫檢查裝置。

6．1　NMR 與 MRI

6．1．1　NMR 與 MRI 定義

NMR (Nuclear Magnetic Resonance Spectroscopy) 稱為核磁共振光譜法，MRI (Magnetic Resonance Imaging) 稱為核磁共振攝影亦稱磁振造影。兩者都應用下面將要說明的同一物理現象Nuclear Magnetic Resonance (核磁共振現象)，前者利用光譜分析分子的結構，後者將身體內部的資訊予以影像化後利用為醫療的診斷裝置。後者似宜稱為 Nuclear Magnetic Resonance Imaging，但用於醫療機器上加 Nuclear 一詞恐會被人家嫌惡，故僅稱呼 Magnetic Resonance Imaging。下面簡單說明核磁共振現象的原理。

6．1．2　核磁共振現象的原理

原子由原子核與帶負電荷的電子所構成。原子核由帶有正電荷的質子 (proton) 與電氣中性的中子 (neutron) 而成。如圖 6．1．2－1 (a) 所示，原子核帶正電荷而自旋，所以會產生磁矩，具有奇 (單) 數質子的原子，整體原子核具有磁矩 (或者稱為核磁矩)。對此等原子核從外面加磁場時，若原子核磁矩與外加磁場方向不同時，如圖

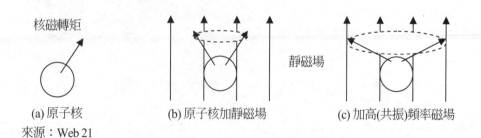

核磁轉矩

靜磁場

(a) 原子核　　(b) 原子核加靜磁場　　(c) 加高(共振)頻率磁場

來源：Web 21

圖 6．1．2－1：核磁共振現象

6 . 1 . 2 - 1 (b) 所示，類似陀螺在旋轉過程中轉動軸會擺動一樣，原子核磁矩會繞外磁場方向旋轉，此現象稱為 Lamor precession (拉摩歲差運動、徑動)。徑動具有能量，也具有一定的頻率 (稱為Lamor frequency)。

原子核徑動運動的頻率，由外加磁場強度與原子核本身的性質而定。換言之，對某一特定原子，在一定強度的外加磁場中，其原子核自旋徑動的頻率是固定不變。例如，靜電磁場為 1 T（特斯拉）時，氫原子核 (H) 的徑動頻率 (f) 為 42.6 MHz。靜磁場強度為 B（特斯拉）時，徑動頻率 f 為，f = 42.6 * B (MHz)。

如圖 6 . 1 . 2 - 1 (c) 所示，從外面加與此徑動頻率可共振的高頻率磁場時，原子核會吸收其能量，徑動的原子核磁矩與外加磁場間的夾角會增大，此現象稱為核磁共振現象。

在發生核磁共振現象後，啟斷外部的高頻率磁場後，原子核會放出電磁波，恢復到原來的狀態。原子核恢復到定常狀態的時間 (緩和時間)，依體內各組織 (例如：良性腫瘤與惡性腫瘤) 緩和時間不同，將此以數學手法予以影像化，稱為 MRI。

人體約 75 % 為水分，通常 MRI 利用氫原子的核磁共振現象，將水分分佈狀態與旁邊分子間的結合狀態一併予以影像化，不只是氫原子，存在於體內的碳 (13 C) 或磷 (31 P) 也可加以影像化。

NMR 是檢測共振頻率，取得原子或分子結合狀態的有關資訊，鑑定試料所含原子或分子結合狀態的有關資訊，所以稱為核磁共振光譜法，最近成為對具有數萬分子量的蛋白質構造分析上有效而不可或缺的手段。

6 . 1 . 3 NMR 及 MRI 所需特性與需應用超導的理由

NMR 要得到高性能的分析結果，MRI 要得到良質的畫像，都需要很強的磁場。

NMR 與 MRI 需要強磁場外，需要磁場空間的、時間的均勻性。換言之，強磁場不受時間影響而維持不變，可藉利用超導體的零電阻特性而維持磁體內的永久電流狀態來實現。

醫療用 MRI，可容納人體在裡面的大型電磁場中，在檢查部位上需要 0.5 T (特斯拉) 以上的磁場強度。磁場的空間均勻度需在患者攝影空間 10 ppm (百萬分之一) 以下，即在 0.5 T 磁場下需低於 0.005 毫特斯拉 (約地磁氣的十分之一)。時間的穩定度要求是一小時 10 ppm 以下，一般要求1ppm的程度。

一般 NMR 裝置，共振頻率 300 MHz 以上，磁場強度 7T (特斯拉) 以上。此時的磁場需產生於直徑 5 mm 的試管在長度約 20 mm 的空間，均勻度需要 1 ppb (十億之一)。時間的穩定度要求是一小時 0.1 ppb 的程度。

穩定地產生如此強大磁場，除非利用超導磁體及超導電流外，似並無其他方法。應用超導技術外，尚需加裝其他輔助設備，方可滿足此等需要。

6．1．4　NMR 與 MRI 發展經過與將來

(1) 核磁共振現象的發現

1930 年代 Isido Rabi (伊西多・拉比) 最早發現原子核與外加磁場間的相互作用，由於此項研究，拉比於 1944 年獲得諾貝爾物理獎。1946 年 Felix Bloch (菲利克斯・布洛赫) 與 Edward Purcell (愛德華・米爾・波塞耳) 發現核磁共振現象，他們於 1952 年獲得諾貝爾物理獎。

(2) MRI 技術的發端

1971 年紐約州立大學的 Damadian 博士報告，惡性腫瘤組織與正常腫瘤組織在上面第 6．1．2 節所述的切離高磁場後的核磁共振緩和時間相差兩倍左右。

1973 年紐約州立 Stone Brook 校區化學系助理教授 (後來任伊利諾州立大學化學教授)Paul Lauterbur (保羅・勞德伯) 開發核磁現象造影技術的基礎。隨後英國諾丁漢大學物理教授 Peter Mansfield (彼得・曼斯菲爾德) 利用勞德伯的研究成果，運用數學及電腦分析，開發出迴波平面影像術 (echo-planar image)，此等改進使 MRI 能在短時間內提供人體器官影像，1980 年代被醫療界應用於診斷及研究工具。2003 年勞德伯及曼斯菲爾德，因為在核磁共振造影技術方面的貢獻，獲得諾貝爾生理暨醫學獎。

(3) NMR 在蛋白質體學上的運用

近年來，生物學家，尤其是生物化學研究者對 NMR 技術感興趣，因為他們要進一步了解分子的構造，通常必須靠繞射法 (包括 X 光、中子繞射法或電子繞射法、以 X 光繞射法為主流) 或核磁共振光譜法方能進一步確定。

X 光繞射法與核磁共振光譜法，兩者最大的差異，在 X 光繞射法必需先將蛋白質結成晶體後，方能進行結構的分析，而核磁共振光譜法可即時量測在溶液環境下的分子結構。我們知道蛋白質主要都在溶液環境方發揮作用，且結構通常

具有相當大的彈性，有時候形成結晶後已與先前活化狀態的型態不同，X 光繞射法所得到的結構，並非都可正確的表現出蛋白質於活性狀態下的構成。近年來蛋白質體學發展甚快，要了解基因功能，必須先了解蛋白質如何發生作用。另一方面，若能快速觀察了解蛋白質與藥物結合後的情形，據以設計藥物，可大幅縮短製藥時間，同時亦可充分掌握藥物作用情形，避免產生副作用。

核磁共振儀成為現今研究蛋白質結構不可缺的利器。

(4) NMR 應用的現況與未來展望

如前所述，NMR 為量測原子核磁性轉矩為目標的物理學者所發現。由於利用超導產生強磁場以及大量資料高速處理技術的發達，實現高分析性能的 NMR，成為在有機化學與生態科學的領域，尤其是最近蛋白質等大分子量的生物體物質分析上成為必須的技術。目前運用超導設備機器的領域，技術已相當成熟。

如前所述，NMR 裝置的光譜分析性能依靠強磁場與高均勻度。強磁場化方面，目前 950 MHz NMR 裝置以使用 Nb_3Sn(錫化三鈮金屬化合物) 大型超導線圈來實現。研發 1.3 GHz、30 T 磁場的 NMR，期待利用 Y 系氧化物超導線材實現實用化。藉此強磁場 MNR，屬於困難的很多原子核分析，可突破實施，已成為具有數萬分子量的蛋白質構造分析上有效的手段，亦期待可應用於各種非晶質金屬材料、無機材料的構造分析。

日本理化學研究所于 2007 年 3 月完成動員 900 MHz 至 600 MHz 的 NMR 40 台設備執行了「蛋白 3000」計畫。為進一步研究，2006 年開始研發 1 GHz 以上的 NMR。

德國 Bruker BioSpin K. K.已經出售 1 GHz NMR 裝置，其他尚有美國 Varian Medical Systems Inc. 與英國 Oxford Instruments 具有 950 MHz 銷售實績。美國 MIT 亦研發 NMR 裝置，以 2012 年為目標開發 1.1 GHz 機，2018 年為目標開發 1.3 GHz 機。

目前的高分析性能 NMR 裝置為需要一大房間的大型裝置，若可小型化，即可實現檢測量化，並且增加可移動性，可預期裝用於研究室與醫療現場，亦可適用於現場工作，其用途可能急速擴大。

日本國際超 (電) 導產業技術研究中心、理化學研究所、日本電子會社等合作

研發生化、醫藥品開發不可缺的 400 MHz 小型 NMR。2006 年 10 月開始分兩階段，第一階段 (2008 年 3 月為止)完成 4.7 T 磁場、1 ppm 磁場均勻度、0.02 ppm 一小時均勻度。第二階段預定 9.4 T 磁場。倘若高分解性能 NMR 裝置可桌上型化，預期其所帶來衝擊將相當大，更會擴大市場佔有率。

(5) MRI 應用的現況與未來展望

如前所述，MRI 為磁核振攝影裝置，通常醫學診斷採用所謂的 H-NMR，其目的是將人體內 H (氫原子核) 密度與共振緩和時間的變位分予以檢出，可加強觀察體內組織、構造、病變部的影像。

磁共振攝影檢查具有不需侵入人體，無輻射傷害、精準度高、縮短檢查時間等優點。從前全身檢查需花一至兩天的時間，且檢查期間需禁食等限制。磁共振攝影僅需二小時即可取得骨骼、肌肉、脂肪、心臟、腦部，甚至血管血流等全身構造 2～3 千張高解析度多重切面圖，且都能以立體影像畫面呈現。

公元 2000 年代初期 0.5 T～1.0 T (特斯拉) 的中磁場超導 MRI 裝置替代永久磁鐵裝置，而與 1.5 T 高磁場裝置各佔市場之一半。2000 年代初歐美的三大 MRI 裝置廠 GE、Phillips、Siemens 公司等前後推出 3 T 級 MRI。

3 T 裝置可縮短診斷時間，中風的原因、腦出血或腦梗塞可在關鍵時間內判斷。

GE 於數年前推出 7T MRI，磁共振攝影技術仍不斷地求精改善，全球共有約二萬二千台。

德國 Max-Plank Gesellschaft (MPG) 研究所已設置人體用 9.4 T 與動物用 16.4 T MRI。這些可以觀察腦活動相關的血流動態反應，調查腦生理學與神經科學間關係。法國，有超流動氦為冷媒的核融合爐用超導磁鐵開發實績的 Saclay 原子力研究所，開發神經畫像檢查為目的的高磁場磁鐵，開發檢查全身用 11.7 T 磁鐵，此磁鐵以溫度 1.8 K 超流動氦冷卻。

日本東京大學於 2008 年提出 Super-MRI 計畫，開發 11.7 T 級 MRI 與 Super-Computer 連接，以期對糖尿病、癌症、腦梗塞、阿爾茲海默病患者做正確的診斷。

歐州超導相關企業所構成的 CONECTUS (Consortium of European Companies Determined to Use Superconductivity) 團體，定期預測全球超導市場相關資料

〝Global Market for Superconductivity〞。目前 MRI 產品佔超導產品市場大部分，2012 年 MRI 的總市場價值為 4125 百萬歐元，超導體的總市場價值為 5070 百萬歐元。

第 8．2．2 節所述的日本經濟產業省、NEDO 所編《超 (電) 導技術：超 (電) 導分野 (領域) 技術戰 (策) 略 Map (計畫)》書上，MRI 有關開發計畫如下：2012 年將目前線圈軸長 1.5 至 2 公尺縮短為 1 公尺，磁場衰減率由目前 1 ppm/h 降為 0.1 ppm/h 以下，並完成先端研究全身用 MRI 10 T 機的技術，2015 年進入實用化。

6．2　心磁計、腦磁計、免疫檢查等 SQUID 的應用

人體為保持生命活動，經常發生電的活動。例如，心臟為送血液至體內，心筋伸縮執行泵浦作用。另外，腦以及神經細胞所結成的網路，由眼睛、耳、皮膚等所受到外界的刺激而反應、或執行思考。又為了動動身體，需動手或腳的筋肉。如圖 6．2-1 所示，人體發生種種電的現象而流通電流。電流流通的方向會產生電位差，並以電磁感應、安倍右手定律，電流周圍產生磁場。前者以心電圖儀量測。後者磁場比大地磁場的十萬分之一還小，從前無法量測，最近利用第 3．4．1 節所提的 SQUID，開發心磁計、腦磁計可量測此磁場，而大幅改進醫療診斷技術。同時，

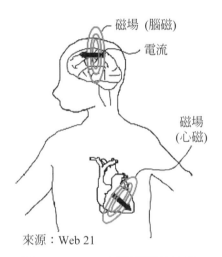

磁場 (腦磁)
電流
磁場 (心磁)

來源：Web 21

圖 6．2-1：人體磁場的產生

SQUID 亦被應用於免疫檢查。日本金澤大學，研發同樣應用 SQUID，量測脊髓神經活動所引起的磁場的脊髓磁場量測裝置 (Magnetospinography, MSG)，可資於脊髓障害部位的診斷。

6．2．1　心磁計上 SQUID 的應用

6．2．1．1　心磁計

心電圖是量測人體表面上的電位差，可以量到數 mV 的電壓信號。人體上血流所產生的磁場，比大地磁場的十萬分之一還小，屬於直流至數百赫，過去一直無法量測。SQUID 可量測到其他的磁感測器無法量測的微弱磁場，在人體磁場量測上排設

接近 100 只的 SQUID 而同時量測。因而可以詳細診斷從腦或心臟所發出信號或因為疾病而變化的情形。

心磁計 (MCG, Magnetocardiography) 是量測心臟的電氣生理活動產生到體外的磁場,而檢查心臟症狀的裝置。心臟為了將血液循環至全身,不休憩地做躍動活動。這等於電流的流動而產生磁場。此心臟磁場強度為數百 fT (femto,10^{-15} 飛特斯拉) 至數十 PT (pico,10^{-12} 皮特斯拉) 程度,與大地磁場十多 μT (微 10^{-6} 特斯拉) 的環境磁場相比,是 100 萬分之一以下的微弱磁場強度。這樣微弱的磁場,需要以磁性感測器中最高靈敏度的 SQUID 量測。

6.2.1.2　心電計、心磁計的發展歷史

1967 年 MIT 之 D. Cohen 發表利用超導技術的身體磁場量測裝置,可以說經過了一段長時間才成為實用的醫療機器。其原因為下列的兩大因素:一為超導領域共通的高價格問題,另一為醫療機器特有的產品化以前需要解決的安全性,有效性的實際證明等眾多課題。

1887 年 A. Waller 以毛細電流計成功地在人體表面上量測心臟所產生的電氣生理學活動。1903 年 W. Einthoven 以量測裝置的實用化而新開發弦線電流計,可準確的量測心電波形,建立現在心電圖的基礎,1924 年獲得諾貝爾獎。以此心電計為基礎,更小型化後,心電計推廣到世界上,1920 年代 T. Lewis 建立不整脈為中心的臨床心電圖學體系。此時真空管開始發達,西門子公司先推出真空管式心電計,後來歐美諸多廠商將真空管式心電計予以產品化。初期使用弦線電流計的重量為數百多公斤,相當重且體積又大,真空管式心電計小型化後,成為可攜式。1960 年代半導體開始發達普及,使用 IC 的心電計,因而加速小型且輕量化,致廣泛的普及。初期的心電測量並不簡單,因為信號微小,人體表面上所出現的信號為數 mV 程度,商業電源的雜訊大,需要在遮蔽室裡面方能執行穩定量測。現在以差動放大回路或濾波回路可以消除雜訊,所以大家都很容易的量測清楚的心電圖。目前在手足四處與胸部六處貼付電極的 12 導聯心電圖 (ECG, Electrocardiography),成為臨床上的標準檢查。

心磁計方面,1963 年 G. Baule 以繞了 100 萬多圈的感應線圈,成功的量測到微小的心臟磁場。1960 年代 Jammes Zimmermann 發明利用超導體的高靈敏磁性感測器 SQUID,1967 年 D. Cohen 發表以 SQUID 高精度量測心臟磁場。1976 年美國 BTI

(Biomagnetic Technologies Inc.) 推出採用一只 SQUID 的磁通計產品，1980 後半代開始採用半導體技術，SQUID 亦被微小化而可製作特性齊全的 dc-SQUID，然後實現使用多數 SQUID 的多頻道化設備。1989 年西門子發表 31 頻道的磁通計，應用於心磁計，同年赫爾率基大學也發表 24 頻道的磁通計。

日本 1990 年 3 月為醫療上應用的研究，以量測生物體磁場而將腦與心臟等的疾患或功能予以影像化為目的，日本政府通產省主導，政府出資日幣 40 億円，另參加廠商有 10 家共出資日幣 17 億円，合計日幣 57 億円在東京都鄰縣千葉縣千葉新市鎮成立「Superconducting Sensor Laboratory (超導傳感儀研究所)」，該所蓋建含有四層高導磁合金及一層鋁片的建築物，將環境磁場雜訊降到最低四十萬之一，可謂世界最初的此種建築物。

該研究所分為研發感測元件的 SQUID 部，研發 SQUID 量測多頻道化及量測結果予以影像化的系統部，以及研發利用高溫超導的高溫 SQUID 部，共三個部門。該研究所開發實驗使用液氮的 16 頻道及 32 頻道心磁計、256 頻道的腦磁計。該研究所因為當初預期的目標大致都達成，1997 年 3 月將規模加以縮小後，建築物移交給日本電機大學，名稱改為「超電導研究所」，繼續利用於生物體磁性研究。他們的研發工作刺激世界上對生體磁性量測裝置的研究者，德國聯邦物理技術院 (PTB, Physikalisch Technishe Bundesanstat) 興建了具有遮磁率 75 萬分之一的八層建築體。受日本的 Superconducting Sensor Laboratory 的影響，1997 年芬蘭之 Neuronmag 社完成 306 頻道可量測向量成分的腦磁計，予以商品化。

日本廠家於 2001 年由 NEDO (新能源產業技術總 (綜) 合開發機構)「產業實用化開發」項下資助，開發使用高溫超導實用心磁計。採用高溫超導，目的是實現小型心磁計，但是需要提高高溫系 SQUID 的靈敏度。尤其是可診斷心臟疾病的臨床用機器需要量測到波型數據，不須經加算處理，立即可看出信號的靈敏度。另外除去環境磁性雜訊的遮蔽設施亦需要小型化，遮蔽設施小型化可能對被驗者給予壓迫感，成為臨床機器的問題。

封底第三段中間的兩張照片 (來源：web 21 岡山大學) 是 2004 年左右日本開發的初步篩檢用移動型 16 頻道高溫超導心磁計 (上面) 與 51 頻道高溫超導臨床用心磁計 (下面)。其右邊的照片 (來源；日本日立製作所) 是 2004 年世界最初發表，利用心磁計隨著心臟活動所產生電流分布的三維畫像，該畫像根據在心臟前面與背面所量測心磁圖，在心臟立體模型上繪上電流分布。

6.2.2 腦磁計上 SQUID 的應用

以 SQUID 裝置，將隨著腦神經活動所產生的微小磁場以不侵入手段予以量測的腦磁計，可謂 SQUID 應用成功的一例。具有超過 100 點觀測點的多頻道 (channel) 腦磁計繼續被開發，2005 年日本已有 30 多台腦磁計系統在醫院與腦機能研究機構運作中。

1996 年日本超導傳感儀研究所研究群成功地開發 256 道 (channel) 的全頭型 SQUID 腦磁計，向腦磁計多頻道化、檢測器多密度化的方向發展。2005 年商業化而裝設在醫療現場腦磁計系統，加拿大 CTF 社所開發的 275 channel 系統具有最大的觀測點數。研究用系統，日本橫濱電機與金澤大學共同研發裝設於東京大學的 440 channel，300 觀測點的系統為世界最高。

腦磁計用 SQUID 檢測器，新的向量差型磁通計已開發。從前的腦磁計，僅對腦表面垂直方向的磁場，再加上包括切線方向獨立的三成分予以同時量測，在一觀測點可把握磁場的向量 (vector)，乃為本檢測的特點，在有限的觀測領域儘量獲得更多的磁場資訊。前述的日本金澤大學所研發的 440 頻道系統，在 230 處裝設傳統的同軸差型磁通計，另外 70 處裝置向量差型磁通計。藉採用向量磁通計，技術上可開發超過 1000 頻道的系統。

利用腦磁計的癲癇症診斷與手術前腦功能的繪製，美國於 2003 年 1 月，日本於 2004 年 4 月，分別納入醫療保險的適用對象。但價格為障礙，目前的裝設情形不如開發當初所預期。價格昂貴的原因是為了遮蔽環境磁場雜訊需要磁場遮蔽室，且冷媒價格亦為醫院引用障礙原因。

相關方面一直比較頻道的多道化，但更應注重系統強壯性提高、雜訊減低、磁場源分析手法等信號處理、主動磁場遮蔽、低溫系統改良等相關技術的開發，使價格低廉化與改善可靠度。另一面開拓應用層面，以期腦磁計在醫療上比現在更普遍。

6.2.3 免疫檢查上 SQUID 的應用

醫療診斷要檢出病源菌或癌細胞時，採用免疫檢查法。要檢出的物質對象總稱為抗原，要檢出它時，需使用會與抗原選擇性結合的檢查試藥 (抗體)。檢查試藥 (抗體) 以標誌物 (marker) 識別，量測標誌物的信號，檢出抗原—抗體間的結合反應。

一般所採用的標誌物是利用螢光酵素等光學標誌物。最近被注目的新檢查法乃採

用磁性標誌物與應用 SQUID 檢測器的磁性免疫檢查法。

磁性免疫檢查法如圖 6．2．3 – 1 所示，磁性標誌物對抗原 (被測物質) 反應，然後從外部加磁場讓此等磁性標誌物同一方向磁化，再以 SQUID 檢測磁性標示物所發的磁性信號。因為 SQUID 可量測微弱的磁性信號，所以能夠量測微量的抗原、抗體物質。從前的光學方式，未結合的標誌物也可發出信號，需要以 BF 分離法去除未結合的標誌物。磁性方式，未結合標示物的磁性轉矩 (moment) 由於 Brown 運動成為隨意方向排列，互相間信號會相抵，不會出現在 SQUID 量測結果上，所以不需要 BF 分離的手續。加之，磁氣信號可以穿過身體物質，溶血的檢體或糞便試料等，從前以光學方式量測困難的不透明試料也可以量測，可執行迅速與高靈敏度的免疫檢查。

日本日立製作所與九州大學合作所開發利用磁性信號使用高溫超導 SQUID 的免疫檢查設備，具有從前光學方法相 10 ～ 100 倍的高靈敏度。

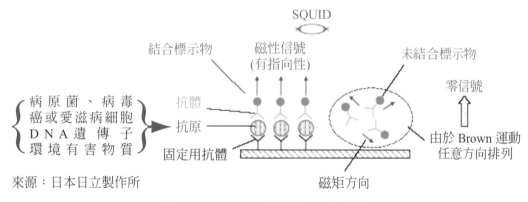

圖 6．2．3-1：磁性免疫檢查原理

6．3　MDDS (磁性藥物傳輸系統) 上超導的應用

MDDS 為 Magnetic Drug Deri;very System (磁性藥物傳輸系統) 的簡稱，又稱為 MTDDS (Magnetic Targeting Drug DeriDeriy System, 磁性導向藥物傳輸系統)。MDDS (磁性藥物傳輸系統) 是被重視的嶄新治療方法。其定義是將需要的藥物，在需要的時候，在需要的部位發生作用的系統。再具體說明，即將含著藥劑的粒子集中於腫瘤等治療對象的部位，於適當時慢慢地釋放藥劑，而使藥物可繼續僅對對象組織發生作用。對「藥效極優異，副作用強烈的藥劑」，可減低其投藥量，並在腫瘤部位得極大的治療效果，被認為是理想的治療方法。

MDDS 是奈米大的磁性粒子上附著藥劑，將帶磁藥劑注射至血管隨著血流循環，在血管分岐處從體外使用超導磁鐵向目的腫瘤部位的血管分岐誘導。在體內循環重覆施以此種誘導而傳輸藥劑到目的患部。近年來，因為穩定的藥物運搬體粒子與可具體選擇不同臟器的抗體開發進展，在外國積極地研發 MDDS。

MDDS 的研究從 1970 年代開始，當時因為無法取得誘導奈米粒子的充分磁力，及難以造出在血液中安定的奈米粒子，所以一時停滯。最近超導塊狀磁鐵發達，日本 NEDO 於 2007 年資助日立公司，開發使用 5T 超導塊狀磁鐵在 50 mm 遠方以高磁場梯度誘導 100 nm 磁性粒子的系統。該系統依強力集中磁場磁性將體內粒子包誘導，依 MRI 確認搬運粒子的集積度。然後，對集積藥劑集中照射超音波，即可打開搬運體的外包膠囊 (capsule)，使藥劑釋放至目標部位。讓安全且副作用小的有效率治療法成為新的醫療系統，不久就可實現。日本大阪大學曾以白老鼠做實驗。

6.4 醫療用重粒子線加速器上超導的應用

國人死因第一是癌症，癌症的治療法有外科手術、抗癌劑的化學治療、放射線治療。癌症治療所採用的放射線有 X 線、電子線、質點 (粒子) 線、碳線、中子線等。過去癌治療裝置多屬於電子束射 (electron beam) 型式，一般而言，人體健全的臟器受到 4 Gy (戈瑞，每 1 公斤的物質吸收的放射線的能量為 1 焦耳) 時，會引起 50 % 的人在 60 天內死亡的致命受傷。爾來將放射線集中於癌細胞的技術進步，使用高能量線尚可執行安全的治療，大幅地貢獻於癌治療上。下面以重粒子 (質點) 線癌治療裝置為例說明。

6.4.1 重粒子線治療的原理

人體受到放射線，細胞的遺傳子受損，阻礙正常的活動。一般而言，放射線對人體是有害的。

比質子 (proton) 重的粒子稱為重粒子。重粒子線治療法，係以高速度碳離子等重粒子的能量集中於病巢，不傷到正常組織而破壞癌細胞之治療法。

放射線對人體的影響，依放射線的種類有所不同。放射線直接衝突遺傳子，而損害原子、分子組織，稱為直接效應。放射線將生物體中的水分 (H_2O) 予以分解而所產生 OH radical (根、基) 活性分子，以化學反應損害遺傳子，稱為間接效應。X 線、電子線等放射線主要為間接效應，而重粒子 (質點) 線直接效應的參與較大。依放射

線的種類，給與人體的能量分布有所不同。X 線或電子線的能量，基本上在人體表層多被吸收，而到深處就衰減。重粒子 (質點) 線依能量有所不同，在表層不會被吸收，在人體中特定的深度集中給與能量，人體吸收的能量形成峭急的尖頭情形，所照射的質點 (粒子) 線的能量愈大，尖頭發生於愈深的地方，可調整此尖頭產生的深度。

日本碳粒子線治療案在「第一次對癌戰 (策) 略」計畫中立案，其放射線醫學總 (綜) 合研究所建設「HIMAC (Heavy Ion Medical Accelerator in Chiba、千葉重離子醫療加速器)」，從 1994 年開始治療。

該設備由離子源 (碳離子以稀薄甲烷瓦斯放電而得)、線型加速器 (分兩段，加速到光速的 4 %，再到光速的 11 %)、主迴轉同步加速器 (synchrotoron，加速到光速的 71 %)、治療室所構成 (有關粒子加速器，參照第 5 . 10 節)，1993 年 10 月完成，至 2008 年共治療 4505 名患者。日本目前為止共有四處碳離子射束癌治療裝置，圖 6 . 4 . 1 - 1 示重離子加速器用於癌治療裝置原理。

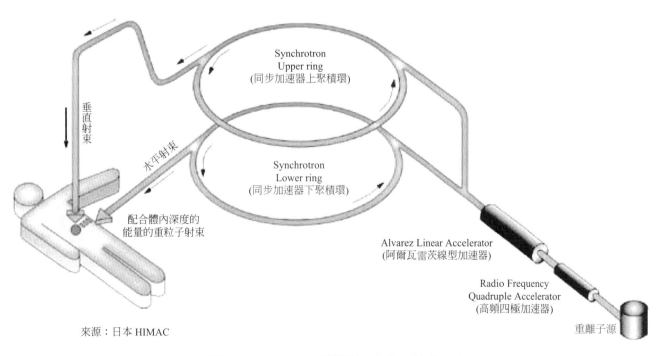

來源：日本 HIMAC

圖 6 . 4 . 1 - 1：重離子加速器用於癌治療

世界上重粒子線治療裝置的裝設例如下：德國在其重離子研究所 (重粒子限於頭頸部) 及 Heidelberg 大學 (碳線、質子線)，另外有兩所建設中；義大利 Milan 郊外 Pavia 一所；法國在 Orsey 與 Nice (質子線)，在 Lyon 計劃碳線設備；奧大利在 Weiner 郊外重離子加速器，計劃進行中；韓國在釜山設重粒子治療設備，計劃中；中國大陸在蘭州的近代物理研究所的重離子研究設備 (HIRFL) 加設設備，2009 年開始利用高能量碳線的深處癌治療；美國 Loma Linda University 及麻州綜合醫院各從 1991 年與 2001 年開始質子線治療，MD Anderson 醫院及佛州的質子線設備從 2006 年開始治療。

6.4.2 重粒子加速器上超導的應用

日本放射線醫學總 (綜) 合研究所主導，再加高能量加速器研究機構、東京大學、京都大學、大阪大學、日本原子力研究開發機構、產業技術總 (綜) 合研究所、高輝度科學研究中心 (SPring-8, Super Phonton ring - 8 GeV) 合作，2001 年開始，以 5 年期間從事「先進小型加速器開發計畫」。再以該國「第三次對癌十年總 (綜) 合戰 (策) 略 (2004 年 ~ 2013 年)」，「高質癌治療的均勻化」的原則，以全國可接受重粒子癌治療為目標，開發安全且高效率的普遍型碳粒子線癌治療裝置，同時要求裝置的小型化。該研究團體於 2004 年開始以 2 年的時間設計開發，2006 年 3 月完成各元件的實證試驗。根據其成果，設計外型、成本為上節所提 HIMAC 的 3 分之 1，可得同等性能的普遍型碳離子線癌治療裝置，已開始建裝於日本其他地方。第一台技術實證機裝設於群馬大學，2010 年 3 月開始治療。上節所提到之 HIMAC 裝置為例，該加速器採用普通的電磁鐵，容納加速器的建築物約為 65 m*150 m，等於一個足球場。粒子加速器裝置的普遍化，如何達成小型化是重要的因素。如在第 5.10 節所述，粒子加速器採用超導磁鐵與普通電磁鐵相比，尺寸小且可造出更強大的磁場，可達成整個加速器尺寸的小型化。

6.5 磁導航醫導管上超導的應用

6.5.1 磁導航醫導管

醫導管 (Catheter) 是醫療用中空的細軟管，用於插入胸腔或腹腔等體腔部、消化道或尿道等管腔部或血管，用於排出體液、打進藥液或造影劑，插入血管擴張用支架 (stent) 或醫療用氣球等很多醫療行為。通常插入醫導管時，導航線先行而醫導管

接著行進，醫師看 X 線裝置上的位置，而操作外部的末端使在體內血管等分岐處可向正確的方向進行，需要高熟悉度。

磁導航醫導管是在醫導管或內視顯微鏡的先端裝磁性體，以外部的磁鐵造成急梯度的磁場，控制導航醫導管或內視鏡的位置或進行方向。外部磁場由兩只或六只電磁鐵構成，可做三維空間控制。

磁導航醫導管可藉電腦做三維空間控制，醫師可在別間房監視遙控操作，所以可避免X線的暴露。醫師操作傳統的末端醫導管，需要操作線而管子較粗且較硬，磁導航醫導管使用可繞管，可降低對血管等的損害。

6.5.2 磁導航醫導管上超導的應用

上節所述的磁導航醫導管的外部磁鐵，採用超導線圈的超導磁鐵，與常導磁鐵相比，是小型且輕量的裝置，可造成更高急梯度磁場，容易達成正確的控制。因此，若干機構試圖磁導航醫導管的外部磁鐵應用超導線圈的超導磁鐵。

6.6 質譜儀上超導的應用

6.6.1 質譜儀 (mass spectrometer) 簡述

物質由多數的原子與分子集合構成，此等原子與分子各具有質量與電荷，質譜儀是量測此等成分的質量對電荷比 (mass-to-charge ratio) 來分析或鑑定物質構造的裝置，此分析法稱為質譜法 (mass spectrometry)。

質譜儀由試樣引進部、離子化器、質量分離 (分析) 器、檢測器、數據分析系統五個部分組成。經試樣引進部引進試樣後，在離子化器將試樣中的成分予以離子化，經加速電場的作用形成離子束，進入質量分離 (分析) 器，再利用電場或磁場，使不同質量對電荷比的離子在時間或空間分離或透過過濾方式，將它們分別聚焦到檢測器辨別被分離的離子，最後以數據分析系統依檢測到的數據分析處理。

離子化有下列方法：電子碰撞法 (Electron Ionization)、化學電離法 (Chemical Ionization, CI)、高速電子碰撞法 (Fast Atom Bombardment, FAB)、感應偶合電漿法 (Inductively Coupled Plasma, ICP)、雷射脫付法 (Laser Desorption, LD) 等。

雷射脫付法是將雷射脈波焦射於試樣，將試樣予以離子化。試樣為蛋白質時，蛋白質不易氣化而離子化需要高能量，加上高能量時蛋白質不氣化而分解，高分子

量的離子化以往屬於難事。但日本島津製作所的田中耕一工程師，將甘油 (glycerol) 與鈷 (cobalt) 的混合物作為緩衝材 (matrix) 與試樣混合，緩衝材 (matrix) 先吸收光能量而助試樣離子化，此法稱為溫和雷射脫付法 (Soft Laser Desorption) 法。田中工程師，日本東北大學電機系畢業後進入島津製作所，從事化學分析儀器的開發，由於1985年開發上述蛋白質離子化法，2002 年破 100 多年來例以未有博士學位的身份以「生體高分子的鑑定及構造物解析手法的開發」，獲得諾貝爾化學獎。差不多同一時候，德國兩位化學家開發 MALDI-TOF MS (Matrix-assisted laser desorption ionization -Time of Fleight Mass Spectrometry) 法，使用低分子化合物為緩衝材 (matrix)，以更高靈敏度分析蛋白質，現在廣泛地被應用。因為日本田中工程師較早發表，所以諾貝爾獎給予田中工程師。

　　質量分離 (分析) 器有下列方式：磁扇區分析 (Sector instrument, SI)、飛行時間分析 (Time-of-flight, TOF)、四極分離分析 (Quadruple mass filter, QP)、離子阱分析 (Ion traps, IT)、傅立葉轉換分析 (Fourior transform, FT) 等。

　　檢測器 (detector) 過去採用法拉第檢測杯 (Faraday cup) 與電子增倍管 (Electron multiplier)，前者在訊號較強時使用，後者可用於量測微小的訊號。近來一些質譜儀以微道板 (Microchannel plate detector) 替代電子增倍管。

　　質譜儀由不同的離子化器與不同的分離 (分析) 器配合組成，所以形式眾多。例如上述的 MALDI-TOF MS (Matrix-assisted laser desorption ionization-Time of fleight Mass Spectrometry) 法是離子化採用 MALDI (Matrix-assisted laser desorption ionization)，分離 (分析) 部分採用 TOF (Time of fleight) 法。另外質譜法與其他分析法搭配組成強力的分析法，諸如：氣相色譜-質譜聯用儀 (Gas Chromatography-MS) 及液相色譜-質譜聯用儀 (Liquid Chromatography-MS) 等。

　　人體由約 50 兆個細胞組成，細胞主要由蛋白質形成，而蛋白質佔人體體重的 15 % (水份佔 70 %)。蛋白質造成腦、神經、內臟，而此等動作扮演重要的角色。人體中有約 10 萬種的蛋白質，而各種具有固有的質量。各蛋白質由多數 (數十以上) 的胺基酸連接，形成蛋白質的胺基酸共有 20 種。蛋白質構造的微少差異可能引起病症，調查體內蛋白質情形可診斷大部分的病症。調查細胞或血液中的蛋白質，即可早期發現癌症。藉蛋白質的質量分析打開研究蛋白質之門，形成現在病症診斷與藥劑開發上不可或缺的技術。

　　以很多方法，已經悉知大部分每一種蛋白質的構造與重量，將其對照表存檔於電

腦，藉質譜分析比較短時間檢測分子的質量，即可由對照表立刻判斷屬於何種蛋白質。應用此方法可判斷蛋白質的微小相差，檢查蛋白質多利用質譜分析。

6．6．2　質譜儀上超導的應用

如上述，質譜儀的構造方式眾多，其中超導被應用於下述的構成元件：

(1) 分離 (分析) 器

傅立葉轉換離子迴旋共振 (Fourior transform ion cycle resonance, FT-ICR) 分析儀是利用強磁場下離子會迴旋運動而分離離子。應用超導磁鐵的強磁場，離子的迴轉速度與磁場強度成正比而與質量成反比。高精度量測到的回轉速度 (頻率)，藉傅立葉轉換可得普通的質量譜。此分析法具有傳統飛行時間分析 (Time-of-flight, TOF) 100 倍以上的分析性能，並且具有不破壞離子的優點。

美、德兩國販售此型超導分析器的質譜儀，有超導磁鐵體型較大價格昂貴。

(2) 檢測器

上面提過的傳統半導體質譜儀，檢測器使用 MCP 或二次電子增培器，此等檢測器將分子衝擊物質表面所放出的二次電子加以放大，以電信號檢測分子的來到，檢測靈敏度依二次電子放出率而定。一個數 keV 的離子衝擊所放出的二次電子數僅為數個，然而蛋白質類的分子量大而二次電子放出接近零。過去的檢測器，對高分子量者可能會漏測。另外傳統的半導體質譜儀是檢測質量對電荷比 (mass-to-charge ratio、m/z)，對具有同 m/z 值者無法分辨，且對巨大蛋白質檢測靈敏度低。為突破此等傳統質譜儀的瓶頸，日本產業技術總 (綜) 合研究所研發應用超導的粒子檢測器，期待可貢獻在基礎、環境科學上離子反應的研究以及創藥技術等。

該超導檢測器應用離子衝擊時產生的聲子 (phonon) 會破壞超導狀態。Superconducting Nano Strip Ion Detector (超導微帶狀離子檢測器) 的超導體採用鈮或氮化鈮 (Nobium Nitride)，厚度數十奈米、線寬數百奈米的細寬線，串並接在數毫米的範圍內。此奈米構造可應用超導體的優秀特性並具有充分感測面積。此檢測器需冷卻至 -270 ℃ 而維持超導狀態，奈米尺帶狀線因離子衝擊而產生聲子即使超導帶變成常導狀態而產生電阻，此電阻會產生奈米秒程度的電壓脈沖 (pulse)，而可迅速地檢測到離子。

6.7 輻射光源上超導的應用

6.7.1 輻射光的定義

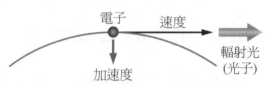

圖 6.7.1-1：**輻射光(光子)產生原理**

電子等帶電的粒子以接近光速度運動時，以偏向磁鐵加以磁場，即施以勞倫茲力偏轉進行方向後，如圖 6.7.1-1 所示，在沿運動切線方向發出電磁輻射集中光線，即指向性很強的光束。最先在第 5.10.2.(2)(b)(ii) 項所提的電子同步加速器上發現，故稱為同步 (加速器) 輻射光 (Synchrotron Radiation) 或放射光，我國國家同步輻射研究中心以其電磁輻射的載體稱為光子。

6.7.2 輻射光的特徵

同步 (加速器) 輻射光具有下列特徵：極高亮度、具有寬闊的連續光譜 (含蓋 X 線至紅外線的頻域)、高度準直性不易擴散、偏振性、極短脈波的連續等。例如日本的 SPring-8 設備 (請參照下面第 6.7.4 節) 可產生太陽光的 1 萬 ～ 1 億倍輝度的輻射光。

雷射光與輻射光都具有高度準直性。雷射光是單色的同相位光線，不使用分光器也可取出單色光，波域限在遠紅外線至真空紫外線的範圍，X 線領域的雷射光尚在開發階段。輻射光是白色 (含所有寬波域的電磁波) 或準單色光，與分光器配合，可利用為紅外線至 X 線廣領域波長可變的高輝度單色光源。

6.7.3 輻射光的應用

如圖 6.7.3-1 所示，要窺視極微小世界需要極短波長的光。利用輻射光可詳知物質的種類、構造、特質，可詳細觀察物質在各種環境下的狀況與時間變化，亦可用於研究化學反應、物質變化的發端。生命科學上用於蛋白質巨大分子的三維構造解析、藥劑設計、新藥開發等，醫學上用於藉微小血管影像法觀察腫傷血管。輻射光在下述廣範圍的領域，從基礎研究、應用研究、產業利用等均有所貢獻。此等在生化技術、奈米技術、資訊技術等的新技術將成為21世紀初期產業革命的先驅。

(1) 生命科學、醫療上應用：

蛋白質巨大分子的立體構造解析 (發展生命結構的研究、藥劑設計、醫藥品開發)，藉微小血管造影法觀察腫瘍血管，影像解析度比普通 X 光高而應用於初期癌症的診斷，以 tomography (斷層撮影術)、refraction contrast image method (折射對照圖像法) 觀察呼吸系疾患等。日本現在利用輻射光應用於診斷技術尚在開發階段，進行以其高分析功能觀察小血管的動物實驗與切出內臟標本的高分析斷層攝影 (CT) 實驗等。美國利用輻射光的良好平行性開發新的癌治療法，日本 2005 年開始利用輻射光癌治療的基礎研究。

(2) 物質科學上應用：

先端材料的原子、電子的構造，極苛刻條件下材料物性，評估產業材料，創製新物質，改質材料等。

(3) 環境科學上應用：

環境淨化用觸媒的分析，生物體試料中環境污染微量元素的分析等。

(4) 地球科學、宇宙科學上應用：

地球深處物質的構造與狀態的解析，隕石、宇宙塵的構造分析等。

(5) 產業上應用：

半導體新氧化材料的評價，高性能電池材料的局部構造解析，奈米材料的評價，微量元素的分析，材料斷面的觀察，材料歪曲分佈的解析等。利用輻射光的研究有原子配列、構造解析、功能分析、成分分析，以影像法的觀察，改質材料、創製新材料等方面。

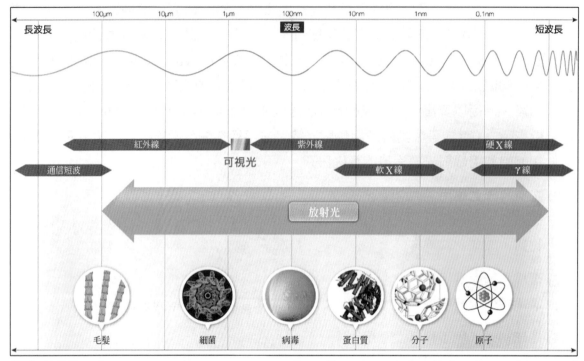

來源：日本 SPring8　　　(http://commune.spring8.or.jp/introduction/about.html)

圖 6.7.3-1：窺視極微小世界需短波長光

6.7.4　輻射光源設備構成

　　以日本文部省管轄的獨立行政法人理化學研究所 (RIKEN) 所屬由財團法人高輝度光科學研究中心 (Japan Synchrotron Radiation Research Institute, JASRI) 管理的 SPring-8 設施為例，說明輻射光源設備的構成如下：

　　SPring-8 名稱是 Super Photon Ring 8 Gev，大型放射光設施的簡稱，ring 代表環狀加速器及環狀聚積管，8 Gev 表示該設施的能量強度有 80 億電子伏特。該設施由線型加速器、同步加速器 (synchrotron)、聚積環管 (storage ring、accumulating ring)、光束線組 (beam line) 及其他附屬設備組成。

　　線型加速器能量強度到 1 GeV (最高 1.2 GeV)，再經同步加速器 (周長 396.124 m) 加強至 8 GeV，聚積環是 SPring-8 光源環 (周長 1435.95 m)。

　　SPring-8 的特點是軟 X 線至硬 X 線廣能量範圍，可發出世界上最高輝度的放射光，可利用高能量 γ 線或紅外線，可裝置多數插入光源設備 (最多 38 台)，可同時利用此等光源，可設置具有較長磁鐵列插入光源 (普通為 4.5 m，可到 25 m)。

　　S Pring-8 輻射光的輝度可以到傳統 X 線產生裝置所產生光輝度的 1 億倍，該設備供日本國內公私立大學、研究機構、民間企業以及國外研究所、大學等研究者使用，2009 年 6 月止利用該設備的研究者累計人數達 10 萬人。

　　我國財團法人國家同步輻射研究中心 (National Synchrotron Radiation Research Center) 亦曾利用其 BL12XU (X 線 Undulator) 及 BL12B2 (偏向電磁鐵) 光束線組從事研究。

　　輻射光設備中之直線加速器、同步加速器的構造，請參照 5．10．2 節。

　　聚積環管 (accumulating ring，storage ring) 是為了有效率且更穩定地提供光源，讓使用者共用。聚積環管周圍小規模者數十公尺，大規規者達一公里以上，配裝射入器、偏向磁鐵、高頻率加速洞與 4 極磁鐵。偏向磁鐵是為保持電子進行圓軌道，4 極磁鐵是避免脫離圓軌道，而高頻率加速洞是補充能量用。從聚積環管出來，藉偏向磁鐵可得從紅外線至 X 線的連續波長的光。為了取得更亮或高能源，在聚積環管的軌道直線出口 beam line (光束線) 前面裝設 inserted device (插入裝置、插入光源)。

　　插入光源是磁鐵配列特定形式的裝置，使電子依磁鐵的周期蛇行，有波蕩器 (undulator，聚頻磁鐵) 與扭擺磁線 (wiggler，增頻磁鐵)兩種，各可得具有特徵的輻射光。波蕩器 (undulator)，如圖 6．7．4－1 所示，是將接近光速通過的電子束依 NS 極週期變化配置的磁場予以小量週期的蛇行，電子束向切線方向周期地產生輻射光。此等輻射光互相重疊，藉干涉效果在軸上產生高尖峰的準單色譜。扭擺磁線 (wiggler) 是依較少數的強磁場，將電子束幾次大量的蛇行。一般而言，扭擺磁線 (wiggler) 產生比波蕩器 (undulator) 更寬頻域的輻射光。舉日本 SPring-8 為例，經偏向磁鐵的聚積環管上的輻射光輝度是以往 X 線光源 (回轉陽極 X 線管) 的 100 萬倍，再經波蕩器 (undulator，普通的約 4.5 m) 的輻射光輝度為 10 億倍。

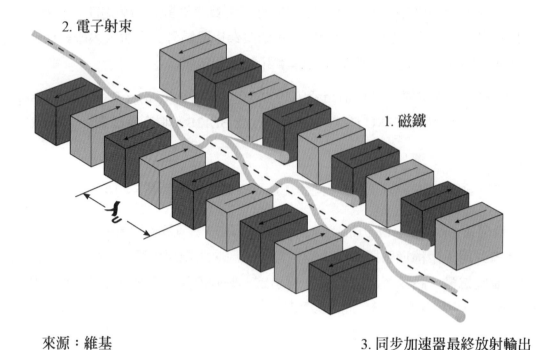

2. 電子射束

1. 磁鐵

來源：維基

3. 同步加速器最終放射輸出

圖 6．7．4-1：undulator (波蕩器，聚頻磁鐵) 原理

6．7．5 輻射光源設備發展歷史

1946 年輻射光理論被預測，1947 年在電子同步加速器上觀測到實際輻射光，當時輻射光被認為不過是基本粒子實驗用加速器的能源損失而已，將此缺點利用於物性研究乃是輻射光研究的開始。最初的研究是 1963 年美國國家標準局所做的，真空紫外光分光實驗，第一代輻射光源設備並非為輻射光專用而設，是為基本粒子物理研究用所建設的加速器產生的輻射光加以利用。利用輻射光初期，要利用輻射光時需要連續造出電子線，浪費不經濟。1970 年代開始開發第二代輻射線光專用設備，採用聚積環管 (accumulating ring，storage ring) 有效率且更穩定地提供基本光源給使用者共用。從聚積環管出來，藉偏向磁鐵可得從紅外線至 X 線的連續波長的光。為了取得更亮或高能源，在聚積環管的軌道直線出口 beam line (光束線) 的前面裝設 inserted device (插入裝置、插入光源)。1990 年代開始開發所謂第三代輻射光源 (光子源)，都裝設 inserted device (插入裝置、插入光源)，以得更高輝度或高能量的放射光。

目前世界上具有電子束加速能量強度為 50 億電子伏特 (5 GeV) 以上的加速器設備如表 6．7．5-1 所示：

表 6 . 7 . 5 - 1：世界大型輻射光源設備

設備名稱	SPring - 8	APS Advanced Phonton Source	ESRF European Synchrotron Radiation Facility
裝設者 裝設場所	日本 原子力開發研究機構、理化學研究所 神戶市播磨科學公園都市	美國能源部 Argonne National Lab	歐洲 18 國家 (法) Grenoble
能量強度(GeV) 光束線組數 周長	8 62 支 1436 m	7 68 支 1104 m	6 56 支 844 m
年度　準備 　　　建設 　　　運用	1987～1989 1991～1997 1997～	1986～1988 1989～1994 1996～	1986～1987 1988～1994 1994～

(來源：日本 JASRI (Japan Synchrotron Radiation Research Institute, 日本高輝度科學研究所)

　　我國國家同步輻射研究中心 (National Synchrotron Radition Research Center) 於 2004 年 7 月向政府提出「台灣光子源跨領域實驗設施興建計畫」，政府於 2007 年 3 月同意「台灣光子同步加速器興建計畫」。該計畫總預算經費為新台幣68.8億元，預計於 2014 年完成提供周長 518 公尺、能量 30 億電子伏特的光源設備。如圖 6 . 7 . 5－1 所示，該設施第一期 (民國 104 年) 完成時，預定裝設 7 座 ID (Inserted Device、插入光源) 光束線/實驗站的情形。該設施第二期 (民國 110 年) 再裝設 11 座 ID 光束線/實驗站、7 座 BM (Bending Magnet) 光束線/實驗站，第三期再裝設 4 座 ID 光束線/實驗站、17 座 BM 光束線/實驗站。

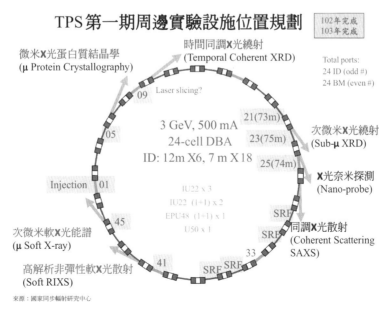

圖 6 . 7 . 5 - 1：台灣光子同步加速器第一期 (民國 104 年) 光束線/實驗站裝設情形

6.7.6 輻射光源設備上超導的應用

同步加速器上超導磁鐵的應用，請參照第 5.10.3 節。如前面第 6.7.4 節所述，為得更高輝度或高能量的輻射光，最近的裝置都裝設插入光源裝置。此裝置上的磁鐵目前使用永久磁鐵。惟，採用超導磁鐵可得更強力的光源，因而有關方面從事此方面的研究。

世界最早波蕩器 (undulator) 是 1976 年的低溫超導線圈型，但為了保持液氦溫度所需熱遮蔽需要採取磁鐵大間隙，所以可產生於電子束軌道上的磁場比以後開發的永久磁鐵 undulator 所產生者低，目前並未被積極採用。

日本獨立行政法人理化學研究所，透過國際科學技術中心 (International Science and Technology Center, ISTC, 美國、歐盟、日本為中心營運)，1996 年日本與俄國 Budker Inst. of Nuclear Physics 共同開發超導 wiggler 型插入電源用磁鐵，在 SPring-8 試驗設備上組立，2000 年 1 月開始測試運轉而達成超導 wiggler 世界最高 10.3 特斯拉。中心線圈的線材採用鈮鈦合金 (NbTi) 與錫化三鈮金屬化合物 (Nb_3Sn) 超導材料。過去的超導磁鐵線材採用鈮鈦，難以實現 8.0 特斯拉以上的磁場。

日本京都大學與日本獨立行政法人理化學研究所合作研發利用超導塊狀磁鐵 (Bulk High-Tc Superconductor Magnet) 與交錯配列矩陣 (Staggered Array) 構造組合起來的 Bulk HTSC Staggered Array Undulator (塊狀高溫超導交錯排列波蕩器)。

第 7 章

資訊、通信領域
超導的應用

第 7 章：資訊、通信領域超導的應用

對於傳統大容量電子計算機，速度及容量的要求逐年增加，半導體計算機速度容量增加後，其消耗電力容量變很大 (通信設備上節省能源亦是近年來的課題)。利用超導 SFQ (Single Flux Quantum，單一磁通量子) 回路 (參照第 3．4．2 節) 的計算機，速度及消耗電力都殊異，世界上不少機構研發 SFQ 計算機，惟，約瑟夫森結大量積體技術亟需突破。

傳統資訊理論加量子力學的量子資訊技術，近年來急速發達中。傳統電子計算機是採用二進位元 (binary bits)，量子計算機是採用量子位元 (quantum bits，qubits)，其計算能力與傳統電子計算機相比格外增大，已有不少研究單位在探索適當量子位元。最近一家公司推出商業型量子計算機組。量子通信可實現保密及高速通信，中國大陸等積極開發量子資訊應用超導元件。

超導體表面阻抗較低的特性應用於微波濾波器，是超導最早應用於通信市場者。近來網際網路的利用激增，其路由器 (router) 與伺服器 (server) 所需處理能力，可藉應用超導 SFQ (Single Flux Quantum，單一磁通量子) 回路加強。利用 SFQ 回路的類比/數位轉換器 (A/D Converter) 與 D/A Converter 被開發應用於通信系統與量測技術。

7．1　SFQ 數位計算機

7．1．1　超導元件利用於數位計算機的經過

利用超導現象於電子學，開始於 1956-7 年麻省理工學院 Back 所提的 Cryotron (低溫管)，以超導材料做薄膜，該薄膜在超導狀態時，並不產生電壓，若加磁場，即轉移到常導狀態而產生電壓。利用此性質作為計算機的 switching element (開關閘元件)。其開關時間為 50 μs，比當時的真空管快，但此種設備其後被電晶體的進步壓倒息影。

1966 年 IBM 公司發表利用約瑟夫森結元件為計算機開關閘元件，其開關時間為 800 ps，當時屬於高速。其所採用的回路與半導體邏輯回路一樣為電壓型邏輯回路，約瑟夫森結兩端無發生電壓的超導狀態為「0」，發生電壓狀態為「1」。IBM開發一段時間後，1983 年就縮小研發規模。

1985 年莫斯科大學 Likharev 提案 SFQ 回路有關串聯的邏輯回路方式，該回路又稱為 RSFQ (Rapid Single Flux Quantum) 回路。RSFQ 回路比電壓型邏輯回路速度高一位、消耗電力少三位，被認為將有突破性發展。Likharev 移民到美國任職紐約州立

大學後，與 TRW、Northrop Grumman、HYPRES、伯克萊大學合作研發。日本 1997 年科學技術廳科學技術振興費中「SFQ 為媒介極限資訊處理功能的研究」項目下，超 (電) 導工學研究所、產業技術總 (綜) 合研究所、富士通、日立製作所、日本電氣、東北大學、橫濱大學、日本女子大學等合作參與研發 SFQ 數位計算機。

7.1.2　傳統大型數位計算機的發展情形

利用半導體的大型數位計算機仍在世界各國競爭開發中，每年定期評比發表 TOP 500 Super Computer 名單。2011 年 6 月發表的內容如下：第一位是日本富士通製造，裝置於神戶理化學研究所 Advanced Institute of Computational Science 的 K (京) computer，第二位是大陸國防技術大學開發裝置於天津國立超級電腦中心的天河一號電腦 (2010 年第一位)，第三位是美國 Cray 廠製造裝於 Oak Ridge National Lab. 的 Jaguar 電腦，第四位是大陸曙光信息產業公司製造裝置於深圳計算中心的星雲電腦，第五位是 NEC、HP 製造裝設於東京工業大學學術國際情報中心的電腦。第一位「京」電腦，由 68,554 只 SPARC 組成可執行每秒 8.162 千兆次的浮點演算 (PFLOPS) (與第二位相比三倍以上)，消費電力 9.89 MW (第一位)，但能源效率是第四位。TOP 500 中，美國佔 256 台、中國大陸 62 台、德國 36 台、英國 27 台、日本 26 台、法國 25 台、俄國 12 台。至 2004 年連續 3 年維持第一位的日本 NEC 製造裝設於日本海洋科學技術中心 (現改稱為海洋研究開發機構) 的地球模擬器 (Earth Simulator)，2011 年位居第 68 位。我國財團法人國家實驗研究院國家高速網路與研算中心的宏碁製造「御風者」電腦列在 42 位，我國共有兩台電腦列在 TOP 500 之內。

The GREEN 500 評比 performance/watt 即電腦節能情形，前述我國「御風者」電腦列在第 25 位，由此可看出大型電子計算機消費電力是要注意的事項。

7.1.3　SFQ 數位計算機的優點與開發情形

美國現在最高速的計算機為 Peta (一秒可執行 10^{15} 次浮點演算) 級，開始檢討千倍快速的 Exa (一秒可執行 10^{18} 次浮點演算) 級計算機。一組 Exa 級計算機依過去的技術簡單推算，需 3000 MW 的消耗電力 (相當於大規模發電廠的總輸出)。Exa 級計算機的實現，需要減低消耗電力的革新技術。

使用超導元件的積體電路與 CMOS (Complementary Metal-Oxide-Semiconductor，互補式金屬氧化物半導體) 回路相比，可減至 1／1000 以下的消耗電力，考慮冷卻用所需能量，尚具有大幅減低大型計算機消費電力的能力。美日等若

干研發機構從事研究如何再進一步減低 SFQ 回路的消耗電力方案。

第 7．1．2 節所提到之日本 Earth Simulator 計算機室所佔的床面積為 65 m* 50 m。日本橫濱大學的教授估計具有此地球模擬器 (Earth Simulator) 40 倍計算能力 1.6 PFLOP 的 SFQ 超導計算機可在 4 m 方形用地內，包括冷卻用冷凍機的消耗電力估計為 1.4 MW。

世界上不少研發機構參與利用 SFQ 回路的超導數位回路相關研究已超過 15 年，目前 SFQ 回路的大規模積體化為中心課題。日本超 (電) 導工學研究所數年前已完成 140,000 只鈮系約瑟夫森結的積體回路，名古屋大學成功完成 100 GHz 的動作速度，但要凌駕技術已極成熟的半導體數位計算機最尖端技術尚待努力。

7．2　量子計算機 (Quantum Computer)

2011 年 5 月 25 日美國最大國防設施承造廠洛克希德‧馬丁公司 (Lockheed Martin Co.) 向加拿大溫哥華的 D-Wave Systems Inc. 訂購 D-Wave One 型量子計算機系統，合約包括計算機系統、保養與相關專業服務，這是世界第一套商業型量子計算器。

7．2．1　D-Wave One 型量子計算機的構成

依 D-Wave Systems Inc. 的資料，D-Wave One 型計算機的主體處理器 (processor) 由 128 超導磁通量子位元 (superconducting flux quantum bits (qubits)) 與 24,000 只約瑟夫森結 (Josephson Junction) 以標準積體回路程序組立。上述回路分為 16 單胞 (unit cell)，而各個單胞由 8 超導磁通量子位元 (superconducting flux quantum bits (qubits)) 與 1,500 只約瑟夫森結 (Josephson Junction) 組成。整個計算機系統所佔的面積約為 100 平方呎，所耗電力為 15 kW。

此量子計算機系統，依該公司稱，可以省時省費用地處理傳統電子計算機難以處理的問題，諸如：軟體查證與確認 (software verification and validation)、財務冒險分析 (financial risk analysis)、親和圖化與情緒分析 (affinity mapping and sentiment analysis)、影像辨識物體 (object recognition in images)、醫學影像分類 (medical image classification)、壓縮傳感 (compressed sensing) 與生物資訊處理 (bioinformatics)。

該公司稱，該計算機系統的操作並不需要特別的智能，使用者可經 API (Application Program Interface，應用程式介面) 與該計算機系統互動，從遠方可進入多種程式環境，諸如 Python, Java, C++，SQL 及 MATLAB。

7．2．2　量子計算機的特點

傳統電子計算機使用二進制，其位元 (binary bit) 表示「0」或「1」。量子計算機的量子位元 (quantum bit, qubit) 以相同的或然率可同時表示「0」與「1」，即普通的位元一次表示的狀態僅為一，但量子位元一次表示兩個狀態。

8 bit (CPU) 的傳統計算機，一次可表現的狀態只有一個 (以「00110010」為例)，但是 8 位元量子計算機可以同樣的或然率表現從「00000000」至「11111111」的所有的狀態。換言之，N bits 傳統計算機的資訊處理能力為 2*N，但 N qubits 量子計算機的資訊處理能力為 2**N。32qubits 量子計算機可同時輸出 2**32，約 40 億的數據。

量子計算機發揮本來預期的性能時，將來需要龐大數據分析的核武器實驗模擬、人工衛星的軌道、偵察衛星的影像分析、飛彈的快速彈道計算，在這些計算增加一個數值傳統計算機需龐大的計算量，而採用量子計算機即可立刻得到分析結果，所以可採取迅速的對策。免去現在對航空飛機、潛艇、飛彈、衛星等所做的風洞實驗，僅以量子計算機即可開發新型的飛機、潛艇等。

7．2．3　量子計算機相關研發經過

「基於量子力學的計算設備」1969 年即有人提過，1970 年代曾有數篇論文發表。 1985 年以色列出生的英國牛津大學教授大衛-杜斯提 (David Deutsch) 提出基本的理論，1980 年代多處於紙上談兵狀態，直到 1994 年貝爾研究所的彼得-秀爾 (Peter Shor) 提出量子計算機因數分解法後，不少學校研究機構著力於利用各種量子位元系統來實現量子計算機。

量子位元 (qubit) 主要研究有下列 3 種：超導相位量子位元 (superconducting phase qubits)、超導磁通量子位元 (superconducting flux qubits)、超導電荷量子位元 (superconducting charge qubits, charge-based superconducting qubits)。另有人研究半導體的量子位元。

歐盟在 FP7 (Research Framework Programme 7，第七期 (2007 ~ 2013) 研發計畫) 項下的「資訊與通訊技術 (ICT)」領域撥列 200 萬歐元，部分補助英國布里斯托大學科學家主導的團隊執行量子結合光子的研究計畫 (Quantum integrated photonics, QUANTIP)。大家認為，量子計算機至少在25年內不可能成為事實，然而 2011 年元月該研究團隊發表「其研究團體已經可以實現並觀察兩個光子的量子隨機漫步 (quantum walk)，要進展到三個光子、或更多光子的元件是很容易。他門相信，以他們的技術，量子計算機會在 10 年內超越現有傳統電腦的表現。」

美國從事量子計算機研發機構中，Los Alamos National Laboratory 之非線形研究中心、National Institute of Standards and Technology、University of California, Santa Barbara (UCSB) 等研究單位比較著名。

日本內閣總務省 2001 年開始委託研究量子情報通信技術，由科學技術振興機構 (Japan Science and Technology Agency, JST)、理化學研究所 (RIKEN)、NTT (Nippon Telegraph and Telephone Corporation，日本電信電話股份公司)、三菱電機技術研究所、NEC、富士通奈米技術研究中心等從事研發。

上述各國的研發，似留在實現適當的量子位元 (qubits)。第 7．2．1 節所提加拿大University of B. C. 研究單位出來的人員組成 D-Wave Systems 公司的進度與成就殊異。有人曾在 IEEE Spectrum 上質疑該量子計算機系統功能，列為年度 Worst Technologies 之一 [3]，惟洛克希德‧馬丁公司不會輕率地訂購該量子計算機系統，必經過相當嚴密的性能驗證評估方訂購。

7．2．4　量子計算機上超導的應用

產生量子位元 (qubit) 的方法有幾種：使用固體元素、離子、分子、光子等不同的元件。第 7．2．1 節所提 D-Link 量子計算機的主處理器以超導磁通量子位元及許多約瑟夫森結組成。日本理化學研究所與 NEC 的研發團隊使用超導約瑟夫森結的量子位元產生法。

7．3　微波通信旁通濾波器上超導的應用

7．3．1　微波發信、收信用旁通濾波器

行動電話在同一地域多數利用者同時共用同一頻帶頻率電波通話，為有效活用有限的頻率帶域資源，需要降低鄰接頻域其他通信系統的電波干擾，但儘量靠近頻域。在行動電話基地台發信時，藉峭急曲線特性將多餘頻率電波 (頻域外雜訊成分) 予以劈開，而採用發信濾波器。相同地，在行動電話基地台收信時，藉峭急曲線特性劈開多餘頻率電波，而採用收信濾波器。

在電視傳播 (類比傳播、地面數位) 的中繼站，亦為了防止發信波與收信波間的干擾，裝設受信用濾波器。

7．3．2　微波發信、收信用濾波器上超導的應用

超導體濾波器，在微波領域的表面阻抗與普通常導金屬相比小 2、3 位值，與

傳統的濾波器相比具有高 Q 因子 (表示共振的尖銳度) 特性，請參照圖 7．3．2－1 特性的比較。高溫超導的高頻設備已推出微波領域的超導收信濾波器。美國 STI (Superconductor Technologies Inc.) 公司 1999 年開始製造，已在美國 10000 處以上的行動電話基地台裝設其收信超導濾波器。中國大陸，清華大學與總藝超導科技有限公司合作開發高溫超導收信濾波系統，裝設於北京市內五處基地站已有多年，該系統曾獲得大陸工業信息化部「2007 年中國 10 大 IT 技術發明」表揚。

　　近來行動電話、無線 LAN、數位電視等利用電波的機器擴大，高速通信網的構成要求亦提高，因而需要有效利用有限的頻率資源，維持電波利用環境的超導送信用濾波器需要性增大。利用超導於其他頻帶 (到如氣象雷達用) 濾波器與可調濾波器 (tunable filter) 等亦開發中。

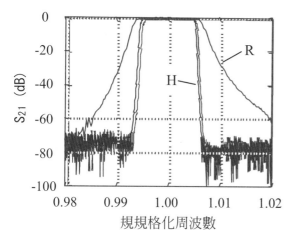

H：超導濾波器(實測值例)
R：慣常常溫濾波器例(參照數據)

來源：日本富士通　Web21 (04/03p.8)

圖 7．3．2－1：超導濾波器與慣常濾波器特性比較

　　發信用濾波器比收信濾波器需較大輸出功力。因此，被要求在薄膜、裝置、系統各階段的耐電力特性。然而較難以實現，極積進行開發中。

7．4　SFQ 網際網路用路由器 (Router)

　　隨著網際網路利用的普遍激增，高端路由器 (High End Router) 的吞吐 (throughput) 量逐年激增。半導體路由器的吞吐量勉強到 10 Tbps (tera 每秒 10^{12}、兆位元)，SFQ 路由器可處理的吞吐量為 100 Tbps，製造法上設法到 1 P (peta 10^{15}) bps 並非夢想。第 3．4．2 節所提，半導體邏輯回路的整體時脈頻率 (clock rate) 為數百 MHz，而 SFQ 邏輯回路的時脈頻率在 2005 年已做出 40 GHz，最近日本超導體工學研究所開發接近 100 GHz。SFQ 回路的時脈頻率為半導體回路時脈頻率的 100 倍以上，SFQ 回路具有可在一定時間內處理大量數據的特性，即吞吐量大的特性，適於應用在需繼續處理大量數

據的網路路由器。網際網路伺服器 (server) 方面亦有人開發應用 SFQ 回路。

7 . 5　類比/數位轉換器 (A/D Converter) 上超導的應用

第 3 . 4 . 2 節所述，超導 SFQ (單位磁通量子) 回路，以寬度數 ps (兆分之一秒) 的電壓脈波傳移，利用此特性可開發高頻率帶的類比/數位轉換器 (A/D Converter) 或 D/A Converter，實際應用於通信或量測。近年來資訊、通信的發展迅速，亟需比傳統，設備特性優異的超導設備。

例如，為了觀察使用於 40 Gbps 光通信的數位信號波形，需要 120 GHz 以上的取樣示波器。另外，無線領域將來可能擴大利用稱為毫米波 (millimeter wave) 的高頻率電波利用。在這樣的領域，需量測通過半導體積體回路與印刷電路板等配線的電流波形，回路設計與對不要的電磁波對策愈重要。期待可量測高頻率電流波形的 SFQ 超導元件高速量測儀器 (取樣示波器) 的應用，由於其利用可開發並實現更高性能的產品與服務。類比/數位轉換器有無線器用與量測儀兩大類。

7 . 5 . 1　無線 (行動通訊基地台等) 設備用類比/數位轉換器 上超導的應用

行動通訊系統技術進步迅速，從第一代已進入第四代，相應基地台設備亦需改進，配合將來發展，有 Intelligent Super Base Station (ISBS，智慧型超級基地台) 的構想。

第三代以後行動電話無線通信，使高速數據通信服務為可能，需要寬頻域、高精度的 A/D 轉換器。第四代服務需要每一用戶 20 ~ 100 Mbps 的寬帶通信，第四代用基地台通信機中的 A/D 轉換器可能需要在 200 MHz 頻帶 12 ~ 14 bit (位元) 以上的性能，但延伸半導體 A/D 轉換器性能改進趨勢，在此數年內難以達到。使用超導的 $\Delta \Sigma$ (Delta-Sigma、三角積分) 轉換器，可實現相當於上述的性能。

將來引進的軟體無線方式，可能需要在 20 ~ 100 MHz 頻帶 16 位元以上的性能。

如第 3 . 4 . 2 節所提，SFQ 回路的消耗電力極小，為 CMOS (Complementary metal oxide semiconductor，互補式金屬氧化物半導體) 回路的 1／1000 以下，SFQ 回路可以時脈週期 100 MHz 以上的高速處理，SFQ 回路的轉換器實現比半導體回路更寬頻域、高精度的性能。

在日本，二十世紀末 1998 年開始的 NEDO (獨立行政法人新能源、產業技術總 (綜) 合開發機構)「超 (電) 導應用基盤 (礎) 技術研究開發計畫」下，ISTEC (國際超 (電)導產業技術研究中心)、日立等合作開發利用超導 SFQ 回路的 20 K 以下取樣頻率

100 GHz 的類比/數位轉換器 (A/D Converter)。

日本經濟產業省，2002 年開始的「情報通信基盤 (礎) 高度化計畫」下之子計畫「低消費力型超電導網路設備之開發」委託國際超 (電) 導產業技術研究中心 (ISTEC) 執行，該計畫 2002 年 9 月開始，2007 年 3 月結束，由名古屋大學、橫濱大學、日立製作所等合作進行，2003 年度開始改為 NEDO 的委託計畫。該計畫除研發低溫及高溫超導通信設備外，確認超導類比/數位轉換器 (A/D Converter) 系統性能。開發以氧化物系高溫超導製成前段回路，再與半導體信號處理回路 (後段回路) 組合，形成複合型 $\Sigma\Delta$ 類比/數位轉換器 (A/D Converter)。實證 10 MHz 頻帶域 S/N 比 13.7 bit 的高性能，他們預測在 200 MHz 帶可得 12-14 bit S/N 比性能。利用超導類比/數位轉換器 (A/D Converter)，不但速度快，在寬頻域內的多數無線電信號予以數位化後可以信號處理，此性能難以半導體實現。

美國 HYPRES 公司，目前世界唯一專門經營超導電子設備公司 (開發、設計、組立、測試、包裝)，曾受美國軍方委託開發超導類比/數位轉換器 (A/D Converter) 相關設備。該公司利用該超導類比/數位轉換器 (A/D Converter) 推出 Digital RF Receiver (數位無線接受機)，可至中心頻率 21 GHz 的多 GHz 頻寬數位化，應用到 Software Radio (軟體廣播)、Satellite Communication (衛星通信)、electronic-warfare (EW) (電子戰爭武器)、signal-intelligent (SIGINT) (信號情報)、Radar 系統等。

無線通信用寬頻域、高精度 A/D 變換器的將來：超導 SFQ 元件適用無線電信號變換為數位的寬頻域、高精度 A/D 變換器，在各種無線系統混在到處存在的網路 (ubiquitous network) 上，可提供易適應的無線服務與無線途經。在基地台，只改變軟體即可對應 PDC (Personal Digital Cellular、日本第二代行動電通信目標)，W-CDMA (Wide band Code Division Multiple-Access、寬頻分碼多工、一種 3G 多蜂巢網路)，無線 LAN (Wireless LAN、無線區域網路)。另外，亦可輕易變換為 ITS (Intelligent Transport Systems、日本開發的智慧型交通系統)，RFID (Radio Frequency Identification、無線頻域辨識) 用無線機，追加或刪除服務只需變更軟體即可執行，不需每次變更服務時更換機器。

7．5．2 量測用類比/數位轉換器上超導的應用

資訊通信光網路的快速化一直在進展，以 Ethernet (乙太網路) 為例，目前 1 Gbps 乙太為主流，預測 2015 年 10 Gbps 乙太可能替代成為主角，2010 年 6 月 IEEE 802 標準追加 100 Gbps 乙太的標準。預定 100 Gbps 乙太以 25 Gb/s* 4 條傳送，但目前尚無存在可觀測此種光通信波形的實用示波計儀。要即時量測 25 Gb/s 的波形，需最低

1 秒 50 Gb 的取樣頻率。提高即時示波計整體的取樣率，需該儀器上的 ADC (類比/數位轉換器) 採用高速化者。

日本國際超 (電) 導產業技術研究中心 (ISTEC) 以 NEDO (獨立行政法人新能源、產業技術總 (綜) 合開發機構)「次世代高效率網路設備開發」計畫下的一子項，開發可應用於量測 25 Gb/s 光信號即時示波計所要用的 SFQ 回路高速 ADC。解決技術問題後，預期約瑟夫森結的臨界電流到 40 kA/cm^2，可超過 150 Gb/s 的取樣頻率。

目前半導體 ADC 的最高級為 Notel 所開發的 COMS ADC，其取樣率為 24 Gb/s，此儀器係以 150 Mb/s 的 ADC 160 組交插 (interleave)，實現 24 Gb/s。但交插 (interleave) 時，有下列的嚴重的限制：即所有的 ADC 之特性需齊全，且正確控制取樣相位。倘若無法滿足此些條件，即所觀測的波形可能歪變。Tektronix 的即時示波器號稱具有 50 Gb/s，採用交插 (interleave)，需以既知信號修正量測結果。不需交插 (interleave) 而可超過 150 Gb/s 取樣率的超導示波器，可望當為 100 G 乙太時代的 25 Gb/s 光信號波形的量測手段。

美國 HYPRES 公司曾推出利用超導元件的 PSP-750 及 PSP-1000 數位示波器 (應該採用超導元件)，該等儀器具有 70 GHz 頻寬 (band width)，該公司號稱世界最高時域反射儀 (time domain reflectometer)。

7.6 取樣示波器上超導的應用

7.6.1 取樣示波器

普通波形的觀測以與試樣波頻率相比相當高的取樣率 (sampling rate)，擷取各時段的瞬間值，經 A/D 轉換為數位數值，一次掃量試樣波形。

近年來通信、電子量測的領域所需觀察對象信號頻率愈高，難以產生與試樣頻率相比相當高的高取樣率，所以不能採用此普通的量測法，需採用取樣示波器 (sampling oscilloscope) 方法。

取樣示波器 (sampling oscilloscope)，又稱取樣器 (sampler)，在日本又稱為高速計 (量) 測儀，可適用於高精度量測反覆出現的高頻電信號波形。取樣 (sampling) 是從外面 (亦可在設備內產生) 送一定間隔 (sampling pulse rate) 的觸發 (trigger) 信號，而量測試樣波的各瞬間值。反覆量測類比信號波形值，經 A/D 轉換為數位數值資訊，多次 (例如 1000 次) 反覆做此量測，求平均。加之，將送出觸發 (trigger) 信號的時刻與入力信號的時刻差加以少些變動後，再做同樣的反覆量測後，將所有量測結果予以重疊，而正確現出輸入信號波形。圖 7.6.1－1 示取樣器的取樣基本原理。

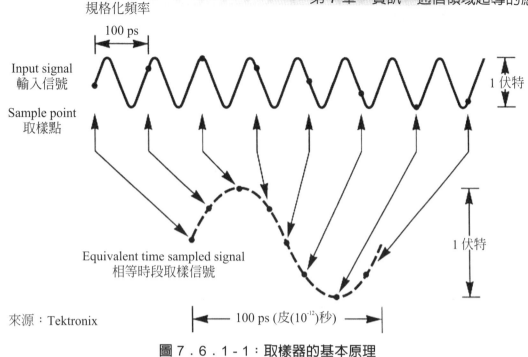

規格化頻率

100 ps

Input signal
輸入信號

1 伏特

Sample point
取樣點

Equivalent time sampled signal
相等時段取樣信號

1 伏特

來源：Tektronix

100 ps (皮(10^{-12})秒)

圖 7 . 6 . 1 - 1：取樣器的基本原理

7．6．2　取樣示波器上超導的應用

　　量測 40 GHz 光通信所使用的數位信號波形時，需要採用 120 GHz 頻域的取樣器 (sampler)。將來通信領域可能擴大應用在第 7．7 節所提的太 (兆)赫茲波，此等領域需要量測通過半導體積體回路 (LSI) 或印刷基板等配線的電流波形，回路設計上與防止不需要的電磁波對策愈重要。

　　第 3．4．2 節所提，SFQ 回路的時脈頻率 (clock cycle) 可到 100 GHZ 以上高速，其消耗電力為 CMOS (Complementary Metal-Oxide-semiconductor, 互補式金氧半導體) 回路的 1,000 以下。利用 SFQ 回路的取樣器 (sampler) 回路與傳統半導體回路相比較高速動作，可期待以 pico 秒 (兆分之一秒)、微安培 (micro ampere、百萬分之一安培) 的精度達成寬頻域、高精度的量測。利用 SFQ 超導元件取樣器 (高速量測儀)於量測高頻率電流波形，可開發更便利且高性能的製品。

7．6．3　半導體測試儀、通信測試儀上超導的應用

　　半導體測試儀 (半導體測試系統) 是測試半導體元件可靠度與檢查不良產品的測試裝置。依半導體元件的種類，有記憶體測試儀、VLSI 測試儀、SoC (System On a Chip，系統單晶片) 測試儀、邏輯測試儀等。

　　通信測試儀是無線、有線通信系統的測試裝置，依測試對象，有行動電話基地台測試裝置、無線通信器用分析儀、光數位通信信號分析儀等多種。

　　過去的半導體測試儀、通信測試儀，以半體體技術所構成，但半導體技術取樣率的快速化有限制，將來通信機器上的通信信號頻率提高，很可能需要應用可以達成 50 GHz 以上的取樣率的超導技術。

　　利用超導 SFQ 技術，可達成超過 50 GHz 的超快速取樣，在半導體元件與通信機器可擷取快速變化的信號波形。要觀察 40 Gps 光通信所使用的半導體與通信設備的測試，需要應用超導的 120 GHz 取樣示波技術。

7.7 太(兆)赫茲波技術上超導的應用

7.7.1 太(兆)赫茲概說

(1) 太(兆)赫茲波定義

　　太 (兆) 赫茲 (Tera (10^{12}) Hertz，THz) 波，指 0.1 THz (波長 3 mm) 至 10 THz (波長 30 μm) 間的電磁波，光波與電信波之間存在太 (兆) 赫波帶領域，有時稱為次毫米波 (Sub-millimeter Wave)。以前，太 (兆) 赫茲波少被利用，理由是產生太 (兆) 赫茲波困難，將電波的頻率提高至數百 GHZ 以上困難，將光的波長予以加長亦困難，所以一直屬於未開發的電磁波帶。但是，20 世紀末開始各種開發，使太 (兆) 赫茲波的產生變成比較容易，而收訊方法亦被開發，太 (兆) 赫茲波被認為可利用的電波 (或光)。圖 7．7．1 – 1示兆 (太) 赫茲波的頻率帶。

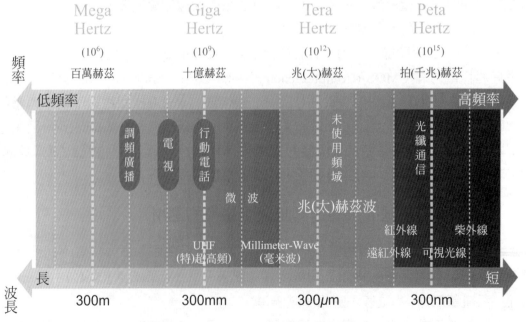

圖 7．7．1 - 1：兆(太)赫茲波頻率帶

(2) 太 (兆) 赫茲波的特徵

太 (兆) 赫茲波具有電波與光波兩者的特徵，可穿過紙、橡膠、塑膠、木材、纖維、乾燥紙、食品、半導體、冰等，被水 (水蒸氣) 吸收，對水分敏感，對金屬反射。

太 (兆) 赫波僅有 X 線之 100 萬分之一能量，不如 X 線，對人體是安全的。

太 (兆) 赫波，對物質分子間的振動狀態敏感。

(3) 太 (兆) 赫茲技術

太 (兆) 赫技術 (Terahertz Technologies) 由太 (兆) 赫茲波 (Terahertz Wave)、太 (兆) 赫茲光學 (Terahertz Photonics)、太 (兆) 赫茲電子學 (Terahertz Electronics) 三部分技術相輔而成。

(4) 國外太 (兆) 赫技術的開發

a · 歐盟

在第 5 及第 6 Framework Programme (第五 (1998 ～ 2002)、第六 (2002 ～ 2006) 期研發計畫) 中的「Information Society Technologies (IST, 資訊社會技術) Program」下積極促成太 (赫) 茲波應用於醫療、通信的研發。有下列計畫：

* WANTED (Wireless Area Networking of Terahertz Emitters and Detectors)：英國 2000 ～ 2003 年執行開發 1 ～ 10 THz的廣頻帶半導體發振器及檢測器。

* TERAVISION (Teraherz Frequency Imaging Systems)：英國 2000 ～ 2003 年執行開發高輸出、小型使用近紅外線短脈波雷射的醫療應用小型太 (兆) 赫茲脈波影像裝置，開發後由相關企業 (Tera View) 將技術發展事業化。

* NANO-TERA (Ballistic Nanodevices For Terahertz Data Processing)：法國 2001 ～ 2004 年執行，研究太 (兆) 赫茲信號處理裝置。

* SUPER-ADC (A/D converter on superconductor-semiconductor hybrid technology)：瑞典 2002 ～ 2004 年執行，研究高溫超導體與半導體複合的超高速 A/D converter (類比/數位轉換器)。

b · 美國

主要以國防部下的 DARPA (Defense Advanced Research Project Agency 國防部高級研究計劃局) 等為中心，積極策略性地推行國防目的為主導的先端技

術開發計畫與超高速電子演算領域計畫。

* TIFT (Terahertz Imaging Focal-plane-array Technology)：開發保安用的小型高靈敏度太 (兆) 赫茲檢測系統 (sensing system)

* TFAST (Techology for Frequency Agile Digitally Synthesized Transmitter)：2003 ~ 2006 年間研究高速通信、相位矩陣天線 (phased arrey antena) 發信機的數位化應用超高速 IC (積體回路)。

* WIFT (Submillimeter Wave Imaging FPA Technology)：2005 年開始，保安防衛用影像應用亞毫米波 FPA (focal plane array，焦平面矩陣，無線電望遠鏡用天線) 相關配件的開發。

　　美國 Picometrix 公司開發太空船外壁瓷磚內部欠陷處檢查用太 (兆) 赫茲影像系統，被美國太空署 (NASA) 採用。美國 Physical Sciences Inc. Northrup Grummn Space Technology 公司、Boeing 公司、Lockheed Martin 公司等從事開發太 (兆) 赫茲光保安領域應用。

c·日本

　　日本獨立行政法人情報通信研究機構 (National Institute of Information and Communication Technology, NICT) 的未來 ICT 研究所 (Advanced ICT Research Institute) 下面設有超高頻率 ICT 研究室 (Terahertz and millimeter wave ICT Laboratory)。

7·7·2　太 (兆) 赫茲技術的應用

　　太 (兆) 赫茲波應用的三大基本領域：以太 (兆) 赫茲波觀察影像、太 (兆) 赫波領域的光譜分析、利用太 (兆) 赫波的超高速信號處理，前兩領域常常被一起應用。

7·7·2·1　太 (兆) 赫茲的光譜分析與影像應用

　　影像方面，前面曾提及，太 (兆) 赫波具有與其他電波相同的性質，可通過衣服、木材或塑膠等多種物質，但碰到鐵等金屬即被反射。因為其頻率較高，與頻率較低的電波不同，通過水或水蒸氣中時被吸收衰減。利用此特性，可調查植物中水分多寡，探查口袋裡所隱藏的危險物 (刀鎗等)，組立中 LSI (Large Scale Integration, 大型積體電路) 的斷線地方。另外，因為太 (兆) 赫波具有光的性質，所以可利用鏡頭予以焦集光或以反射鏡予以反射。因此將太 (兆) 赫波光束狀加以焦射掃描，即可以

得太 (兆) 赫波所看的影像。太 (兆) 赫茲波頻帶比 X 線多存在與分子振盪會同步的頻率，這是太 (兆) 赫茲光可觀察出多物質而辨識特定物質的理由。

　　光譜分析方面，己知麻藥、爆炸藥吸收 1 THz 左右的特定頻率，因而檢測被吸收的光譜，即可查出在信封或箱裡面的此等物質。對物質照射各種頻率的 THz 波時，會穿過多種物質，而比 X 線或雷射安全，可顯示物質固有的穿通、吸收、反射特性 (稱為指紋光譜) 等各種特點。生體、高分子、電子材料的光譜分析，與影像技術配合，研發在醫療診斷、隱藏物檢查、生物測定學 (biometrics) 等的應用。

　　太 (兆) 赫茲時域光譜法 (THz-Time Domain Spectroscopy, THz-TDS) 成為可行後，在太 (兆) 赫茲帶的複雜折射係數、複雜電介係數、複雜導電係數等都可容易量測、評估，而各種物質在太 (兆) 赫茲帶的固有物性逐漸明瞭。最近在美、英、日等國 THz-TDS 系統、太 (兆) 赫茲光譜裝置、影像系統已商品化。

太 (兆) 赫茲光譜分析與影像技術在下列各方面可能被利用：

(1)　電子材料、工業材料物質科學領域：以太 (兆) 赫茲時域光譜儀與影像配合可查出晶圓注入離子相差而引起太 (兆) 赫茲波透過率的相差，可應用於晶圓評價裝置。對各種電子材料的評價，太 (兆) 赫波的各種物性亦逐漸明瞭。可分析工業材料奈米組合等的分子間相互間作用。太 (兆) 赫茲技術可應用於先端材料的原子、分子構造，極端條件下的材料物性，產業材料的評價，新物質創製與材料改質等。

(2)　醫療、生化、醫藥品分析等生命科學領域：太 (兆) 赫茲帶的資訊可含氫氣結合狀態與分子間相互作用，因而可利用於辨識各種分子。對生物細胞的水分極靈敏，尤其被認為對皮膚癌檢查有效。癌組織與正常組織對太 (兆) 赫茲波的吸吸程度不同，期待應用於癌現場診斷裝置。若太 (兆) 赫茲波診斷裝置普及，開刀進行中可迅速判斷癌組織，可大幅減低由於餘留癌組織而再發的可能性。亦可應用於火傷深度的診斷，生物體細胞、分子的檢查，血糖值與血中藥物濃度或血流速度可以不侵入的量測。另外，氨基酸 (amino acid)、糖、鹽基 (base) 等生物體相關物質在太 (兆) 赫茲帶現示具有特徵的吸收特性，因此可應用於醫藥品的分析，蛋白質巨大分子的三維構造解析，非結晶生物體材料的小角散射儀 (Small Angle Scattering)，藥劑設計、新開發等。

　　太 (兆) 赫茲波診斷裝置可謂沒有曝露憂慮的診斷裝置，而 X 線沒辦法看到者，可以太 (兆) 赫茲波看到，太 (兆) 赫茲波診斷裝置將來可能替代 X 線診斷裝

置。

於此介紹一下，太 (兆) 赫茲波與人體關係的說法：在自然界發出太 (兆) 赫茲波最多的是人體，嬰兒的太 (兆) 赫茲波放射量最多，生命力衰減或損害健康者的太 (兆) 赫茲放射量愈小。植物、動物、食品與人體一樣，健康 (新鮮度高) 者的太 (兆) 赫茲波放射量高。太 (兆) 赫茲波是與生命力有關的波長，如可提高太 (兆) 赫茲波，即可回復疾病或健康情況的不良，甚至年青化。宇宙空間的電磁波多屬太 (兆) 赫茲波，人體大部分是水分，人體水分可蓄存從宇宙來的太 (兆) 赫茲波而維持生命，太 (兆) 赫茲波可稱為生命光線。

(3) 工業、產業上的應用

使用 LTEM (Laser Terahertz Emission Microscope, 雷射太 (兆) 赫茲放射顯微鏡)，照射 femto (飛，10^{-15}) 秒級近紅外線雷射光檢查 LSI 晶片的缺陷處。

可應用於半導體新氧化物材料的評價、奈米材料的評價、高性能電池材料的局部構造解析、微量元素分析、材料截面觀察、材料歪斜分布解析、建築物非破壞檢查等。

(4) 保安 (Security) 上的應用

太 (兆) 赫茲波將成為保安上的關鍵技術，應用於禁止藥品、危險物的非破壞、非侵入檢查，可查出信封內麻藥而應用於郵件的檢查，航空站的隱藏物檢查、偽鈔鑑定、屋外危險物探查、個人辨識等技術。

地震或火災時人體探查，火災時利用太 (兆) 赫茲波檢測特定瓦斯。

(5) 食品、農業領域：食品檢查，新鮮度管理，殘留農藥檢查。

(6) 宇宙、環境量測

兆赫茲技術應用於環境量測的例是，日本國立環境研究中心所開發的臭氧觀測用毫米分光計。高度 40 公里以上的臭氧高度分布用超導電波檢測儀應用 Heterodyne (外差) 光譜觀察。

至於天文觀測上兆赫茲技術的應用例的 ALMA 計畫於下面第 7．7．2．3 節簡述。

7．7．2．2　太 (兆) 赫茲超高速信號處理的應用

從長期的觀點，目前的網路通信可能遭遇下列的問題：通信量增加後，隨著網路高速化大容量化，裝置尺寸、消費電力增大；電腦計算能力增大後，暗號技術可能配不上；頻率利用快速發展，可能用盡頻率帶域的資源。

需要透視未來 10-20 年，而開發網路新基礎技術，解決現在 ICT (Information Communication Technology) 將面臨的瓶頸，需打破物理的限制為目標。其可能的手段如下：電的處理傳送速度有限制，應用光子網路技術解決；可利用頻率領域的限制，應用太 (兆) 赫茲 ICT (THz ICT) 技術解決；消費電力、尺寸的限制，應用奈米 ICT 技術解決；資訊保全、傳統資訊通信的限制，應用量子資訊通信技術解決。利用太 (兆) 赫茲資訊通信技術是將來可能必行的路之一。

(1) 太 (兆) 赫茲資訊技術 (Terahertz Information and Communication Technology，THz ICT)

　　近年來各國積極開發 THz ICT，將過去未利用頻帶的太 (兆) 赫茲波的特徵予以活用，利用太 (兆) 赫茲波的寬頻域特性，實現與大容量網路以無線可無縫的連接方式，建立在天災非常時可靠運用的系統。為實現數十 Gbps 的高速無線系統，必須利用寬頻域資源的太 (兆) 赫茲帶的無線傳送系統。使用 0.2 ～ 0.5 THz 大氣吸收比較小的頻域帶為載波。活用太 (兆) 赫茲波特徵的高度辨識系統，利用太 (兆) 赫茲光譜的環境等多樣遙測檢測系統，與網路連接而實現安全、安心社會到處所在的網路系統。但是，因為被大氣中的水分吸收，所以無法傳播到遠所 (限在數百公尺左右)，可應用於室內等有限空間的超高速信號處理。

(2) THz ICT 的研發情形例

(a) 歐盟

歐盟在其 FP7 (7 TH Framework Programme 第七期研發計畫，2007 年 ～ 2013 年) 下，執行 7 項 THz ICT 相關研發計畫：OPTHER (Optically driven terahertz amplifiers), COSIT (Compact High Brilliance Single Frequency Terahertz Source), TREASURE (Terahertz room-temperature integrated parametric source), ROOTHZ (Semiconductor nanodevices for room temperature THz emission and detection), TERATOP (Terahertz Photonic Imager on Chip), DOTFIVE (Towards 0.5 Terahertz Silicon/Germanium Hetero-junction Bipolar Technology) 等計畫。

(b) 日本

獨立行政法人科學技術振興機構 2011 年決定「開拓太 (兆) 赫茲波新時代的革新基盤 (礎) 技術的創出」新研究課題。委託 12 所學術與研究機構從事各項研究題目。

日本內閣總務省 (在日本郵電通信屬於總務省之管下)，2011 年度推出 7 項擴

大電波資源相關研發計畫，委託相關研究機構執行。

(3) THz ICT 的應用

(a) 短距離大容量無線通信：將來 THz 波無線可將周邊機器與攜帶行動端設備以 10-100 Gps 與光纖主幹系統連接，在家裡、辦公室、屋外各地方都可應用，實現超寬頻到處所在的無線通信 (ubiquitous wirless communication)。

應用於光纖裝設困難的大樓間通信、近距離遙測、遙控等。

(b) 高精細映像的傳送變成簡便，例如 1 秒內可傳送 10 部片長 2 小時的高畫質 DVD 影片，3D 百科全書，3D 開會、3D 教育。

(c) 人民生活上：

醫療領域：開刀房的即時 3D 高精度圖像傳送至多具端末 (主刀醫、助理醫師、護士、遠遙控室等)，可即時把握病患狀況；智慧型開刀房 (醫師僅執行開刀，另有判斷、擬定策略的監視戰略組在另房間) 等有大容量資訊，需應用太 (兆) 赫茲無線通信傳送。

災害時，被害情狀況的把握，直昇機所得大量資訊立即傳送，可應用太 (兆) 赫茲高速大容量通信。

提高地域生活水準與連繫：以網路連接電視，使大家都可使用電視電話，提高看護服務，利用3D映像的偏遠地區遙施教育。

(d) 省能源、綠化上的貢獻

削減人、物的移動：實施 telework，不一定每天需上班。可實施線上購物、線上賣買、TV 會議等。

生產與消費的效率提高：削減音樂、映像、軟體的配送，改為電子出版、電子傳送，實現 paperless office。

ICT 本身的省能源：以極短時間傳送大容量資料，無線系統可做間歇動作。

無線太 (兆) 赫茲化後，不需電纜的大容量傳送，對減碳綠化效應有所貢獻。

7．7．2．3　宇宙、天文學上太 (兆) 赫茲技術的應用

在宇宙、天文學上研究太 (兆) 赫茲技術，可謂牽動了太 (兆) 赫茲相關研究。下面簡述天文觀測上應用太 (兆) 赫茲低雜訊受信器例，ALMA 計畫。

(1) ALMA (Atacama Large Millimeter/Submillimeter Array，阿塔卡瑪大型毫米 / 次毫米波天

線矩陣) 計畫

本計畫是在智利北部 Atacama (標高 5059 公尺) 砂漠高源平地上 (年降雨量 100 mm 以下)，由東亞 (日本、我國)、北美 (美國、加拿大)、歐洲等共同裝設多組電磁波檢測器，執行天文觀察研究。在最大直徑 18.5 公里的地區，排列直徑 12 公尺與 7 公尺的拋物線狀天線 66 台，等於形成大直徑的天線，觀測天空中毫米及次毫米波太 (兆) 赫茲波電磁波。此等觀測天線設在可移動台上。如圖 7．7．2－1 所示，分為由直徑 12 公尺的天線 50 台所組成的天線 (ANTENNA) 群與由直徑 12 公尺天線 4 台及直徑 7 公尺天線 12 台所組成的 ACA (Atacama Compact Alley) 群。ACA 群可以高靈敏度觀測廣泛天體，而 ANTENNA 群以高分析性能仔細觀測天體，將兩者的資訊予以合成，可達成仔細的構造以及廣範圍的構造的超高分析性能。

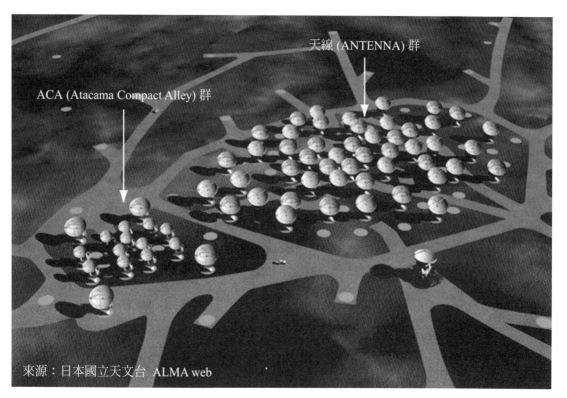

圖 7．7．2 - 1：ALMA計畫觀測天線配置

天空以普通的天文望遠鏡僅可以觀察到發光的天體，但是天文家發現宇宙充滿看不見的成分 - 暗物質與暗能量。天文家估計宇宙的構成為暗能量 75 %、暗物質 23 %、常規物質和能量僅佔 2 %。暗物質等亦發出特有的電磁波 (太 (兆) 赫茲波)。

本計畫，以大天線利用超導體所造成的低雜音收信機，初期分 7 段，終期 10 段，接收宇宙發出的毫米及次毫米 (太 (兆) 赫茲) 電磁波，觀察黑暗宇宙，以解明宇

宙的構成、宇宙誕生、宇宙物質進化、生命源的迷題等。

本計畫的設計工作于 1995 年 5 月開始,於 2002 年完成。2005 年 10 月在智利現場破土開工,整個工程預計將於 2012 年完工,但在 2007 年就使用部分天線開始觀測。

(2) 天文觀測用太 (兆) 赫茲收信機

太 (兆) 赫茲波稱為末開發的頻率帶,以目前的技術難以直接處理其信號與頻率,需利用在微波系統被廣泛採用的 heterodyne (外差) 技術,即基準信號發信器 (局部發信器) 輸出與接收信號,經過 mixer (混頻器) 後,得相差頻率信號來處理。

前項所述的 ALMA 計畫,30-950 GHz 的觀測頻帶分割為 10 頻率帶,各頻率帶的收信器由日、美、歐的5所研究所分擔製造。日本國立天文台承造 125-163 GHz (第四頻帶)、385-500 GHz (第 8 頻帶) 與 787-950 GHz (第十頻帶) 的受信器共 240 台。

7.7.3 太 (兆) 赫茲技術上超導的應用

如第 7.7.2.3.(2) 項所提,太 (兆) 赫茲波,目前尚無法直接處理其信號與頻率。無法直接解析的高頻域信號,予以忠實變換為適以解析的低頻域信號,稱為 Heterodyne (外差) 技術。此技術需要,局部發信器 (emitter,可產生量測對象電磁波領域的單一頻率高純度信號),與混頻器 (Mixer) (可將局部發信器頻率與信號頻率變換為基準信號頻率的低雜訊且高變換效率元件)。超導應用在太 (兆) 赫茲技術的太 (兆) 赫茲波源發射器 (emitter)、混信器 (mixer)等。

(1) T Hz 波發射器 (emitter) 上超導的應用

太 (兆) 赫茲波發射源現開發幾種,半導體之外,高溫超導體 (YbaCuO、BiSrCaCuO等) 亦為其中之一。其原理是照射光脈波至高溫超導體薄膜時會發射約 0.5 pico (10^{-12}) 秒週期的電磁波現象。日本筑波大學研究群於 2007 年 7 月,據稱世界上最初連續發射 強力的 T Hz 電磁波,他們利用高品質大型單結晶 $Bi_2Sr_2CaCu_2O_{8+\delta}$ 的高溫超導約瑟夫森結,照射微波時發生 Josephson Plasma 波現象,在約瑟夫森結內部發生共振而向外發出太 (兆) 赫茲電磁波。

(2) T Hz Heterodyne Mixer 上超導的應用

mixer 需為具有非線性特性的元件,如金屬與半導體所成的 Schottky diode (肖特基二極) 或超導體夾絕緣體的 Superconductor-Insulator-Superconductor (超導

體-絕緣體-超導體) 元件，後者在高頻帶可實現低雜訊特性，而廣泛的被應用於太 (兆) 赫茲頻帶。

以兩只超導電極夾以厚度約 1 nm 的極薄氧化膜的超導穿隧結 (Superconductor-Insulator-Superconductor tunnel junction、約瑟夫森結) 所構成的 mixer (混頻器) 的電壓電流特性，與半導體二極體的電壓電流特性相比，顯示很明顯的非直線特性。對此電子元件照射兩道不同頻率的電磁波時，高效率地可獲得相差頻率的輸出信號。

第 7．7．2．3．(2) 項所述 ALMA 天文觀測計畫，日本國立天文台負責製造下述應用超導元件的的太 (兆) 赫茲收信器天線，其超導元件應用情形如下：ALMA 天文觀測計畫的第四頻帶 (125-163 GHz) 及第八頻帶 (385-500 GHz) 收信機的 SIS mixer 採用 Nb/AℓOx/Nb 型超導穿隧結元件。至於第十頻帶 (787-950 GHZ)，因為該頻帶超過 Nb 間隙頻率 (gap frequency) (~ 690 GHz)，要得低雜訊受信性能，需採用替代 Nb 的低損失超導材料用 mixer，而採用 NbTiN/AℓN/NbTiN mixer 元件。

封面上段照片是，日本負責製造直徑 12 公尺、重量約 100 噸的 ALMA 天線第一組於 2009 年 9 月運到智利後，以特製搬運車運行智利標高 5000 公尺的安第斯高原，以 7 小時行走 27 公里的砂漠地帶。照片來源：ALMA (ESO/NAOJ/ NRAO)。

7．8 量子通信上超導的應用

1984 年美國 IBM 研究所 Charles Bennet 與加拿大蒙特利爾大學 Gilles Brassard 提出一個量子密鑰協議 (BB84 protocol)，叩開量子保密通信的大門。從此以後，由於量子通信技術誘人的應用前景，歐盟、美國、日本等進展此方面的開發。2004 年奧地利銀行作為世界上首個採用量子通信的銀行。2007 年瑞士全國大選的選票結果傳送過程採用量子保密通信技術。

7．8．1 量子通信

現在的資訊通信技術是利用電子或光等「波」的性質傳達資訊的技術，量子通信是利用電子或光等「粒子」的性質處理、傳達資訊的技術。量子通信是經典資訊理論與量子力學相合的一門新興交叉學科。

藉此量子通信技術，傳統資訊通信技術上不可能實現的各種功能，如絕對不能解碼的密碼通信(量子密碼)、超高速通信(量子通信)、超越現在的超大型數位計算機能

力超並聯、高速資訊處理(量子電腦)，可予以實現。

　　量子資訊通信的原理，應用量子力學上的「量子重疊」、「量子糾纏」、「量子量測投影」三基本性質而實現。

　　＊量子重疊 (quantum superposition)

　　　　傳統資訊通信的基本單位「bit (位元)」是表示「0」或「1」，但量子資訊的基本單位「qubit (量子位元)」有同時取「0」與「1」兩值的性質。如第 7 . 2 節所提，n 個量子位元可同時表示 2n 個的狀態，此性質應用在量子電腦。

　　＊量子糾纏 (quantum entanglement)

　　　　兩只以上的量子位元存在時，具有相互關係的性質。在微觀世界裡，不論兩個粒子間距離多遠，一個粒子的變化都會影響另一個粒子的現象，稱為量子糾纏，此為量子通信保密系統的基礎。藉送信者與受信者共有相關的量子位元集合體，而可即時傳達大量資訊至遙遠處，此性質被應用在量子通信的 quantum teleportation (量子隱形傳輸)。量子通信是由量子態攜帶資訊的通信方式，量子態的隱形傳輸在沒有任何載體攜帶下，而僅將一對攜帶資訊的糾纏光子分開，將其一的光子發送到特定的位置，就能準確推測另一光子的狀態，從而達到「超時空穿越」的通信方式與「隔空取物」的遠輸方式。

　　＊量子量測投影 (quantum measurement operation)

　　　　在量子重疊狀態下的量子位元予以觀測一次，就同時取「0」與「1」值的狀態變成「0」或「1」的性質，此特性可應用於量子通信技術。如信息被竊取，整個信息會自毀 (collapse)，且光子的狀態產生變化，使用者可立即查覺通信中光子的狀態變化而可判斷可能被竊取。

　　一般而言，保密通信可以分為「加密」、「接收」、「解密」三個過程，發送信者將發送內容通過加密規則 (密鑰) 轉化為密文，接收者接到密文後採用與加密密鑰匹配的解密密鑰對密文進行解密，得到傳輸內容。

　　量子保密通信的過程亦相同，只不過加密與解密的密鑰不再是傳統的密碼，而是改用微觀粒子攜帶的量子態信息，此一看似微小的變化，卻使密鑰的安全性產生巨大的變化。

　　量子信息是發送者在測量中未提取的其餘信息，接收者在獲取兩種信息後，就可以製備出原物量子態的完全複製品，發送者甚至可以對這個量子態一無所知，而接收者將別的粒子處於原物的量子態。

　　量子通信系統基本上由量子態產生器、量子通道與量子量測裝置而成，其資訊傳

輸經經典 (傳統) 或量子兩類。前者主要用於量子密鑰的傳輸，後者則可用於量子隱形傳態與量子糾纏的分發。

量子通信具有巨大的優越性、保密性強、大容量、遠距離傳輸等特點。量子通信不僅在軍事、國防等領域具有重要的作用，而且極大地促進國民經濟的發展。

7．8．2　量子通信網各國開發情形

目前美國、歐洲、日本、奧地利等已投入很多人力以及資源從事量子資訊通信及量子電腦的研究。

我國國科會曾辦「量子資訊科學先導性研究計畫」，成功大學成立「量子通信及安全研究中心」，清華、交大、台大都從事這方面研究。中國大陸已有不少機構投入這方面的研發，如中國科技大學教授潘建偉為主的研發團隊開發成果相當可觀。目前世界上量子通信網路的開發概況列述於下。

(1) 美國

2005 年 DARPA (國防部高級研究計劃局) 資助建立下列量子網路，其連接點有 3 個，分別為美國 BBN 公司、哈佛大學與波斯頓大學，目前延伸長度為 10 公里。

(2) 歐盟

歐盟在 FP6 (第六期研發計畫) 下，總計畫費 16,823,437 歐元中資助 11,352,183 歐元，自 2004 年 4 月至 2008 年 9 月，委託 Austrian Research Centers GmbH (ARC) 為主的研發團隊，執行「Development of a global network for secure communication based on quantum cryptography (SECOQC)」計畫。在該量子密碼通信網路研發計畫下，於 2008 年 10 月在維也納現場演示了一個基於商業網路的安全量子通信系統，該系統集成了多種量子密碼手段，包括六個節點。其組網方式為各個節點使用多個不同類型量子密鑰分發系統，並利用中繼進行聯網。

(3) 中國大陸

中國大陸，中國科技大學教授潘建偉與中科院上海技術物理研究所王建宇為主的研發團隊對量子通信方面相當有成就。2004 年首次實現五光子糾纏與終端開放的量子態隱形傳輸，2012 年再開發八光子糾纏。該研發團隊曾於 2008 年 8 月研製 20 km 級的 3 方量子電話網路，此全通型量子通信網路採用星形結構，其中任意兩個節點都可以互聯互通，即時地產生不落地的量子密鑰，大大提高安全通信的距離與速率，同時保證了絕對安全性。其最大的兩個通信節點間距離超過

16 km，每個節點可以在全雙工模式工作，即同時作為量子信號發射與接收進行量子通信。

合肥城量子通信試驗示範網于 2010 年 7 月開始建設，投入 6000 多萬人民幣。經過大陸科學技術大學與安徽量子通信技術有限公司人員歷時1年多，各項建成後試運轉，各項功能、指標均達到設計要求。2012 年 3 月 29 日通過安徽省科技廳組織的專家驗收，30 日正式使用。

該量子通信網具有 46 個節點的量子通信網，涵蓋市城區，使用光纖約 1700 公里，通過 6 個接入交換與集控站，連接 40 組「量子電話」用戶。主要用戶為對資訊安全較高的政府機關、金融機構、軍工企業及科研院所，如合肥市公安局、合肥市政府應急指揮中心、中國科技大學、合肥第三人民醫院及部分銀行網點等。據報導，繼合肥市之後，大陸北京、濟南、烏魯木齊等城市的城域量子通信網也進行建設。

該研發團隊，于 2011 年 10 月在青海湖首次成功實現百公里量級的自由空間量子隱形傳態與糾纏分發。此實驗證明，無論從地面指向衛星的上向量子隱形傳態與糾纏分發，或是衛星指向兩個地面站的下行雙通道量子糾纏分發均可行。在高耗損的地面成功傳輸 100 公里，意味著在低耗損的太空傳輸距離能達到 1000 公里以上，基本上解決了量子通信衛星的遠距離信息傳輸問題。

潘教授在 2011 年 9 月 28 日 - 30 日舉行的 2011 諾貝爾獎得主北京論壇上表示：中國大陸量子通訊衛星計劃在 2016 年發射。通過此種技術的發展，終於構建廣域的量子通訊網路，在空中衛星轉傳的幫助下，實現遠距離量子通訊。

量子密鑰分發是最有希望實用化的量子資訊技術，可以帶來絕對安全的資訊傳輸方式。實現全球化量子密鑰分發網路，需要突破距離限制。目前，由於光纖損耗與檢測器的不完善等因素，以光纖為信道的量子密鑰分發距離已接近極限。另一方面，由地球曲率與遠距可視等條件的限制，地面自由空間的量子密鑰分發很難實現突破。要實現遠距離，甚至是全球任意兩點的量子密鑰分發，低軌道衛星的量子密鑰分發是最具有潛力且可行的方案。該方案需要克服大氣層傳輸損耗、量子信道效率、背景雜訊等問題。尤其是低軌道衛星與地面站始終處於高速相對運動中，存在角速度、角加速度、隨機振動等情況。如何在這些情況下建立穩定的量子信道，保持信道效率及降低量子密鑰誤碼率，成為低軌道衛星平臺實現量子密鑰分發面臨的關鍵。

大陸潘建偉教授等研發團隊為克服星地量子密鑰分發的上述難題，研製高速誘騙態量子密鑰分發光源與輕便收發整機，發展高精度跟瞄、高精度同步與高衰

減鏈路下的高信噪比及低誤碼率單光子檢測器等關鍵技術。在此基礎上，利用旋轉平臺模擬低軌道衛星的角速度與角加速度，利用熱氣球來模擬隨機振動與衛星姿態，利用百公里地面自由空間信道來模擬星地間高衰減鏈路信道，成功地驗證衛星、地間安全量子信道的可行性。

2012 年潘教授與新華社合作，建設大陸「金融訊息量子通訊驗證網」，正式開通。

大陸報導英國 ITT 國際防務公司研究人員提議：潛艇可以將一個密鑰加密成光子，在水面下數百公尺的地方通過激光向衛星發射光子，然後再由衛星把光子傳回地面，到達基地。研究人員模擬展示：一個潛艇在水下時，能夠以每秒 170 兆字節速率收發數據的系統，這技術可能徹底改變目前潛艇的通信方式。

(4) 日本

以前日本郵政為國營企業，郵政及資訊由郵政省管理，郵政省於 2000 年 6 月 23 日公開《邁向 21 世紀的革命的量子情報通信技術的創生》報告書，提及量子資訊的開發，可實現無法竊取的密碼通信與可實現超高速通信。2001 年日本郵政民營化後，資訊改由總務省管理，總務省於 2001 年發表《情報通信(資訊)白皮書》。在該書第 3 章〈情報通信政策之動向〉，第 5 節〈研究開發的推進〉，第 9 項提到〈量子情報通信技術之研究開發〉。依該項所建議，日本政府總務省下設「量子情報通信技術研究推進會議」，2001 年開始策略地、整體地策動日本的量子資訊通信技術的研究開發。另外，總務省下設有「戰 (策) 略的情報通信研究開發推進制度 (Strategic Information and Communications R & D Promotion Programme, SCOPE)」，定期徵求年青研發者參與資訊研發工作。

日本 2001 年 4 月將原通信總合研究所與原通信、放送機構統合併成立獨立行政法人情報通信總 (綜) 合研究機構 (National Institute of Information and Communication Technology, NICT)。該機構四個研究部門之一，「未來 ICT (技術) 研究所」下面設有「量子 ICT 研究室」，該研究室利用上述的 SCOPE 計畫統括進行量子通信方面的研發。

NICT 曾在東京舉辦 2007 年 10 月 1 ～ 3 日第一屆、2008 年 12 月 1、2 日第二屆 UQC (Updating Quantum Cryptography) 及 2010 年 10 月 18 ～ 20 日第三屆 UQCC (Updating Quantum Cryptography and Communication，量子密碼學與通信現況) 國際會議。在第三屆會議上與聯合研發夥伴：日本電氣公司 (NEC)、三菱電機公司、日本電信電話公司 (NTT)，示範 2010 年 10 月 14 日開始運用的東京

QKD (Quick Key Destribution) 網路系統。該系統以光纖連接東京的大手町、小金井、白山、本鄉四據點 (最大據點距離 50 km) 的量子密碼動畫傳送網路 (據稱是世界第一次密碼傳送動畫)。

7.8.3 量子資訊通信技術上超導的應用

因為量子資訊通信技術是利用微弱光所有的光粒子 (單光子、single photon) 為資訊媒介，所以一粒「單光子」的產生、傳送、檢測等需新技術，以高靈敏度、快速且低雜訊可檢測單光子的技術為一個關鍵。為檢測光子，光電倍增器 (photomultiplier)、使用 Si 與 InGaAs/InP 半導體材料的崩潰光二極體 (avalanche photodiode、APD) 已被開發應用。在通信波長帶 (波長 1550 nm)，主要採用 InGaAs/InP 半導體 APD，但半導體 APD 由於材料與檢測原理，檢測效率與速率受限制，為實現量子資訊通信技術，光子檢測技術需要突破。日本獨立行政法人情報通信研究機構 (NICT) 團隊研發第 5.11.2.(3) 項所提的 Superconducting nano-strip single-photon detector (超導奈米線單光子檢測器)，SSPD 是超導現象下電子與光子互相作用且在極低溫動作，可具有 APD 百倍以上的高速性與頂極的低雜訊性。SSPD 的波長靈敏領域極寬，以一個元件可包含 Si - APD 與 InGaAs/InP – APD 的靈敏領域。加之，不需要 APD 的閘同步動作，實用上系統構建非常容易。

上面第 7.8.2.(4) 項所提到的東京 QKD 系統，開發團隊認為：NICT 所開發在 -270 ℃ 下可檢測光子的 SSPD 的優秀性能，對於該系統的長距離化、高速化、動作穩定化有所貢獻。

第8章

超導開發之相關國外政策及推動情形

第 8 章：超導開發之相關國外政策及推動情形

　　美、日、韓等國都將超導技術的發展列為國家政策，積極推動。在其他若干國家亦有不少研發單位、製造廠展開超導相關技術的發展。下面簡單敘述其概況。

8.1. 美國

8.1.1　布希政府能源政策及 SPI 組織

　　2001 年 5 月當時的美國副總統 Dick Cheney 向美國總統 Bush 建言：超導為能源輸送上的 Key Technology (關鍵技術)。美國能源部訂了「Superconductivity Program for Electric Power Systems 綱要」，支持開發高溫超導機器設備，應用於電力事業及私人企業方面，有利於國家能源、經濟、環境及教育。該部認為，該國的電力事業需要解決因為老化而趕不上時代的基幹結構，不久的將來必以高溫超導電力設備替代既有老化設備，而此快速發展市場將為無先例的機會。為了讓一般民眾接受高溫超導電力設備，達成全國電力設備現代化，迫切需要加強對高溫超導技術、爭論及優點的關心與教育。美國能源部為了加速此方面的技術開發，創設革新的合作組織「The Superconductive Partnership Initiative (SPI、超導合作夥伴創始組織)」。

　　美國 2003 年 DOE (能源部) 下新設「Office of Electric Transmission and Distribution (OETD，輸配電局)」。OETD 於 2003 年 7 月提出《2030 Grid Vision，Electricity Second 100 Years (2030 年電網展望、第二百年的電力)》報告。該報告中超導電力設備的推展列在將來計畫。

　　美國能源部於 2005 年公布「Energy Policy Act 2005 (2005 年版能源法)」，該法案共有 18 章、1724 頁，經國會長達 4 年的審議，該法明確的規定有關超導為重要技術之一。在第 9 章〈研究開發〉裡明述：須推展超導相關的研究開發，並要求能源部長推展改善輸配電系統可靠度、效率、環境所需要的研究、開發、示範計畫，並需按排適當的預算，由此可看出研究開發重點在高溫超導且注重其實用。在第 12 章〈電力〉裡明述：要努力推展超導電纜、超導電力儲能設備的普及。

(1) SPI 組織

　　SPI 組織結合了 27 家製造廠、8 所研究機構、10 家電力事業及 19 所大學，推動 DOE 的 Superconductivity System Program。

　　該組織目的因國際競爭的需要及發展能源部的「Superconductivity Program for Electric Power Systems」，焦點放在改善電力基幹結構的效率、容量及可靠度

所需的技術開發與現場試驗。能源部繼續補助改善高溫超導線材、零件與系統所需資金，美國能源部大約支持各計畫總預算的 50 %。這樣的補助開發計畫，可讓企業、大學及國家研究機構間的互動帶來很多好處。

(2) SPI 組織推動發展情形

該計畫主要研發項目及主辦單位如下：

* Waukesha Transformer：開發 5/10 MVA 雛型 HTS 變壓器，目標可達 30/60 MVA HTS 變壓器。(與 Superpower Inc. 等合作)

* SuperPower：開發並試驗 138 kV 級 HTS Fault Current Limiter (故障限流器)，裝於 AEP Sporn 變電所。

* Niagara Mohawk：在紐約州 Albany 的 Riverside 與 Menands 兩變電所間裝設 350 公尺、48 MW、34.5 kV、800 A 配電電纜。(電纜採用住友電工超導素線材，Super Power 提供)

* SouthWire：開發安裝 27 MW、100 呎、三相 HTS 配電電纜供三所工廠。

* American Electric Power：開發三相、200 公尺、69 MW (13.2 kV、3 kA) 三軸 HTS 電纜裝設於 AEP 俄亥俄州內 Cloumbus Bixby 變電所。(電纜使用 American Superconductor Inc. 超導素線材，由 Southwire 與 nkt cables 合作製造)

* Long Island Power Authority (LIPA)：開發並安裝三相、610 公尺、600 MW HTS 電纜在紐約長島 Holbrook 變電所，輸電電壓：138 kV、2400 A。(American Superconductor Inc. 提供超導素線材，由 Nexans 電纜廠製造)

* Boeing Flywheel Electricity Systems：開發 10 kWh/3 kW 採用 HTS 軸承的高效率飛輪供電系統，提供系統負載平衡發電應用。同時開發 5 kWh/100 kW 電力品質改善用飛輪供電系統並可擴大至 30 kWh。

* General Electric：開發 1.5 MW 及 100 MW HTS 發電機。

8．1．2　歐巴馬政府政策

歐巴馬總統就任後，提拔華裔朱棣文 (Steven Chu) 博士為能源部長。朱博士曾任美國勞倫斯柏克萊國家實驗室主任，主要領導研究新替代能源，於 1997 年以「發展用雷射冷卻與捕獲原子的方法」獲得諾貝爾物理獎，亦為中研院院士。奧巴馬政府提倡 Green new deal (綠色能源政策) 口號，主張領導世界開發再生能源，後來改為 clean energy 政策 (包括天然氣、淨煤)。

2009 年 2 月 13 日美國總統簽署 7870 億美元的「American Recovery and Reinvestment Act (美國經濟復甦與再投資法案)」，green energy 支出為其中之一。2009 年 4 月美國副總統說明 33.75 億美元補助智慧型電網投資，以 50 萬至 2 千萬美元的範圍補助智慧電網技術開發各計畫，以 10 萬至 5 百萬美元的範圍補助電網監視裝置開發各計畫，最多補助總投資的 50 %。615 百萬美元資助智慧型電網示範計畫，為推廣轉移至智慧型電網，補助 1 億美元資助智慧電網工作人員訓練 (以 35 至 40 百萬美元範圍補助各開發訓練計畫，以 60 至 65 百萬美元範圍補助各工作人員訓練計畫，以 4 千 4 百萬美元補助州公共事業委員會，使新雇用工作人員或保留原工作人員可迅速有效地審核電力事業所提出的多項計畫。

2010 年 12 月 7 日美國能源部與其他 7 個部門 (商業部、農業部、美國進出口銀行、The Oversea Private Investment Corporation (海外私人投資公會)、美國貿易發展署、總統府美國貿易代表處)組織了「Renewable Energy and Energy Efficiency Export Initiative (再生能源與能源效率出口創始機構)」。

2011 年 6 月 13 日美國白宮科學技術委員報告《A Policy Framework for the 21th Century Grid：Enbling Our Secure Energy Future》。該報告提出新技術的開發是「美國要領導世界同時在環境技術領域創出新就業機會」，將 45 億美元投資於智慧型電網相關技術，並且促進政府與民間企業間連繫，籌謀潔淨能源的普及。該報告另提到：電力系統可能受到駭客之 cyber attack (網路攻擊)，需要提高保護網路免受惡意攻擊的相關智識技術，並設定嚴格的指南。

歐巴馬政府極積推動智慧型電網，似對直接連接至智慧型電網的飛輪貯能設備等有興趣。對布希政府所推動的 SPI 計畫似不再延用，能源部最近網站上已找不出 SPI 計畫。

2009 年 11 月發表以智慧型網路相關技術開發之一環，具有限流功能的超導變壓器的開發計畫。2011 年開始以 3 年預定開發使用 Y 系超導線材的 3.4 MJ SMES (超導儲磁能裝置)。

8．1．3　美國政府補助超導開發例

美國政府在超導發展面的投入已有多年歷史，在上世紀 90 年代初期，美國聯邦政府每年投資約 1.4 億美元，但這水準在 90 年代後期逐步降低，到 21 世紀初期降到約 9000 萬美元/年。但相反地，國防部在 2003 年的補助有所提昇，其原因是執行一個海軍計畫，涉及輪船推進力的研發。1994 年以前的美國政府贊助資金由「Federal Research in Superconductivity」中撥款。1994 年後，除了能源部外，其他預算都不再

由「Federal Research in Superconductivity」中撥款，而單獨列超導項支出。在過去 1995 年～2004 年 10 年間，美國政府贊助超導的資金主要來自美國國防部 (DOD)、能源部 (DOE)、國家科學基金會 (商業部 DOC 下之 National Science Foundation，NSF) 及太空總署 (NASA)，總計約 11 億美元。這段時期的主要資金來源分布如下表 8．1．3-1。

2007 年 6 月美國能源部 (DOE)，贊助 5 千 1 百 80 萬美元的相對支援款給下列有助促進美國電網現代化計畫應用 HTS (高溫超導) 的研發款：SouthWire ($ 13.3 M)、American Superconductor ($ 9 M)、American Superconductor ($ 12.7 M)、SC Power Systems ($ 11 M)、SuperPower ($ 5.8 M)。

表 8．1．3-1：1995～2004 年間年美國三個政府部門資助超導開發情形

DOD	約 3.5 億美元
DOE	約 3 億美元
NSF	約 1.7 美金

(來源：http://www.istec.or.jp/Isis/E13sumit.htm;)

8．1．4 美國學會方面超導應用相關活動情形

(1) 美國 IEEE (國際電機電子工程師學會) 下設有 Council on Superconductivity (CSC)，發行 Transaction on Applied Superconductivity 雙月刊，定期開會。該會與歐州之 European Society for Applied Superconductivity (ESAS) 合作執行 European Superconductivity-Related Activity，提供歐州超導相關活動的資訊 (database)。

該學會隔年舉辦 Applied Superconducting Conference (ASC，超導應用會議)。2012 年 10 月 7～12 日在美國西岸的波特蘭舉行 25 屆大會，因為美國能源部約制出差 30 名未參加，共有 52 國 1650 名參加。發表論文共有 1603 篇，Electronics (電子) 453 篇、Large Scale (大型機件) 552 篇、Materials (材料) 410 篇、Joint session (大型機件與材料聯合會議) 170 件、Special Plenary (大會特刊) 7 篇。

電力機器相關發表有口頭發表 47 件、備文件發表 202 件，計 249 件。依相關機器分組，電纜 54 件 (含口頭 18 件)、故障限流器 100 件 (含口頭 14 件)、SMES 與飛輪儲能裝置 43 件 (含口頭 5 件)、變壓器、發電機與電動機 52 件 (含口頭 10 件)。

(2) 美國 American Physical Society (APS, 物理學會) 於 2010 年 11 月 16 日發表「Integrating Renewable Electricity on the Grid (A Report by the APS Panel on Public Affairs) (美國物理學會公共事務小組報告「再生電能併聯電網」)」。對 Forecast, Energy Storage, Long Distance Transmission, Business Case (預測、能量儲存、長距離輸電、商機) 等提出建議。其中關於 Long Distance Transmission 方面的建議如下：DOE 應將 Office of Electricity 的高溫超導計畫延長十年，為能使大量再生電能由產地輸送至需要地，集中開發其所需直流高壓超導電纜，並加速開發電網潮流控制用電力電子技術，包括交流、直流轉換技術及反應時間為微秒 (micro second) 的半導體 200 kV、50 kA 斷路器。

8．2　日本

日本 2011 年 3 月 11 日發生東日本大震災，遭遇到未曾有的困難，是年 3 月 31 日其科學技術政策大臣發表談話謂：活用過去所培養的知識與成果，將科學技術應扮演的任務予以顯明地貢獻於克服此難局。日本經濟產業資能源廳與獨立行政法人新能源、產業技術總 (綜) 合開發機構 (NEDO) 於 2011 年 3 月所訂之「省能源技術戰 (策) 略 2011」中記載：將省能源技術展開，以該國領先世界的超導技術為核心技術，達成省能源系統為戰 (策) 略途徑。期待日本的超導技術可在省能源革新技術上成為王牌。

2010 年 5 月 21 日政府發表「2011 年度科學技術重要施策行動革新計畫」，訂定綠化革新為主要課題，提到「超 (電) 導輸電」為政府全體需執行解決課題的必要方策。

據第 8．2．3 節的日本ISTEC數年前提到，在日本從超導相關學會或協會的參加人員數概略推算，全日本從事超導相關研發人員共有約 2300 人。

8．2．1　日本政府超導相關研發推動情形

日本政府超導相關開發業務的主要推展，開始時由經濟產業省主辦。後來經濟產業大臣管轄下的獨立行政法人新能源-產業技術總 (綜) 合開發機構 NEDO (New Energy Development Organization) 於 2003 年 10 月成立，由該機構能源、環境技術本部下電能技術開發部主辦。日本政府過去推展超導相關開發計畫例如下。

＊1988 - 1989 年委託「超 (電) 導發電機關連機器、材料技術研究組合 (協會)」開發 70 MW 級超導發電機。 2000 年開始 4 年，以「超 (電) 導發電機基盤

(礎) 技術計畫」開發高密度化 (200 MW 級為目標)、大容量化 (以 600 MW 級為目標) 所需基本技術。

＊2000 年開始「交流超 (電) 導電力機器基盤 (礎) 技術研究開發 (Super ACE)」5 年計畫，研發交流輸變電設備利用超導，以期減低損失與小型輕量化，而實現節省能源。主要開發超導電纜、S/N轉移型故障限流器、電力用超導磁鐵。

＊「第 I 期超電導應用基盤 (礎) 技術研究開發計畫」，執行「超 (電) 導線材要素技術之開發」(1998 - 2002)等。

＊「超 (電) 導應用基盤 (礎) 技術開發 (第 II 期)」(2003 - 2007 間 5 年)，執行下列開發：
 ・線材製造技術開發
 ・機器要素技術開發
  (包括超導電纜、超導變壓器、超導電動機、超導故障限流器、高性能冷凍等)

＊「超 (電) 導電力網路控制技術開發」(2004 ～ 2007)

＊「使用 Bi 超導線材的高溫超導電纜實證計畫」(2007 ～ 2012)

＊「Y 系超導電力機器技術開發計畫」 (2008 ～ 2012)，NEDO 補助預算列於各計畫後面：
 ・SMES 的研發，2567 百萬日圓
 ・超導電力電纜的研發，3130 百萬日圓
 ・超導變壓器的研發，3061 百萬日圓
 ・超導機器用線材的技術開發，6209 百萬日圓
 ・超導電力機器適用技術標準化，85 百萬日圓

日本政府的其他部門通過其轄下的獨立行政法人機構參與超導相關開發計畫，其例列於 表 8．2．1－1。

表 8 . 2 . 1-1：日本政府相關行政法人機構 (NEDO 以外) 參與超導相關開發例

日本政府部門	獨立行政法人機構	參與超導相關開發	參照章節
文部科學省	原子力研究開發機構	ITER 超導線圈	第 4 · 9 · 3 節
文部科學省	原子力研究開發機構	J-PARC	第 5 · 10 · 3 節
文部科學省	放射線醫學總(綜)合研究所	重粒子加速器開發計畫	第 6 · 4 · 2 節
文部科學省	科學技術振興機構	量子資訊通信技術	第 7 · 8 · 2 · (4)項
文部科學省	科學技術振興機構	開拓太 (兆) 赫茲波新時代的革新基盤 (礎) 技術的創出	第 7 · 7 · 2 · 2 (2) b 項
文部科學省	理化學研究所	超導材料	第 2 · 3 · 3 節
文部科學省	理化學研究所	量子資訊技術	第 7 · 2 · 3 節
經濟產業省	石油天然氣、金屬鑛物資源機構	電磁金屬資源探測裝置 (SQUITEM)	第 5 · 9 · 1 節
經濟產業省	產業技術總(綜)合研究所	SQUID的非破壞檢查裝置	第 5 · 9 · 2 · (4)項
經濟產業省	產業技術總(綜)合研究所	直流標準電壓裝置	第 5 · 15 · 1 節
經濟產業省	產業技術總(綜)合研究所	超導離(光)子檢測器	第 6 · 6 · 2 · (2)項
總務省	情報通信研究機構(NICT)	超高頻率 ICT (Terahertz and millimeter wave ICT)	第 7 · 7 · 1 · (4) c 項
總務省	情報通信研究機構(NICT)	量子資訊通信技術	第 7 · 8 · 2 · (4)項

8 . 2 . 2　NEDO《超 (電) 導技術、超 (電) 導分野 (領域) 技術戰 (策) 略 Map (構想)》[10]

日本政府經濟產業省下獨立行政法人「新能源產業技術總 (綜) 合開發機構 (NEDO)」，於 2006 年 4 月發表《超 (電) 導技術、超 (電) 導分野 (領域) 戰 (策) 略 Map (構想)》。以後每經一或兩年稍加修改後再發表。該機構於 2010 年 3 月發行《超 (電) 導技術解說資料》[11]。此資料是對超導不太熟悉的一般民眾提供高超導技術的了解，平易地解說各種超導技術。

《超 (電) 導分野 (領域) 戰 (策) 略 Map (構想) 》的敘述內容如下：超導技術以 1986 年所謂的「高溫超導物質」被發現為轉機，不但在科學技術大幅度加速進展，而且在能源、電力領域為首，其他的產業、輸送領域，診斷、醫療領域，資訊、通信領域等廣大的領域，世界都提高期待超導技術的應用，同時廣泛地從事研發，工業化不可或缺的技術亦開始出現。另一面，為地球溫室效應緩和對策的一環，需要將超導技術早日實用，而有效且踏實地達成減低環境負荷及有效利用資源的兩大目的。鑒於上述的狀況，曾為「夢想的超導技術」變成被稱為「21 世紀的關鍵技術」的超導技術，需要配合社會的各種需要為念頭，從中長期觀點及早日實用化的觀

點，作成技術策略構想計畫。另以 2020 年左右為目標，提示可期待實現的社會形態。

下面摘述該書上〈技術引進前瞻〉、〈技術指標〉、〈技術時程〉三大章的概要：

(1) 技術引進前瞻

研究開發的推展，需要明瞭各種社會需要與研究開發目標間的關係，構成有效率的研究開發體制極為重要。在超導技術應用機器的開發，所有機器開發需要與基礎技術的超導材料開發 (線材化、量產化、機械生產化) 與機器設備配套用周邊技術 (冷凍、冷卻技術) 的開發同時並行，互相回饋規範要求，這在各種應用機器的適時進行技術開發上不可或缺。

超導技術領域的未來優越性高，在歐美日間有激烈的技術開發競爭，因此無法忽略海外的動向。惟推展研究開發的結果，雖贏得國際的競爭，但無法實用化或事業化即等於無效。所以從研究開發初期階段，即設想將來的事業化，策劃企業參加，可使將來的技術轉移順利。

不久的將來期待適用超導技術的領域可分為下述四大領域：

(a) 能源、電力領域：電力電纜、故障限流器、變壓器、發電機、飛輪、SMES (超導儲磁能裝置) 等。

(b) 產業、運輸領域：船舶用馬達、磁浮式鐵路用磁鐵、晶圓提拉裝置、磁氣分離裝置等。

(c) 診斷、醫療領域：MRI、NMR、MCG (心磁計)、質量分析儀等。

(d) 資訊、通信領域：router (路由器) 開關、SFQ 電腦、bandpass filter、A/D 轉換器等。

各個領域所要求的社會條件等有所不同是不需爭論的，由於共通基礎技術已在成長中，所以規劃策略機器的開發、導入時期是各領域都一樣。依四領域的代表策略機器分別示明技術開發、導入引進及普及的預定時程。

在該報告上附圖列出各領域的超導技術引進前瞻時程。

(2) 技術指標

超導技術在四大領域，為有效率地執行且符合各個引進目的的研究開發，需要明確地指出技術指標。對同時並行開發的共通基礎技術，從供給素材、部品零件的觀點，訂定技術指標。

以能源、電力領域為例，該領域技術再分為發電技術、輸變電技術、能源儲存技術三大類，配合技術利用形態所需開發機器設備的主要技術課題 (大電流化、低損失化等) 分別標示於附表上。

(3) 技術時程

針對技術指標所示的主要課題，被選定為重要技術項目者，以 2020 年為目標，從長中程觀點，標示出各課題的里程碑，依各領域分別加以圖示。

8.2.3 日本國際超 (電) 導產業技術研究中心 (ISTEC)

(1) ISTEC 概說

日本財團法人機構國際超 (電) 導產業技術研究中心 (International Superconductivity Technology Center, ISTEC)，於 1988 年 1 月成立，其目的是促進超導相關調查研究、研究開發、國際交流，可讓超導的研發順利推展，並貢獻超導相關產業的健全發展，而有助國際經濟的發展。ISTEC 目前有 22 個特別贊助會員機構及 17 個普通贊助會員機構，特別贊助機構有日本電力中央研究所、鐵道 (路) 總 (綜) 合技術研究所、東京電力等電力公司、住友電工、古河電機、三菱電機等。

該中心 2013 年 7 月 1 日搬家，同時組織稍有變動。設有超 (電) 導工學研究所 (Superconducting Research Lab.)，下有 Advanced Materials & Physics Div. (材料物性塊材研究部)、Superconducting Tapes and Wires Div. (線材研究開發部)、Electronic Devices Div. (電子設施研究開發部，包括應用 SQUID 的非破壞檢查法、SFQ 回路開發等，本部下設有低溫超導設施研究部)、Electric Power Equipment Div. (電力機器開發部)。

該中心蒐集超導研發相關資訊，並於每月初發行 Web 21 (日文)，亦時常召開技術動向報告會。

該中心每年在日本舉辦「International Symposium on Superconductivity(ISS，國際超導 (電) 研討會)」，日本以外國家的參加人數約 100 名，日本國內參加人數約 600 名，共約 700 名與會。

(2) ISIS (International Superconductivity Industry Summit)

自 1992 年開始 ISTEC 與美國的 CCAS (Coalition for Commercial Application of Superconductors)、歐洲的 CONECTUS (Consortium of European Companies determined to use Superconductivity)、2008 年入會的 NZ-HTSIA (New Zealand

High Temperature Superconductor Industry Association)、2010 年入會的韓國 KICS (Korea Industries Confederation for Commercialization of Superconductivity) 以及 2011 年入會的俄羅斯，輪流主辦在美國、歐洲、日本等地召開 ISIS (International Superconductivity Industry Summit 國際超導產業高峰會議)，會議的目的是討論超導的研究開發現況與將來，促進產官學間的國際合作與公開討論。

美國 CCAS (Coalition for Commercial Application of Superconductors、超導體商業應用聯盟) 的任務是反映會員企業等的心聲至美國超導技術政策上，聯盟會員的目標是藉美國政府的超導計畫支援，加速超導技術的開發、實現及實用化。CCAS 除超導相關企業 (ABB. AMSC, Illinois Superconductors Corp. 等) 外，由 Electric Power Research Institute, Los Alamos National Laboratory , Oak Ridge National Laboratory 等研究機構共 21 個單位組成。

CONECTUS (Consortium of European Companies Determined to Use Superconductivity，應用超導歐洲企業協會) 是有意達成超導實用化的有志機構，以在歐洲內加強相關機構間的連繫為目的，於 1993 年組成的團體。CONECTUS 目前由 BICC CABLE Ltd., Siemens AG, Alstom Electromechanique SA 等超導相關 20 個民間企業及其他國立研究所參加所組成，該協會以全歐洲為視野並加強與美、日等國間的合作關係。

韓國的參加單位為 KICS (Korea Industries Confederation for Commercialization of Superconductivity，韓國超導商業化工業聯盟)。KICS 於 2007 年成立，2010 年開始參加 ISIS，於 2011 年 10 月 31 日至 11 月 1 日主辦在該國昆池岩休閒區召開的 ISIS 第 20 屆會議。

紐西蘭是農牧為主的國家，但該國 2007 年為促進高溫超導技術為基礎產業，組成 NZ-HTSIA (New Zealand High Temperature Superconductivity Industry Association，紐西蘭高溫超導工業協會)。該會 2008 年加入 ISIS 的正式會員，2010 年 2 月 9～11 日主辦在該國首都 Wellington 召開的 ISIS 第 18 屆會。

俄國 2011 年第一次以觀察員身份參加 ISIS，2012 年成為 ISIS 正式會員。

(3) ISIS 2012 年度會議

ISIS 2012 年度會議在美國波特蘭召開，美國 16 名、日本 11 名、歐洲 4 名、韓國 3 名、紐西蘭 3 名、俄國 1 名參加。該次會俄國與紐西蘭代表的報告概要如下：

(a) 俄國代表報告：該國電纜、故障限流器、變壓器、儲能裝置、電動機、發電機各方面都在進行超導應用開發。

超導電纜方面，俄國電力公司 FGC (Federal Grid Company of Unified Energy System) 與其 R&D Cener 共同進行直流超導電纜計畫。依該計畫，聖得堡市內兩所變電所間將以 20 kV 50 MVA 容量 2.5 km 直流超導電纜連接，所需線材已向住友電工訂購 BSCCO 超導線材約 100 km，預定 2013 年春以前交貨，2015 年布設電纜，2020 年併聯系統。

其他下列的超導設備都由 ROSATOM (俄羅斯聯邦原子能機構核能源公司) 負責開發，2010 年 12 月 21 日俄政府向該公司撥 7.65 億盧布 (約 2 千 5 百萬美元)，用於發展超導產業 (2011 ~ 2015)。其概要為，超導故障限流器：3.5 kV 650 A級 Y (釔) 系電阻型，超導變壓器：10/0.4 kV 10 MVA 級，儲能裝置：超導軸承飛輪裝置 5 ~ 20 MJ (已試 0.5 MJ)，超導電動機：1 ~ 5 MW (已試 50 kW)，超導發電機：1 ~ 10 MW (已試 50 kW)。

(b) 紐西蘭代表報告：該國雖然屬於小國，但踏實的進行超導的事業化，認為雖然市場競爭，但尚可獲利，其所期待的領域是 MNR 用磁鐵及系統。

8.3 韓國

韓國，如智慧型電網研發與美國訂定兩國的合作協議一樣，在電力系統超導應用研發上執行 DAPAS 計畫等，相當有企圖計畫。

韓國政府 2009 年發表該國以約 250 億美元將全國電網汰換為智慧型電網。韓國電力公社在〈韓電 2020 計畫〉中長期經營策略中，認為智慧型電網為電業次時代發展原動力，將集中研發包括高壓直流 (HVDC) 輸電、超導技術等的 Green Technologies。

8.3.1 DAPAS 計畫

韓國政府在「21 世紀高科技領域研發計畫 (21C Frontier R & D Program)」中，明確表示將選擇一些高新興科技開發。2001 年 7 月，韓國政府科技部 (MOST, Korea Ministry of Science and Technology) 成立「超導技術應用中心 (CAST, Center of Applied Superconductivity Technology)」，負責超導技術的發展，促進利用商業化，提出並監督執行 DAPAS (Development of Advanced Power System by Superconductivity Technology，應用超導技術發展先進電力系統) 計畫。

(1) DAPAS 計畫目標

DAPAS 計劃，在 2011 年以前發展並商業化 HTS (High Temperature Superconductor) 線材、超導地下電纜、變壓器、故障限流器與電動機，貢獻一個對環境良好、能源損失較小且符合高資訊化社會的電力系統，該計畫的分段目標如表 8．3．1-1 所示。

表 8．3．1-1：韓國 DAPAS 計畫各階段目標

	第　一　階　段	第　二　階　段	第　三　階　段
年份	2001、2002、2003	2004、2005、2006	2007、2008、2009、2010
目標	核心技術(發展 HTS 線及系統技術)	商業化前期工作(改進第一段階的技術，發展原型設備)	商業化(現場測試、發展商業化的工業技術)

(來源：http://www.cast.re,kr/)

除了上述整体的發展目標外，DAPAS 對各領域訂定各階段的指標藍圖及財政補助，如表 8．3．1-2 及表 8．3．1-3。

表 8．3．1-2：韓國 DAPAS 計畫各領域的階段指標藍圖

	第　一　階　段	第　二　階　段	第　三　階　段
超 導 電 線	加工製造技術	拉長製造技術	商業化
超 導 電 纜	22.9KV 模型開發	154kV 原型設備	154kV 商業化
超 導 電 動 機	100hp	1300hp	4000~6500hp
能源系統應用	能源系統應用方法開發	HTS 能源系統應用計劃的技術、經濟評估	能源系統應用實施的工業研究

(來源：http://www. cast.re.kr/)

表 8．3．1-3：韓國 DAPAS 計畫財源補助

單位：百萬美元

階　　段		第一階段			第二階段	第三階段	合計
		2001	2002	2003			
研究經費	來自政府	9	9	9	33	43	103
	來自企業	4	4	4	14	15	41
總　　計		13	13	13	47	58	144

(來源：http://www. cast.re.kr/)

(2) 韓國超導研發工作分配情形　(各項研發主辦單位)

DAPAS 計畫執行過程中，韓國電工技術研究院 (KERI) 是領導執行的獨立機構，負責擬訂研究目標及實施項目，包括對外商授權委託提供導線材與招標引進國外超導技術。KERI 計劃以 10 年的時間，完成韓國高溫超導產品研製的商

業化。按照 KERI 的規劃，主要研發項目由相關單位主導，其工作分配如表 8．3．1-4 所示。

表 8．3．1-4：韓國 DAPAS 計畫工作分組主導單位

分　組	研　發　大　項　目	主　導　單　位
超導電力設備	電纜	韓國電工技術研究院(KERI)
	變壓器	韓國理工學院
	故障限流器	韓電電力研究所(KEPRI)
	電動機	韓國電工技術研究院(KERI)
超導數位設備	數字邏輯器	韓國光技術院(KOPTI)
超電通用技術	HTS PIT 線材	KERI/韓國機械與材料院
	HTC CC 線材	KERI/韓國原子能研究院
	低溫技術	Neuros
	絕緣技術	Gyeongsang 大學
	HTS 線圈理論技術(如連接、交流損失等)	韓國基礎科學研究院(KBSI)
	電力系統應用技術	韓國電工技術研究院(KERI)

(來源：大陸"國外的超導研發計劃")

(3) 高溫超導電纜項目的研發工作分配如表 8．3．1-5 所示

表 8．3．1-5：韓國 DAPAS 計畫中高溫超導電纜項目研發工作分配

KERI 主導施行與管理	超導電纜總設計	韓國電工技術研究院(KERI)
	超導電纜終端	韓國電工技術研究院(KERI)
	低溫/超導電纜終端	韓國基礎科學研究院(KBSI)
	Cryostat 低溫恆溫技術	韓國機械與材院(KIMM)
	超導電纜系統	韓國電工技術研究院(KERI)
	超導電纜交流損耗	Chungnam 國立大學(CNU)
	超導電纜製造	LS 電纜公司
	超導電纜運作	韓電電力研究院(KEPRI)

(來源：大陸"國外的超導研發計劃")

(4) 開發項目與目標

　　　　電纜：22.9 kV 50 MVA 100 m、154 kV 1 GVA 100 m

　　　　變壓器：154 kV 3 MVA

　　　　故障限流器：22.9 kV、600 A 與3 kA

　　　　電動機：5 MVA

　　　第二代超導素線材：1km、500A/cm^2 (由 KERI 及民間企業 SuNAM 負責開發)

8．3．2　KETEP 支援計畫

韓國政府 Ministry of Knowledge Economics (智識、經濟部)下 Korea Institute of Energy and Resource Technology Evaluation and Planning (KETEP，韓國能源技術評估與規劃機構) 的 R & D Funds Management Office (研發款管理局) 援助下，推行下列超導相關開發計畫：

(1) 韓電 GENI 及超導輸電電纜計畫

　　　韓國電力公社自 2009 年開始為期 5 年，展開「GENI (Green Superconducting Electric Power Network at Icheon Substation) 計畫」，該計畫下裝設 22.9 kV 50 MVA 500 M 超導電纜與 22.9 kV 630 A、22.9 kV 3 KA 故障限流器，此兩項設備於 2011 年 8 月併聯首爾近郊 Icheon 變電所系統，繼續實證運轉中。

(2) 開發 3.5 kWH 飛輪儲能裝置，2011 年裝設於首爾地鐵系統。

(3) 開發 5 MJ 超導儲磁能裝置。

(4) 韓電建造地下電纜試驗場，可供測試慣常及超導電力電纜。

(5) Doosan 開發風力機用超導發電機。

以下工程項目可能追列到本計畫。

(6) 高溫超導直流電纜。

(7) 154 kV 超導故障限流器。

(8) 智慧型示範電網裝設超導電纜及故障限流器。

[註：韓國最大電纜製造廠 LS 公司先分兩批向美國 AMSC 購買其第一代高溫超導素線材，製造電力電纜，於 2006 年製造 22.9 kV 電纜 30 公尺，2007 年製造 22.9 kV 電纜 100 公尺，送至韓電電力研究所試驗成功。2009 年 4 月間 KERI 代表 DAPAS 計畫，向 AMSC 訂購第二代高溫超導素線材 8 萬公尺。LS 公司預定 2010 年底前完成 22.9 kV、送電容量 50 MW、長度約半哩的電力電纜，以上述 GENI 計畫，安裝於首爾郊區的韓電 Icheon 變電所系統，據謂：到時可能成為世界上最長的配電電壓超導電纜系統，該電纜已於 2011 年 8 月併聯系統。另外，韓電以 68 M 美元的預算，於 2011 年 7 月至 2016 年 6 月間，配合濟州島智慧型電網計畫，裝設 154 KV 1 公里及 80 KV HVDC 500 公尺的超導電力電纜。]

8．3．3　韓國參與超導、智慧型電網等相關國際活動例

8.3.3.1 韓國與美國訂定智慧型電網合作開發計畫

2009 年「Major Economies Forum (MEF) on Energy and Climate (能源與氣候變化世界主要經濟體論壇)」選擇韓國、美國、義大利合作為智慧型電網技術開發的國際行動先鋒。2009 年 4 月美國 ADICA 顧問公司牽線韓國 Ministry of Knowledge Economy (MKE、知識經濟部) 代表訪問美國能源部商討智慧型電網合作的可行性。當時韓國代表將韓國 MKE 部長 Choi 之信交給美能源部長 Chu (朱棣文)，信中提及希望兩國智慧型電網方面有合作機會。兩個月後在美國首都華盛頓，美、韓兩國總統會面時，兩國部長簽署智慧型電網合作意願書。2009 年 11 月 ADICA 顧問公司提出「伊利諾伊州與韓國智慧型電網與綠色技術創辦可行性報告」，2009 年 12 月美國伊利諾伊州長與韓國 MKE 部長商討合作方式。2010 年 1 月韓國官商代表約 20 名拜訪伊利諾伊州官方，2010 年 1 月 20 日伊利諾伊州 Commerce and Economic Opportunity (DCEO) 處長為首的代表參加在首爾召開的 World Smart Grid Forum，此時伊利諾伊州長與韓國 MKE 部長簽署智慧型電網及綠色技術開發與應用方面合作 MOU (備忘錄)。2010 年 7 月韓國 MKE 部長 Choi 帶領約 50 名的韓國官商代表，前往伊利諾伊州，在約 120 名官商代表的聚會上，伊利諾伊州長發表合作第一期計畫的四大項內容：Cybersecuriy and grid trustworthy (網路安全及電網可靠性)、Global workforce training and development (全球性工作人力訓練與開發)、Illinois Smart Building Initiative (ISBI) (伊利諾伊州智慧型大樓創始計畫)、Building energy management systems and DER integration (大樓能源管理系統與分散能源併網)。

韓國指定濟州島為智慧型電網實證實驗區，據聞 200 家企業、團體參與，投資額約 2.5 億美元，將實現 Smart power grid (智慧型電力網)，Smart place (能源有效利用的家電等基本設施建構)， Smart transportation (電動汽車的充電設系統與交通基本設施的建構)，Smart renewable (太陽光與風力發電等清潔再生能源的有效利用)，Smart electricity service (提供多樣電費方式與新電力供應服務)。

前面第 4.1.1.3 (5) (b) 項曾提過，在濟州島系統上，韓電計劃裝設約 1 公里長 HVDC (高壓直流) 80 kV 超導電力電纜。為應付離島再生能源與負載變動對策，研發超導飛輪裝置，已開發 5 kWh 級，目前進行 100 kWh 級的設計、開發元件技術。至於 SMES (超導儲磁能裝置)，過去開發評估使用 Bi 線材的 1 MJ 級 SMES，目前進行使用 Y 系超導線材的 2.5 MJ SMES 的設計、開發。

8.3.3.2 韓國參與超導國際活動例

2011 年 10 月 30 日至 11 月 1 日由韓國主辦，第 8 . 2 . 3 . (2) 項所提 ISIS (International Superconductivity Industry Summit 國際超導產業高層會議)第二十屆會議，在韓國昆池岩休閒區召開。美國、日本、歐州、紐時蘭、韓國外，俄國亦參加，與會代表人員共約 50 名，韓國主辦單位為 KICS (Korea Industries Confederation for Commercialization of Superconductivity)。

開會先由主辦者 KICS 的 Hyun 會長致辭：「KISC 尋覓新的超導市場 (電纜、故障限流器、電動機等)，將開發貢獻智慧型電網、green technology 的技術。希望利用此機會，請大家參觀 Icheon 變電所，了解韓國的技術。」

會中韓國電力公司 (KEPCO) Park 副社長致辭：「為因應環境、氣候變動、石油價格變動，需開發綠技術、低碳技術，KEPCO 希望在此方面發揮領導角色。超導技術不可或缺，韓國正進行 DAPAS 計畫，在 Icheon 變電所進行可靠度試驗，希望今後培養超導技術者能獲得 ISIS 參加國家的協助。」

會後 11 月 2 日與會人員參觀 Icheon 變電所，參觀已設 22.9 kV 50 MVA 500 m 超導電纜與 2011 年 8 月 28 日併入系統的超導故障限流器。

8．4　歐洲

在歐洲，超導應用相關的開發主要由廠家各自執行，各國政府及歐盟不如上述美、日、韓等國家政府計劃的積極補助開發，而以重點式補助開發。各廠家的開發情形，在相關超導應用機器的章節提及，在此不再重覆。下面列出歐盟補助超導相關研發例。

8．4．1　歐盟補助超導相關研發例

(1) 超導教材 MOSEM 的開發

歐盟分數階段補助超導教材之開發。

第一階段以 SUPERCOMET Project 補助 491,500 歐元 (總計畫費用：650,000 歐元)，自 2001 年 12 年至 2004 年 12 月。

第二階段以 SUPERCOMET2 Project 補助 405,000 歐元 (總計畫費用：540,000 歐元)，自 2004 年 11 月至 2007 年 11 月。

第三階段以 MOSEM Project 補助 291,500 歐元 (總計畫費： 455,000 歐元)，自 2007 年 11 月至 2010 年 4 月。

第四階段以 MOSEM^2 Project 補助 300,000 歐元 (總計畫費：492,000 歐元)，

自 2008 年 1 月至 2011 年 11 月。

最後推出 Modelling and data acquisition for continuing vocational training of upper secondary school physics teachers in pupil-active learning of Superconductivity and ElectroMagnetism based on Mind-On Simple ExperiMents (MOSEM) 物理國際教材。其成果在 http://mosem.eu 網站可連結 MOSEM^2 Online Community，含 Facebook, Twitter, YouTube, Online Module, Easy Java Simulation。可下載 MOSEM^2 Fact Sheets, MOSEM^2 Teacher Guide, MOSEM^2 Teacher Guide preview, MOSEM Teacher Seminar, MOSEM Teacher Guide preview。尚有下列產品：MOSEM^2 M Öbius MagLev Train, MOSEM^2 Teacher Guide, MOSEM High-Tech Kit, MOSEM Low-Tech Kit, MOSEM Teacher Guide。

(2) 歐盟 FP4 (第四期研發計畫)，從 1998 年至 10 月 1 日開始，以 99 萬歐元補助成立 SCENET-POWER (Europea Network for Power Applications of Superconductivity，超導電力應用網狀組織)。由歐盟 11 國及瑞士、以色列、挪威之 33 個大學學術單位與國家研究試驗室及 18 個工業群代表組成。該計畫主要目標是成立由少數研究室的工作小組，共同合作執行試驗性計畫，而這些試驗性計畫的工作小組由少數人員組成。

歐盟 FP6 (第六期研發計畫)，以 NESPA (NanoEngineered Superconductors for Power Application) 計畫自 2006 年 10 月 1 日至 2010 年 9 月 30 日補助 4,092,585 歐元，主要目的是促進高溫超導材料為基礎的真正產業系統的成立實現。研究計畫分為四個科學及兩個技術工作團 (Work Packages)：Nano-engineering of superconducting materials, Advanced electrical and industrial characterization, New concept of low ac-loss coated conductors, Industrial aspects of superconducting power application systems, Training and Transfer of Knowledge, Progress Monitoring, Management and Exploitation，再分訂 12 個 key tasks (主要工作目標)。

(3) 歐盟 FP5 (第五期研發計畫)，以 Q-SECRET 計畫補助 1,501,421 歐元 (總計畫費：2,546,033 歐元)，從 2001 年 7 月 1 日至 2003 年 9 月 30 日研發 Quality monitoring of Superconductors for the production of efficient, compact and reliable energy transmission systems。認為超導能源輸送產業有很大的市場，至 2020 年歐州將有 20 兆歐元市場，以本計畫開發超導產品品質管理的技術與標準。

(4) 歐盟 FP6 (Sixth Framework Programme，第 6 期研發計畫)，以 270 萬歐元補助 Super 3C (Superconducting Coated Conductor Cable) 計畫 (總計畫費：520 萬

歐元)。該計畫由法國 Nexans Corporated 主辦製造超導電纜，使用 Bruker HTS Gmbh 製造的第 2 代 HTS 高溫超導線材。計畫從 2004 年 6 月開始，2008 年 12 月圓滿完成測試 10 kV、1 kA、送電容量 17 MW、單相、30 公尺長 HTS 電纜。(參照第 4 . 1 . 3 . (4) (a) (i) 項)

(5) 歐盟 FP7 (Seventh Framework Programme，第 7 期研發計畫)，以 270 萬歐元資助 ECCOFLOW 計畫 (總計畫費：464 萬歐元)。Nexas 為主的研發團體開發，現場試驗採用 YBCO 超導線材的電力系統用故障限流器，計畫期間自 2010 至 2013 年。(參照第 4 . 3 . 3 . (1) 項)

(6) 歐盟 FP7 計畫，以五百萬歐元補助，日本科學振興機構 (Japan Sience and Technology Agency, JST) 亦支出相對同額預算，歐盟、日本合組三組研發團體，研發嶄新的超導材料。英國 University of Durham的Prof. Prassides 與日本東京大學的岩佐教授合作研究「Light Element Modular Superconductivity：An Interdisciplinary Approach (LEMSUPER，輕元素、分子系對高溫超導多方面的研討)」；義大利 Consigiglio Nazionale delle Riceche (學術會議) Putti教授與日本東京大學下山准教授合作研究「Exploring The Potential of Iron-based Supercoductor (SUPERIRON，鐵系超導體材料可能性的開拓)；德國德瑞斯頓的 Leibniz-Institut fur Festkorper und Werkstofforscung (萊布尼茲固體、材料研究所) 飯田上席研究員與日本名古屋大學生田教授合作研究「Establishing the Basic Science and Technology for Iron-based Superconducting Electronic Application (IRON-SEA，鐵系超導電子應用基本科學及技術的奠定)」。研究題目從 19 件提案中，由歐、日雙方商討選定，從 2011 年 10 月 1 日開始，預定 36 至 42 個月完成。

8 . 4 . 2　ESAS (The European Society for Applied Superconductivity)

歐洲超導應用協會是非歐盟下的非營利組織，於 1998 年 9 月 4 日成立。

該協會的目標是加強超導應用的立場 (尤其在歐洲)，在科學、教育、工業及政治討論會上代表超導應用以及促進超導應用方面的交流。

為達成上述目標，辦理下列事項：支持類似 European Conference on Applied Superconductivity (EUCAS) 的會議組織，支持超導應用方面的學校討論會議組織，支持超導應用方面歐洲研究提案及計畫，支持年青科學家參與超導應用方面進修會與會議。

EUCAS (歐洲超導應用會議) 自 2003 年開始，每兩年在歐洲不同地點召開，召集來自世界各地從事超導方面研究的科學家及超導應用工業的研究員開會。事實上，

原來考慮主要為歐洲討論會，後來漸漸廣泛開放至國際的參與，目前有來自四十多個國家一干多名科學家參加。

8．5　中國大陸

大陸訂有「國家高技術研究發展計畫」，該計畫係依據大陸幾位科學家建議，1986年 3 月 3 日經鄧小平批示國務院批准的「大陸國家高技術研究發展計畫綱要」，亦稱「863 計畫」，是大陸政府主導的基礎技術研發計畫。大陸科技部下設有國家 863 計畫監督委員會，超導技術列入專項之一，超導相關的關鍵性研發，可適用此計畫。獲得批准即由政府中央財政專款支付資助，研發計畫需政府官員及專家組成的「驗收討論會」通過。

第 9 章

結語

第 9 章：結語

從前面所述，可知超導的應用相當廣泛。

傳統電力設備，如電纜、變壓器等的線圈以超導體替代，除應用其零電阻特性達成減低損失、節能、減碳外，尚具縮小尺寸、非可燃等優點。電力工業，應用超導零電阻特性的飽和型故障限流器與超導磁能儲存裝置，應用超導體超導/常導急速變化特性的故障限流器及應用超導強磁場懸浮的飛輪貯能設備等特殊設備，與送電容量大可節省路權問題的超導電力電纜等，成為將來智慧型電網不可或缺的設施。

超導的特性應用於其他很多地方，超導零電阻的應用，請參照第 3．1．2 節及相關章節，超導磁性的應用請參照第 3．2．3 節及相關章節。

超導零電阻應用於鐵路車輛用變壓器，表面電阻極小的特性已應用於行動電話基地台收、發信濾波器。

利用超導磁鐵可產生傳統磁鐵數十倍強的磁場，再配合零電阻，可應用於發電機、同步調相機、核融合用磁鐵、核磁共振光譜法與磁振造影、宇宙線檢測器 (BSEE計畫) 等。

超導強磁場特性用於風力發電機、電動機 (包括產業用、電動汽車用、船舶用、液氫泵浦用等)、磁浮列車、單晶晶圓提拉、磁性分離裝置 (製紙工廠排水處理、油桶洗淨廢液處理、煤炭除鐵等)、磁控管飛濺裝置、磁性軸承、超導磁流體船艇推進裝置、MNR、MRI、磁性藥物傳輸系統、磁導航醫導管、粒子加速器、醫療用重粒子加速器、幅射光裝置等。超導磁性的特殊應用例有艦艇的消磁系統，應用釘扎特性的免震裝置。

超導電子設備方面，約瑟夫森結為超導電子的基本主動元件。約瑟夫森結兩只組成超導環路為 SQUID 及 SFQ 元件，有關約瑟夫森結的應用請參照第 3．2．2 節及相關章節，SQUID 的應用請參照第 3．4．1．2 節及相關章節，SFQ 的應用請參照第 3．4．2．2 節及相關章節。

約瑟夫森結可構成直流電壓標準裝置，延伸該技術的交流電壓標準裝置開發中。利用 SIS (superconductor-insulation-superconducor) 類元件在臨界電流附近電阻急劇變化特性的超導轉移邊界傳感器，應用其穿隧效應的量子型檢測器等直接檢測測器，此十多年來急劇發展，應用於質譜儀、能量散射 X 線光譜儀、粒子檢測儀等。SIS 元件亦應用於太 (兆) 赫茲波帶的 emitter (發波器) 與 heterodyne mixer。SQUID 元件可量測微弱的磁場，被應用於心磁計、腦磁計、免疫檢查、金屬資源探查、非破壞檢查 (包括鐵路軌道檢查、食藥物磁性異物檢查、碳纖構造物檢查、移動型非破壞檢查) 等。SFQ 回路

的消費電力為一般半導體回路的 1／1000 以下，且時脈頻率可達 100 GHz 以上的高速性，應用於 SFQ 計算機、網際網路通信路由器、A/D 轉換器 (實際通信、量測、高頻率帶用取樣示波器) 等，但 SFQ 回路的大規模積體電路製造技術需待開發突破。

經典的資訊理論與量子力學相加的量子計算機 (參照第 7．2 節)、量子通信技術 (照第 7．8 節) 技術在開發中，應用到超導元件。

超導的應用，雖不如今日的常導電機或半導體資訊設備，與每個人的生活直接相關，但依目前的情形，具有相當的潛力與市場價值。惟其開發遠較資訊、通信設備的開發，所需規模、資金龐大。美、日、韓等政府計劃大力支持 (參照第 8．1 ～ 4 節)，其開發至實際應用需經艱苦的一段時間。

更價低特性好的超導材料，甚至常溫超導可能有一日會出現，其時超導的應用更拓展普遍。據 撰者 所知台灣僅一家台灣超導技術股份公司從事超導濾波器等的生產。高溫超導的泰斗朱經武、吳茂昆兩位博士都在台灣，我國於民國九十年左右成立「中華超導科技暨應用協會」(成立時的董事長為李遠哲博士，董事包括丁肇中、朱經武、吳茂昆博士等)。如何拓展台灣的超導產業，似宜彙整產官學各方面智慧，擬訂適合台灣環境的目標、開發方式。倘若本書所述國外的發展經過可資參考即無任榮幸。

紐西蘭是農牧為主的國家，但該國 2007 年為促進高溫超導技術為基礎為產業，組成 NZ-HTSIA (New Zealand High Temperature Superconductivity Industry Association)，該國的 General Cable Superconductors Limited 公司開發第二代 Y 系超導線材。(參照第 8．2．3．(2) 項)

超導相關事宜極廣泛，因篇幅有限且 撰者 才淺學薄，本文遺漏，甚至誤謬之處難免，敬請先進指正是所冀望。倘若本文可引起閱讀者、先進的關心或興趣，則深感接近米壽的老人動鈍筆尚值得。

參考資料：

[1] American Superconductor Inc. White Paper： "SeaTitan Wind Turbine, Technical Innovation for large-Scale Offshore Wind Turbines"

[2] Bruce Hamilton, Yeoung Jin Chae, Matthew Summy, Joran Culter and David Kolata, "Power of Two, Illinois and South Korea：a Model Partnership for Smart Grid collaboration", IEEE Power and Energy System Jan./Feb. 2011, P 32

[3] Erico Guizzo, "Does Not Quantum Compute", The Year's Best and Worst Technology, IEEE Spctrum vol.47 (2010), No. 1 p. 37

[4] "Feasibility and Economic Aspects of Vactrains" ,Worcester Polytechnic Institute,

Oct. 2007

[5] Jinho Kim and Hong-Il Park, "A National Vision, Policy directions for the Smart Grid in Korea", IEEE Power and Energy System, Jan./Feb. 2011, p.41

[6] Tres Amigas LLC Docket No. ER10－000 "Application for Authorization to Sell Transmssion Services at Negotiated Rates amd Related Relief". Dec. 2009 林嘉禎 「風力發電低電壓持續運轉 (LVRT) 特性」，《電機技師雜誌》九十九年十月

[7] 日本財團法人　國際超電導產業技術研究中心，Web21

[8] 日本電氣學會技術報告　第 No.508《超電導發電機之構造與特性》(1994)

[9] 日本電氣學會技術報告　第 994 號《交流超 (電) 導術之適用性》(2004)

[10] 日本獨立行政法人　新能源-產業技術總合開發機構，《超 (電) 導技術，超 (電) 導技術分野 (領域) 戰略 Map (計畫)》http//www.nedo.gov.jp/roadmap2009

[11] 日本獨立行政法人　新能源-產業技術總 (綜) 合開發機構，《超電導技術 解說資料》，2010 年 3 月。

[12] 王聰榮，〈超電導磁能貯蓄設備美日開發近況〉，《台電工程月刊》78 年 3、4 月

[13] 陳秋榮，〈核融合研究簡介〉，《物理雙月刊》(廿八期二卷)，2006 年 4 月

[14] 陳建志等，〈再生能源之發展趨勢與前瞻〉，《科技發展政策報導》2008 年 5 月 p.1 Nilay Patel, "Maglev wind turbines 1000x more efficient than normal windmills", November 26, 2007. 之譯文。

[15] 日本獨立行政法人　新能源-產業技術總 (綜) 合開發機構，《超 (電) 導應用基盤技術開發計畫 (第 I 期分) 事後評價報告書 (案) 概要》

[16] 日本獨立行政法人　新能源-產業技術總 (綜) 合開發機構，《超 (電) 導應用基盤技術開發計畫 (第 II 期分) 事後評價報告書 (案) 概要》

[17] 謝橙武，〈電動汽車用超導馬達技術〉，《電子技術》2011 年 2 月 p.66

廣告索引

謹向贊助廠商致謝！
　　廣告部 敬上

國家圖書館出版品預行編目資料

```
淺談超導之應用 / 林嘉禎編集. -- 新北市 :
鱻禾文化, 民102.11
    面 ;   公分
ISBN 978-957-29634-9-4(平裝)
1. 超導體
        337.473                 102025951
```

淺 談 超 導 之 應 用

發 行 所／鱻禾文化事業有限公司

發 行 人／許月季

作　　者／林嘉禎

社　　長／楊坤德

總 編 輯／邱文祥

美　　編／許佳惠・張峰賓

地　　址／新北市中和區橋和路90號9樓

電　　話／(02)2249-5121

傳　　真／(02)2244-3873

網　　址／www.biooho.com.tw

出版日期／中華民國102年12月16日發行

雜誌交寄執照編號／中華郵政北台字第7752號

郵政劃撥／19685093

戶　　名／鱻禾文化事業有限公司

每本零售／460元

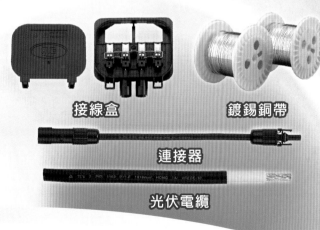

致力實現環保・節能
滿足客戶各式用電需求

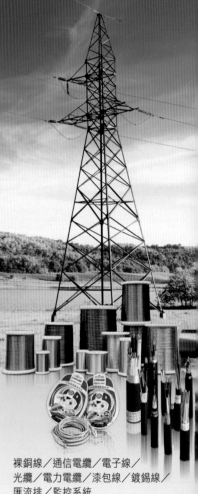

高效率馬達／防爆馬達／減變速機／
變頻馬達／特殊馬達／
柴油發電機／客製化馬達

各型變壓器／電抗器／配電盤／
GIS／四路開關／配電器材

裸銅線／通信電纜／電子線／
光纜／電力電纜／漆包線／鍍錫線／
匯流排／監控系統

總公司　台北市中山區 10435 中山北路三段 22 號
　　　　TEL：02-25925252
　　　　#2767（變壓器／配電盤）　　#2472（電線電纜）　#2930（馬達／發電機）
　　　　FAX：02-25984425

工　廠　重電廠：桃園縣大園鄉 33759 內海村民生路102 號
　　　　　　　　TEL：03-3863123
　　　　電線電纜廠：桃園縣大園鄉 33759 內海村民生路106 號
　　　　　　　　TEL：03-3863111
　　　　馬達廠：新北市三峽區 23743 溪東路 352 號
　　　　　　　　TEL：02-86761101～4

網　址　http://www.tatung.com.tw

北區　宜蘭：宜蘭縣冬山鄉 26944 梅林路 145 號
　　　　　　TEL：03-9589481　　　　　FAX：03-9589471
　　　中壢：桃園縣平鎮市 32457 中豐路一段 18 號
　　　　　　TEL：03-4584027　　　　　FAX：03-4576734
　　　新竹：新竹縣竹北市 30284 中正西路 542-1 號
　　　　　　TEL：03-6562791～2 #124　FAX：03-6562793
中區　台中：台中市西屯區 40764 臺灣大道四段 1916 號
　　　　　　TEL：04-23591262，04-35005266
　　　　　　FAX：04-23593764
南區　嘉義：嘉義市 60095 育人路 546 號
　　　　　　TEL：05-2856431　　　　　FAX：05-2859244
　　　台南：台南市永康區 71047 中正南路 502 號
　　　　　　TEL：06-2531856　　　　　FAX：06-2538196
　　　高雄：高雄市三民區 80753 忠孝一路 499 號
　　　　　　TEL：07-2363121～2　　　　FAX：07-2362674

推薦節能與環保產品：非晶質變壓器、環保電纜、超高效率馬達

亞力電機股份有限公司
ALLIS ELECTRIC CO.,LTD.

高低壓配電盤

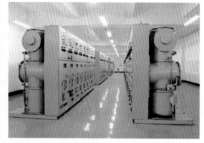

23~161 kV GIS 設備

非晶質變壓器

太陽能發電統包工程

太陽能逆變器
(PV INVERTER)

SEL 數位式保護電驛

通信直流電源系統

各式不斷電系統設備
(U. P. S)1kVA~750kVA

電動堆高機電池充電機

亞力楊梅廠主要產品：

金屬閉鎖型配電盤及
馬達監控中心等控制盤
低電壓電動機控制中心
樹脂型乾式變壓器
配電用變壓器

亞力新莊廠主要產品：

交換式直流供電設備〔ＳＭＲ〕
不斷電系統設備〔ＵＰＳ〕
空斷開關　　　真空斷路器
油開關　　　　熔絲鏈開關
智慧電網輸配電開關及線路器材

代理進口產品：

EATON POWERWARE-U. P. S.
日本日新電機(NISSIN)-電子式除濕器
美國SEL－全系列智慧型保護電驛
　　　　　IED及自動化監控設備等產品

總　公　司：台北市南港區115三重路19-11號12樓
　　　　　TEL:(02)2655-3456　　FAX:(02)2655-2286~7
　　　　　E-Mail:sales @allis.com.tw
　　　　　http://www.allis.com.tw

SHIHLIN ELECTRIC
士林電機

www.seec.com.tw

EFFICIENCY

ENERGY SAVING

電 力 高 效 能 ・ 用 電 更 節 能

MORE POWER, LESS WASTE

重電廠 TEL. 03-598-1921   新豐廠 TEL. 03-599-5111   台北 TEL. 02-2541-9822   新竹 TEL. 03-598-1210   台中 TEL. 04-2461-0466   台南 TEL. 06-237-1246   高雄 TEL. 07-316-0228

檢測服務最佳夥伴-台灣大電力研究試驗中心

一、 中心介紹

本中心成立於 1979 年，屬於非營利性質之經濟事務財團法人機構，三十多年來，以最堅強之技術團隊、最豐富之專業經驗及最嚴謹的服務品質，在「公正、服務、創新、效率」之經營理念下，為業界提供各項優質的服務及解決方案。本中心是結合「研究、試驗、驗證」系統功能於一身之機構，能更完整提供政府及相關產業最專業的服務。

二、 檢測服務項目

1. 太陽光電及風力發電產品檢測服務
   - 本中心提供二級基準太陽電池校正服務、太陽光模擬器性能檢測服務。
   - IEC 61215、IEC 61646、IEC 61730-1 及 IEC 61730-2 等標準之太陽光電模組檢測服務。
   - 經濟部標準檢驗局委託太陽光電模組標準、安全與性能檢測平台建置機構。
   - UL 合作亞太區第一間電力調節器實驗室，可依據 UL1741 標準提供太陽光電與風力發電電力調節器檢測服務。
   - 與日本 JET、美國 UL、德國 TUV SUD 和 TUV NORD、瑞士 SGS、挪威 DNV 等單位合作，且已與瑞士 SGS 簽署合作意向書、與美國 UL 簽署合作備忘錄。「光電與照明實驗室」已正式登錄為日本電氣安全環境研究所 TDAS 實驗室，並獲得北京鑑衡認證中心授權為金太陽認證及德國 TUV-NORD 的認可檢測實驗室。

2. 電器產品檢測服務
   - 電器產品性能檢測
     窗型及分離式冷氣機、箱型冷氣機、巴士冷氣機、電冰箱、除濕機、冷凍櫃、冷凍冷箱、其他冷凍空調及組件、具節能標章與環保標章電器等產品之性能檢測。
   - 電器產品安規檢測
     冷氣機、電冰箱、除濕機、洗衣機、乾衣機、電爐、電鍋、電熱水瓶、食物料理機、電咖啡機、電烤箱、保溫盤、烤麵包機、洗碗機、烘碗機、開飲機、排油煙機、吸塵器、地板打蠟機、電熨斗、電扇、電暖器、吹風機、魚缸加溫器、空氣清靜機、電湯匙、電補蟲器、按摩器、美膚及美髮器、廚房用電器、電剪髮器等等。
   - EMC 檢測
     家電產品、電動工具及電器照明產品與類似裝置之 EMC 檢測。
   - 電器外殼之防護等級(IP)檢測
     可提供各類電器及照明產品之外殼防護等級檢測，檢測等級可高達 IP68。

3. 照明產品檢測服務
   - 照明產品性能檢測
     螢光燈管(包括直型、環型、緊密型)、HID 燈管(包括高壓水銀燈、高壓鈉氣燈、複金屬燈等)、冷陰極燈管(CCFL)、高頻無極燈管、安定器內藏式螢光燈炮(省電燈泡)、螢光燈用安定器(包括電子式、感抗式)、配光曲線量測檢測、LED 光源、LED 燈具、LED 路燈、HID 路燈。
   - 照明產品安規檢測
   - 各式燈具(包括嵌燈、壁燈、吸頂燈、檯燈、桌燈、立燈及小夜燈)、LED 燈具、LED 路燈、各式光源控制器。
   - 經濟部能源局指定為各項燈具設置補助計畫(例如：101 年全臺 LED 路燈設置計畫)之驗收及複測實驗室。

4. 影音資訊產品檢測服務。
   - 影音產品安規檢測
     電視機(CRT 式、液晶式、電漿式)、音響擴大器、DVD、LCD、LD、CD 隨身聽、喇叭音箱(內含擴大機)、MP3、收錄音機、錄放影機、汽車音響(DVD、VCD)、電腦卡拉 OK、影像/聲音之接收設備及擴大機、影音產品用之電源供應器、聲音/影像教學設備、攝影機及影像監視器、電傳文件設備、警報系統設備等等。
   - 資訊產品安規檢測
     影印機、電動打字機、收銀機、光碟機(電腦用)、自動櫃員機、PDA、筆記型電腦、電腦鍵盤、電腦螢幕、交換式電源供應器、UPS、個人電腦、資料處理設備、數據終端設備、碎紙機、傳真機、繪圖機等等。

5. 電力設備/產品檢測服務
   - 高、低壓開關設備、斷路類型式、變壓器型式、類比器型式、各類電力設備現場檢測、預防性診斷及特性檢測。
   - 變壓器油中溶解氣體及油品特性分析診斷及多氯聯苯檢測分析檢測。
   - 國外合作機構認可之電力產品測試及代理申請業務與諮詢服務。
   - 能源局認可之高壓用電設備檢驗機構，可執行高壓用電設備型式試驗報告審查及型式試驗。

6. 電度表/變比器試驗服務
   - 電度表檢定及檢驗、變比器檢定及檢驗、糾紛電度表代施檢測、AMI 電度表檢測項目。
   - 電量、溫度校正(交直流電壓、電流表、比壓器、比流器、瓦特計、瓦時計、乏時計、溫度計及電阻器等)。

財團法人
台灣大電力研究試驗中心
TAIWAN ELECTRIC RESEARCH & TESTING CENTER

地址：328 桃園縣觀音鄉草漯村榮工南路 6-6 號
網址：www.tertec.org.tw 電子信箱：customer_service@ms.tertec.org.tw
電話：(03)483-9090(代表號) 傳真：(03)4838-119(代表號)

台灣鳥類―冠羽畫眉

變電所 以安心牽成千萬家

樹林變電所

屋內式變電所重視設備安全、外觀設計、節能環保，小至自然與大環境的融合，均作了細微的考量。電力係極低頻的電磁場，能量低，變電所四周磁場均小於50毫高斯，遠低於環保署公布的建議值833毫高斯。

【生活的好鄰居，變電所，用安全、安心點亮每戶家庭的幸福。】

台灣電力公司
www.taipower.com.tw

太平洋電線電纜股份有限公司

10682台北市大安區敦化南路二段95號25樓
電話：(02)6636-6100，(02)6636-1818
傳真：(02)6636-6180 ，(02)6636-1820
http：//www.pewc.com.tw/home/index.asp

專營：裸線產品(銅導體、鋁導體)；電力線產品
　　　(PVC電纜、交連PE電力電纜、特高壓交
　　　連聚乙烯電纜、耐火耐熱電纜、低煙無毒
　　　電纜)；通信線產品(通信話纜、光纜、
　　　同軸電纜、網路電纜、鐵道電纜)

ISO 9001
BSMI

ISO 14001
BSMI

太電自1950年設廠以來，即本著「團隊合作、精益求精、永續經營」之企業經營理念，致力於產品的研發與創新，並將品質與環境管理系統導入日常工作與全員品質管理活動中。同時，我們期望太電的員工能有「目標成果導向」、「顧客及市場導向」、「組織與規劃能力」、「成本與利潤管理觀念」、「團隊合作與溝通協調」等核心職能。在步入21世紀的同時，我們已導入ERP系統，進行企業流程改造及e化，以整合企業整體資源，提昇經營效率，再創太電新世紀。

固大電機有限公司

ISO-9001國際品質認證工廠,變壓器、比流器、比壓器、
電抗器專業製造廠,品質穩定,價格合理,交貨迅速,客戶滿意。

P.V.C外殼比流器

模注式比流器

模注式比流器

零相比流器

高壓比流器

低壓模注式比壓器

高壓模注式比壓器

高壓模注式比壓器

高壓模注變壓器

模注式接地比壓器

1ϕ控制用變壓器

1ϕ控制用變壓器

3ϕ控制用變壓器

1ϕ乾式變壓器

工具機電源變壓器

變頻器用電抗器

H級串聯電抗器

馬達激活用電抗器

模注式變壓器

箱型變壓器

全密封變壓器(低噪音)

動力用H級變壓器

爐用變壓器

油入式比壓器

油入式變壓器

地址：新北市鶯歌區永昌街125巷22號
TEL: (02)2677-1869/2677-1870
FAX: (02)2677-7268
www.kuta-electric.com.tw
E-mail:kutaelec@ms49.hinet.net

精美目錄,歡迎索取